U0883606

连续取心定向钻探

张世殊　吴金生　等　著

科学出版社
北　京

内 容 简 介

本书是我国工程勘察领域第一部关于连续取心定向钻探技术的专著。全书以极端地质条件下深部工程高能地质环境为背景，以大曲率定向钻探破岩机理与轨迹控制、高能环境成孔工艺、随钻地质信息智能感知与综合测井、定向钻机设备研发为技术主线，详细而系统地阐述连续取心定向钻探成套技术的最新研发成果与技术实施过程，并提供多个典型工程应用案例，为我国深地领域工程钻探尤其是大曲率定向钻探的精准实施提供理论和技术依据。

本书可供水电、水利、岩土、交通、国防、矿山、应急工程等领域的勘察、设计、科研、施工人员以及高等院校有关专业的师生参考使用。

图书在版编目(CIP)数据

连续取心定向钻探 / 张世殊等著. --北京：科学出版社，2025.6.
ISBN 978-7-03-080077-0

Ⅰ.P634.7

中国国家版本馆 CIP 数据核字第 20243EL870 号

责任编辑：莫永国 / 责任校对：彭　映
责任印制：罗　科 / 封面设计：墨创文化

科学出版社出版
北京东黄城根北街16 号
邮政编码：100717
http://www.sciencep.com

成都锦瑞印刷有限责任公司 印刷
科学出版社发行　各地新华书店经销

*

2025 年 6 月第　一　版　　开本：787×1092　1/16
2025 年 6 月第一次印刷　　印张：13 3/4
字数：337 800

定价：188.00 元

（如有印装质量问题，我社负责调换）

序

随着国家能源、交通、水网等基础设施建设向西部推进，工程建设环境越来越复杂，工程建设难度也越来越大。我国西部尤其是青藏高原地区的基础设施建设普遍面临复杂地质地形条件，以及高寒高海拔等带来的极端恶劣勘察环境问题。在这种极端环境下开展工程地质勘探，采用定向钻探和钻孔综合信息感知是探识深部工程地质条件的经济、绿色的有效手段。定向钻探是通过专用钻探设备和控制系统，实现钻孔轨迹精确控制的地质勘探技术。超深钻探往往遭遇高应力、高地温、高水压等复杂恶劣地质环境，常规钻探设备面临着钻孔定向轨迹控制难、曲线连续取心难、高含能地层成孔难、深部地质信息获取难等技术挑战。

中国电建集团成都勘测设计研究院有限公司依托国家重大工程，在国务院国资委未来产业重大技术攻关项目、国家自然科学基金项目等支持下，联合国内多家钻探科研机构和高校，聚焦超长深埋连续取心定向钻探技术、工艺、方法和设备问题，开展了深入研究、技术研发与工程示范，取得了系列创新成果。

(1)系统研发了超深孔定向钻进与曲线连续取心技术，攻克了曲线连续取心的业界技术难题。阐明了复杂地质条件定向钻探破岩机理，识别了复合冲击钻进岩石破碎开裂范围，评估了钻齿复合冲击钻进破岩效果，开发了钻孔随钻轨迹防斜、稳斜以及测量控制技术，发展了水平绳索随钻和无缆随钻长距离定向技术，自主研发了大曲率连续取心钻杆、柔性导向钻具、钻进工艺与钻进同步取心的大曲率钻进成套取心技术，研发了薄壁孔隙螺杆马达取心钻具与定向滑块伸缩系统。

(2)创建了极端地质工程环境复杂地层钻进成套工艺，实现了高含能地层快速钻进。研发了高地应力环境高强度绳索取心钻杆、双级单动绳索取心和复杂地层同步跟管的钻探成孔技术，研发了强涌水环境顶涌钻进施工、孔口涌水导流、钻孔封闭监测的钻进装置与监测方法，发展了针对超硬地层环境弱研磨性岩体钻进的钻头装置和液动冲击回转钻进的快速钻进工艺，开发了高地温环境钻孔防塌冲洗、护壁堵漏新型特种材料。

(3)构建了随钻地质信息智能感知与深孔综合测井技术，实现了随钻地质信息综合感知。发展了深孔随钻地质信息智能感知和综合测井技术，识别了典型岩石钻进声振特征，建立了深层岩性智能识别模型，明确了钻进过程岩体参数的响应变化，阐明了钻进过程岩体开裂状态、参数变化规律，研发了水平孔综合测试和长距离定向稳定推送的多参数全方位无缆综合测井技术。

(4)研制了长行程-大扭矩-全液压-智能化定向钻机，形成了极端地质工程环境大曲率超深定向钻探连续取心关键技术与装备。开发了矩形管滑轨式可升降钻机平台，优化了定向水平钻机倾角的变幅装置，改进了水平液压动力头设计，研发了负载与压力反馈控制的钻机液压系统，健全了超千米级长行程、大扭矩全液压动力定向连续钻进设备与操作方法。

连续取心定向钻探技术、工艺、方法和设备在国家某重大水电工程、高原某铁路工程、重大引调水工程及多个西部大型抽水蓄能建设工程地质勘察中得到了示范性应用。工程示范表明，该成套技术和设备具有显著的先进性、创新性和实用性。基于该成果编撰成书并出版发行，对提升复杂地质条件下深地工程地质勘察水平，推进我国深地工程科学技术进步具有重要意义。

我作为水工岩石力学专家，期待连续取心定向钻探技术在国家重大水利水电工程、深埋长隧洞工程地质勘探中发挥重要作用，并不断推进该技术的自主创新。故乐为之序。

中国工程院院士 周创兵

前　言

定向钻探是使钻孔按设计要求的轨迹钻进的方法，大曲率定向连续取心钻探技术是其中的一项技术难度较高的地质勘探技术。在煤矿和石油领域，定向钻探技术已得到长足发展，部分钻孔深度可达 3000m 以上，但在定向钻进的同时连续获取岩心仍十分困难。在工程勘察领域，水平定向钻探实现全孔连续取心的深度尚不足 2000m，大曲率定向钻进连续取心更是工程勘察领域长期以来的技术空白区。

中国电建集团成都勘测设计研究院有限公司（以下简称“成都院”）依托国家重大工程项目勘察研究实践，围绕极端地质环境定向钻进破岩机理、高能环境下钻探成孔工艺、孔内复杂多场地质信息综合感知、艰险山区定向钻探设备等方面开展联合攻关研究，取得了丰富的创新成果和良好的工程应用效果。本书是作者及其团队在深地工程连续取心定向钻探技术与装备领域多年研究与实践的基础上撰写而成的。

本书共分 8 章。第 1 章绪论，介绍定向钻探技术涉及的主要技术内容与国内外定向钻探技术发展现状，并系统梳理工程勘察领域钻探技术发展历程，指出目前工程勘察钻探技术面临的关键技术问题。第 2 章工程勘察地质环境，简要阐述党的二十大以来我国西部重大工程建设概况，分析重大工程建设地质环境尤其是深部工程高能地质环境特征，理清服务于重大工程建设的深部钻探技术的难点与挑战。第 3 章定向钻进与曲线连续取心技术，从定向钻进破岩机理、轨迹控制、曲线连续取心及配套钻具等方面系统介绍定向钻进实施过程。第 4 章高能环境复杂地层成孔工艺，聚焦高地应力成孔、强涌水地层综合处置、坚硬打滑地层钻进技术以及严重漏失地层的护壁堵漏材料研发。第 5 章随钻地质信息智能感知与综合测井技术，初步介绍基于声振信号的岩性智能识别、岩体随钻相应特征以及综合测井技术等。第 6 章定向取心钻机研发，简要介绍定向取心钻机的研发设计方案、钻机升降平台、液压系统、动力系统等。第 7 章工程应用案例，介绍定向钻探轨迹控制、曲线连续取心、强涌水地层处理、超硬地层钻进、高地应力成孔及垮塌漏失地层护壁堵漏等工程案例。第 8 章结论与展望，对本书进行总结，并对工程领域定向钻探技术未来的发展方向进行展望。

本书由中国电建集团成都院联合中国地质科学院探矿工艺研究所、成都理工大学、山东大学等单位共同撰写，具体分工如下：第 1 章由张世殊、倪化勇、常祖平、冉从彦撰写；第 2 章由李青春、冉从彦撰写；第 3 章由吴金生、倪化勇、孙子正、李奉霖、罗显粱撰写；第 4 章由常祖平、李奉霖、吴金生、王胜、胡立、李俊萍、赵小平撰写；第 5 章由王胜、李奉霖、孙子正、陈炜韬、吴金生撰写；第 6 章由黄晓林、吴金生、张子晗、罗显粱撰写；第 7 章由张世殊、李奉霖、吴金生、王胜、张光西、徐键撰写；第 8 章由张世殊、冉从彦撰写；全书由张世殊、吴金生审定。

本书的撰写得到了中国电建集团成都院领导以及科技信息档案部、战新产业研究院、勘测设计分公司、总工程师–专家委员会办公室等部门的大力支持。

连续取心定向钻探是工程勘察领域的一个全新课题，相关技术极具挑战性和探索性，加上作者水平有限，时间仓促，书中难免存在不完善之处，恳请读者批评指正！

目　录

第1章　绪　　论

1.1　钻探技术

深地开发与深空、深海开发并重为国家的“三深”战略，向地球深部进军是必须解决的战略科技问题。国家“十四五”规划实施的藏东南一体化能源基地建设等重大工程中需要实施大量埋深超 2000m 的隧洞、厂房等深地工程。在青藏高原极其复杂的地质背景下和极端恶劣的勘察工作环境下，定向精准钻探和钻孔综合信息感知是高效、经济、绿色探识深地工程地质条件的较佳手段。2000m 级以上深度的钻探往往遭遇高应力、高地温、高水压等高能复杂地质环境，常规钻探设备和技术面临大角度轨迹控制及曲线连续取心难、极端环境成孔难、深部信息获取难以及钻探智能施工难等技术瓶颈。

1.1.1　超长定向孔钻进技术

长大深埋复杂隧道(洞)勘察是当今工程地质勘察的重点和难点，取心钻探是工程勘察的关键。超长定向孔钻进技术是一种高效、精准的钻探方法，该技术通过优化钻孔设计和优选钻进装备，结合先进的钻进技术，实现对钻孔深度和轨迹的精确控制。在超长定向孔钻进中，钻孔轨迹会出现弯曲段、水平段和垂直段在不同情况下的组合形式，对于弯曲段，存在连续取心困难、轨迹控制不易等问题；在超长定向钻孔水平段中，钻杆和钻具整体贴在钻孔的底部，由于钻孔较深，钻进时钻杆与孔壁之间的摩擦力很大。在钻进断层、软弱夹层、破碎带、节理发育层时，如果钻机动力不足，将无法处理可能出现的卡钻、垮塌等孔内复杂情况。因此，针对超长水平定向钻孔高效施工要求，钻机必须具备足够的动力，动力头转速、扭矩等能够满足施工需要。同时，随着钻孔长度逐渐加大，钻孔轨迹控制的难度急剧增大，对钻杆、钻具等的要求也更高，钻孔完成后综合测试也更难。

1.1.2　轨迹控制技术

定向钻探钻具的回转轴线与自身重力方向一般不在一条直线上，受坚硬地层或岩层产状影响，钻具在孔口压力作用下，一般产生向上偏斜，在地层较软或钻遇断层破碎带时，一般产生向下偏斜。地质系统小直径水平定向钻进国内常用的主要方法有：偏心楔纠斜法，定向困难，不适用于纠斜工作量大的钻孔；连续造斜器法，定向不精确、误差大，定向仪器无法水平投送，且不适用于深孔造斜；采用小直径弯螺杆马达/有线随钻定向钻进，定向精确、钻孔轨迹可控且可连续造斜，泵量小，为 2～3L/s，能够满足 Φ96mm、Φ76mm 口径随钻定向钻进需求。

1.1.3 绳索取心技术

绳索取心钻进是指在取心钻进过程中，当岩心充满岩心管后，不需提钻取岩心，而是以钻杆内孔为通道，借助绳索和专用打捞工具，把钻进过程中贮存于内岩心管中的岩心提升到孔外的取心钻进方法。在水电、铁路工程地质钻探成孔过程中，经常会遇到不良地质岩层，当钻具钻穿破碎地层后，如采用普通钻杆，钻杆与孔壁间隙过大，孔壁容易出现掉块，为此，经常因孔壁掉块导致卡钻；改用绳索取心钻进技术之后，由于钻头与钻杆外径尺寸相差很小，直径较大的破碎岩石难以掉入孔内，大大降低了发生孔内卡钻事故的概率。采用绳索取心钻杆，钻杆和孔壁之间间隙较小，改善了钻杆的受力状态，钻杆不容易被折断，避免了断钻杆等孔内事故的发生。而且，钻机在加压传递钻压过程中，钻杆受力也不容易弯曲，从而提高了钻进稳定性和保证了钻孔孔径。只要金刚石钻头没有达到使用寿命就可以连续钻进，起大钻次数减少，可以大大增加纯钻时间，提高钻进工效，同时，减轻劳动强度和减少钻探成本。此外，在取心钻进时还常采用半合管取心钻具，主要用于卵石地层、砂泥层等松散地层取心，可以大大提高岩心采取率。所谓半合管，就是将传统的取心内管切割成两个半圆管，取心钻进时两个半圆管合并为密闭的圆形管，并置于取心钻具外管内，回次钻进结束取心时取下上下两个连接头拆开成两个半圆管，确保岩心样从半合管中取出时不被破坏。相对于传统取心钻探工艺，采用半合管取心具有组装和拆卸便捷、岩心原状性保存完好等优势。

1.1.4 综合测试技术

将地球物理测井技术与数据存储技术、多参数的物理测井方法与可视化的成像技术相结合，通过钻杆将相关传感器输送到大斜度及水平孔内目的层，把地层内的相关物理参数及孔内孔壁的真实影像视频存储记录。再通过相关解释处理分析软件，将地层的温度/压力/测斜方位/自然伽马/波(声)速等物理参数进行快速分析，得出地层岩性/孔隙度/裂隙等相关物理参数，形成综合解释成果图。与此同时，根据钻孔孔壁的真实影像视频，测量出任意全方位倾角的钻孔结构产状角度，并实现钻孔全景图像及其平面展开图的实时同步显示，提供相关的空间形状和位置信息，记录钻孔孔壁岩体结构特征和岩层信息，为相关工程建设提供准确的计算数据及技术支撑。

1.2 地质钻探技术发展历程

伴随着中华人民共和国的建立和发展壮大，我国的探矿工程事业从无到有，从小到大，从弱到强。70 多年来，通过几代探矿人的坚持不懈和努力奋斗，目前我国地质钻探技术水平基本与世界同步，在许多方面达到世界先进水平，有些钻探技术、装备已处于世界领先地位。回顾我国探矿工程 70 多年的发展历程，大致划分为四个阶段：中华人民共和国成立初期创建起步阶段(20 世纪 50～60 年代)，技术稳步快速发展阶段(20 世纪 70～80 年代)，扩大服务领域阶段(大致为 20 世纪最后 15 年)，钻探工程技术全面、深入发展，逐步进入世界一流的阶段(21 世纪以来)。70 多年来钻探工程为国家经济建设、为我国成为至今世界上唯一制造业体系最完整的国家做出了重要贡献。

1953 年，地质部颁发了《钻探操作规程》(草案)等相关操作规范。与此同步，地质部探矿司印发了《钻探工程手册》，书内列举了苏联、日本、美国、瑞典四国各型钻机及配套设备的规格、性能等技术参数，还有各种野外钻探生产常用表。1958 年 10 月，地质部根据“一五”期间的钻探工程技术经验，制定、颁发了第二部《钻探操作规程》。1961 年 10 月，地质部颁发了《钻探技术操作安全规程》(试行草案)。1963 年，地质部根据 1949 年以来 14 年的生产、技术经验，制定了符合国情的《岩心钻探规程》(简称《规程》)。《规程》明确规定：岩心钻探是地质勘探工作的重要方法之一，以多快好省地取得地质成果。

20 世纪 60 年代后期至 70 年代，在探矿工程专业研究机构被迫疏散、研发工作难以正常进行的困难条件下，探矿工程人员仍尽力争取条件坚守工作岗位，排除各种困难，做好本职工作，探矿工程取得了重要进展和系列成果。20 世纪 70～80 年代，探矿工程技术进入稳步快速发展阶段。

随之，以绳索取心为主的多工艺钻探技术逐步完善，以金刚石钻探为代表的新技术开始起步，小口径金刚石钻探配套技术的研究和成功应用，使其成为我国机械岩心钻探的主要方法，带动了钻探全行业的发展，进而达到了国际先进水平。以绳索取心钻进为主的小口径金刚石钻进技术成为地质岩心钻探主体。液动冲击回转钻进技术得到推广应用。受控定向钻进技术研究应用成果斐然。受控定向钻进是现代先进钻探技术之一。以反循环为主体的多工艺空气钻探技术体系获推广应用。

工程地质钻探同样起步较早，但相比资源勘查钻探，覆盖层是勘察的主要内容之一且一般需要全孔取心，钻孔深度相对较浅。在地质钻探基础上建立的以小口径金刚石钻探为代表的技术体系，使我国工程地质钻探取得重大的科技进步，是我国工程地质岩心钻探技术质的飞跃。其中，小口径金刚石钻探配套技术体系，使我国广泛实施的工程地质岩心钻探在钻探效率、钻进质量等方面有十分显著的提高，并大为改善劳动强度。近年来，随着国家重大工程建设发展，受限于极端复杂的地质条件以及高海拔深切割地形极端恶劣的勘探环境，钻探的深度越来越深，难度越来越大。绳索取心技术、定向钻探技术已成为现阶段工程勘察主要的勘探技术，进一步加速了我国工程勘察的步伐，从而满足重大工程建设需要。

1.3　国内外定向钻探技术现状

定向钻探技术在国内各行业已经进行了大量的应用，基本形成了一套较为完整的技术装备体系，尤其在非开挖领域、油气钻井领域以及矿产勘查领域的应用已经非常成熟，绝大多数为不取心或点状取心。随着各项重大工程的逐步开展，布置了大量的长大深埋隧道（洞），需采用定向钻探技术进行勘探。因此，定向钻探技术在工程勘察领域的应用也在逐步推广，但工程勘察对取心的要求较严，多为全孔取心且对取心率要求较高。

1.3.1 非开挖铺设管线领域的应用

定向钻探技术应用最广泛的领域之一就是非开挖铺设管线，非开挖铺设管线是在不开挖地表的条件下完成地下管线铺设施工的方法。与传统的开槽铺管施工相比，非开挖铺设管线具有不影响交通、不污染环境等优点，并在许多场合比开挖法施工周期短、成本低、安全性好。非开挖铺设管线可广泛用于自来水、煤气、排污、通信、电力、石油和天然气等各种地下管线铺设施工。非开挖管线铺设定向钻进施工，大部分是在软土层钻进，不需要取心，钻孔轨迹是下倾—水平—上倾，一般情况下钻孔直径比工程勘察钻孔大，有时需要通过多级扩孔完成，在地面通过导向仪器进行探测并引导钻孔沿设计轨迹延伸，或是在钻孔中通过随钻测量仪器定向钻进。1900 年美国采用顶管法成功地实现了非开挖铺设管线的技术突破，该技术经历 60 年的发展，先后出现了螺旋钻进法和冲击矛法。1970 年美国加利福尼亚州率先使用“水平导向钻进法”穿过河流铺设管道。随着非开挖技术的不断成熟，针对不同的管网情况，1980 年发明了“胀管法”（爆管法），此技术随后也逐步推行开来。我国首次应用是 20 世纪 80 年代从国外引进定向钻进技术用于输油管道穿越黄河的施工。河北省地质矿产勘查开发局于 1994 年成功研制了非开挖导向孔探测仪。1994 年，中国地质科学院勘探技术研究所率先利用国产钻机采用非开挖技术在河北省廊坊市完成一个燃气管线的铺设工程，并于 1995 年研制出国内第一台导向钻进非开挖铺管钻机，此后非开挖铺设管线技术在全国各城市逐步推广应用，彻底解决了城市建设中铺设地下管线时开挖马路形成马路“拉链”的问题。国内水平定向钻进铺设管线最长的工程是香港国际机场第 3 跑道航油管道改线工程，在海平面以下约 130m 处水平钻孔长度达到了 5200m。

1.3.2 油气钻井领域的应用

近年来，石油钻井定向井技术的发展，使得石油钻井事业得到了前所未有的发展机会，定向井新工艺、新技术的出现，大大提高了石油钻井机械钻速，缩短了传统石油钻井的施工时间。先进的石油钻井并行技术，更是保证了井筒的质量，提高了定向井井眼轨迹精确控制的水平，保证了井眼轨迹符合施工设计要求，满足了现代油田勘探开发的技术要求，提高了钻井的效率和质量。石油勘探定向钻进主要包含以下几个大类。

(1) 超薄油层水平井钻井技术。这项技术主要是针对水平井的缺点而进行研究的，在采油工程中运用这项技术，可以很有效地开采超薄油层，而且这项技术随着采油工程的实践也变得越来越成熟。

(2) 大位移井钻井技术。这项技术主要是通过在大陆上钻井来开采蕴藏在海底的石油。同时使用较多的轨道设计，能够控制设备在轨道上进行工作，可以更有效地保证施工的顺利性，目前这项技术也是非常高效的。

(3) 分支井钻井技术。该技术已经运用了多年，带来了非常好的经济效益，经过多次的研究以及实践，这项技术如今变得越来越成熟，能够攻克一定方面的采油难题。

(4) 丛式水平井钻井技术。这项技术可以很轻松地进行采油钻井并有效地提取石油，国内大部分油田都采用这项技术，能够带来最直观的经济效益。

(5) 其他技术。除此之外，还有其他类的采油技术、钻井技术，其暂时不能够满足开采的需求，仍处于发展阶段，但是这些技术可以辅助其他技术进行工作。根据近几年的油田开采情况来看，这些技术如今变得越来越重要。

世界上第一口有记录的定向井于 1932 年在美国加利福尼亚州亨延滩油田完成，而我国的第一口定向井于 1956 年在玉门油田钻成。世界上最长的油气水平井钻井长度达到了 15240m，是 2022 年 10 月由阿联酋阿布扎比国家石油公司利用中国东方电气集团宏华集团有限公司制造的 3000HP 钻机施工的，最长水平段长度超过 10000m。国内最深的一口水平井为西北油田分公司部署在顺北油气区块的重点勘探井顺北 56X 井，完钻井深 9300m，通过优化钻井轨迹，实现一井多靶。石油勘探定向钻进主要依靠钻具重力推动定向钻具，钻孔一般先施工垂直段，再施工定向段，一般不取心，钻具体积质量大，井底数据信号依靠泥浆脉冲传递到地表进行解译，钻孔口径大，钻具外环空间隙大，泵量大，不适合大多数的工程地质钻探应用。

1.3.3　矿产勘探领域的应用

在矿产勘探的过程中，应用定向钻进技术不仅能够有效提升矿产开采的作业效率，还能够切实保障矿产生产人员的安全。以煤矿勘探为例，在实际应用的过程当中通过定向钻机和相关随钻系统实现对岩层和煤层的构造探测、探排水、瓦斯抽放等钻孔施工，以及对当前煤矿开采地区实施地质条件、水文条件、瓦斯、工程地质条件的探测、监控，获取精准度较高的地质数据，从而保障煤矿生产的有序进行。中国煤炭科工集团西安研究院应用自主研发的定向钻进技术及装备在神东煤炭集团保德煤矿进行定向钻孔工程示范，完成了沿煤层超千米贯通定向钻孔，创造了我国井下定向钻进孔深新的纪录。但中国煤炭科工集团开展的超深定向钻进采用通缆钻杆代替电缆将孔底信号传输到地表，钻杆价格高，钻杆之间连接稳定性差(触点接触，易生锈)，不能进行取心钻进，取心钻进时需要重新更换钻杆。中国地质科学院探矿工艺研究所(探矿工艺所)采用有缆随钻/螺杆马达小直径地质受控定向钻进技术，在若尔盖铀矿田极端复杂地层取得突破，成功进行了定向钻进/纠斜施工/分支孔/侧钻绕障等，获得高质量定向效果，成功实现“一基多孔、一孔多支”的绿色钻探目标，减少搬迁、保护生态、提高效率，在西部高原地区起到示范与推广作用。如图 1.3-1 所示，有缆随钻/螺杆马达定向技术在若尔盖铀矿田在 1 个钻孔中分别完成 2 个分支孔(ZK3-1、ZK3-5)的钻进试验，揭穿下部更深铀矿层，对扩大铀矿储量、增大矿区范围具有重要意义；完成了 1 个跨越勘探线三维定向孔(ZK4-1)施工，1 个二维定向孔(ZK12-1)施工；完成了 2 个钻孔(ZK15-1、ZK15-5)的纠斜试验；完成了 3 次侧钻绕障事故处理，取得了高精度的定向效果，满足地质设计要求。四川省煤田地质局集成固体矿产大倾角深孔有缆随钻定向钻进技术，采用绳索取心钻杆、有缆随钻测斜仪、螺杆钻具定向钻进使钻孔轨迹按设计轨迹达到地质目的层及控制标高，在四川省珙县筠连矿区大雪山矿段普查中得到了很好的应用效果。山东省鲁南地质工程勘察院采用绳索取心钻进工艺，结合螺杆钻具，在宋楼矿区铁矿勘探项目中共布设钻孔 16 个，总钻探工作量约 22000m。

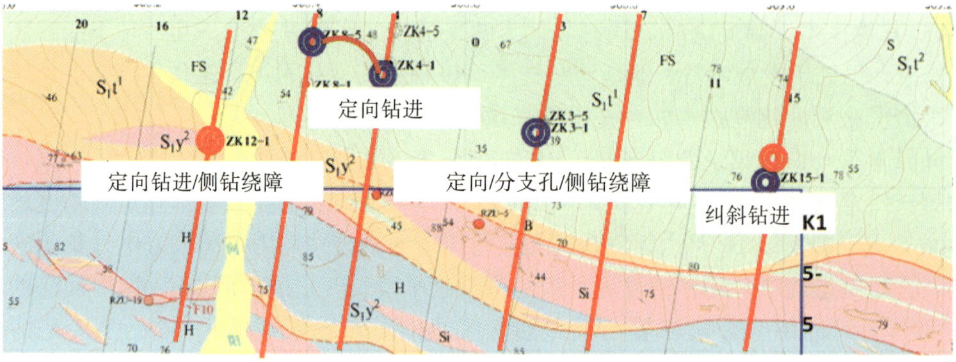

图 1.3-1 若尔盖铀矿定向钻孔布置图

利用定向钻进技术，可以在一个基台进行多个钻孔或在一个孔内进行多个分支孔的钻进，从而减少基台的数量、道路修建和物资搬迁工作，解决了斜孔施工孔内阻力大、提下钻困难、孔壁坍塌与掉块等矿区钻探技术难题，使钻孔准确抵达地质设计靶点。定向钻进技术不仅减少了钻探工作量，节约了钻探施工费用，而且定向钻孔还能深入过去钻孔无法深入的矿床禁区，加快了勘探速度，实现了普通钻孔无法达到的地质要求与工程目的，提高了勘探精度。

1.3.4 工程勘察领域的应用

在工程地质勘察中，钻探是最基本最常用的勘探手段。不同类型的建筑物，在不同的勘察阶段和不同的工程地质条件下，勘察的技术要求也不尽相同。水平定向钻探技术作为钻探手段的一种，在国外应用于工程勘察比较早，国内近些年才逐步开始在城市轨道交通工程、长大隧道(洞)工程、管廊建设工程的勘察中进行应用。1964 年日本青函隧道第一次使用小直径定向钻探技术进行勘察，1997 年挪威 Bomlafjord 隧道进行定向钻探勘察，1998 年美国马萨诸塞州地铁供水隧洞进行定向钻探勘察，意大利阿尔卑斯山隧道勘察中定向钻探长度达到了 2200m。国内许多专家近些年针对长距离定向钻探勘察开展了研究。王汇明等(2022)针对粤港澳大湾区狮子洋主航道供水工程勘察难题，对定向钻进取心、地质录井和存储式钻杆输送测井的综合勘察技术进行了研究应用，如图 1.3-2 所示，这是该技术在我国水利水电工程中的首次应用。2022 年四川水发勘测设计研究有限公司联合探矿工艺所，在引大济岷工程可研阶段布置了 10 个水平定向钻孔，如图 1.3-3 所示，采用钻探施工与综合测试相结合的方式，进行引水隧洞勘察，探索通过水平钻孔的实施替代平硐勘察的可能性。马保松等(2021)在对水平定向钻进应用于管道穿越工程分析的基础上，介绍了天山胜利隧道水平钻进勘察的应用情况(注：钻进长度为 2271m，进行了 2 次取心)。

徐正宣等(2022)结合川藏铁路的需求，对超长定向勘察技术与装备进行研究，研发了千米级全液压动力头定向钻机和超长绳索取心定向钻进技术，可实现超深斜孔、水平孔、仰斜孔施工，解决了川藏铁路水平深孔钻探装备与工艺难题，2021 年完成了中国铁路史上最深的全孔取心水平孔的钻探，孔深达到 1888.88m。国内部分典型定向钻进勘察工程见表 1.3-1。

图 1.3-2　狮子洋主航道定向钻探

图 1.3-3　引大济岷工程水平定向钻探 2 号孔施工与测试

表 1.3-1　国内部分典型定向钻进勘察工程

工程领域	工程名称	施工年份	钻孔长度/m	取心情况
城市轨道交通	徐州轨道交通 1 号线勘察	2016	364	—
	广州地铁 7 号线工程勘察	2021	190.1	Φ45mm 全孔连续取心
山区长大隧道	乌尉高速天山胜利隧道	2020	2271	间断取心 2.2m
	川藏铁路孜拉山隧道勘察	2021	1888.88	全孔连续取心
输水管廊	狮子洋主航道供水隧洞勘察	2021	936.2	14 次间断取心
	引大济岷引水隧洞勘察	2022	200～500	全孔连续取心

由表 1.3-1 可知，水平定向钻探全孔连续取心这些年刚起步，随着相关技术的进步，钻孔深度也在逐步加大。

1.4 工程勘察定向钻探技术问题

目前的定向钻探技术应用已非常广泛，技术发展也比较成熟，在工程勘察领域的应用也得到了逐步推广，需求越来越大。现有的定向取心钻探技术并不完全适用于工程勘察领域，如油气钻井技术设备庞大、运移性差，垂直开孔、不取心，井眼直径大；非开挖铺设管线技术更适宜软地层施工，不取心；地质勘探以施工垂直孔和斜孔为主，煤矿井下定向钻以瓦斯抽采和探放水为主，生产过程中很少需要硬岩连续取心。定向钻探取心技术应用于工程勘察，有很多关键技术问题需要攻关研究。

1.4.1 超长定向孔钻进技术

水平定向钻进目前能够施工的长度，油气钻井超过了万米，非开挖管线铺设超过了5000m，煤矿井下钻孔超过了3500m。但是水平定向钻探应用于工程勘察中，因长大深埋隧道(洞)地质构造复杂、取心钻探设备能力有限、绳索取心钻杆强度不足等因素，全孔连续取心的钻孔长度尚不到2000m，少量取心的情况下也仅达到了2271m。因此，为满足重大工程建设工程勘察对超长水平孔的需求，需要结合目前的钻探技术研发更长水平定向钻孔的施工技术。

1.4.2 轨迹控制技术

定向钻孔轨迹控制技术还需要加强研发，如采用无线随钻测量(measurement while drilling，MWD)系统实时获取钻具的姿态信息并实时控制调整钻头的钻进方向，保证钻孔沿着设计轴线延伸，确保钻孔的偏斜在允许范围之内。螺杆钻是以钻井液为动力介质的一种孔底动力钻具，但是如何配合绳索钻杆将有线随钻测量系统定向器具水平投送到位、固定和打捞回收，就需要开展小直径水平绳索取心有缆随钻定向仪器水平输送和打捞机构的研发，以及集成无磁钻杆、绳索取心钻杆、定向接头、螺杆马达等器具总成，以解决小直径水平孔绳索取心定向钻进技术难题。

1.4.3 绳索取心技术

绳索取心技术不需提大钻取岩心，在金刚石钻头没有达到使用寿命前，保持连续钻进的状态，可以大大增加纯钻时间，提高钻进工效，同时，减轻了劳动强度和减少了钻探成本。目前，绳索取心钻进技术在水平、斜向等定向钻孔中已逐步应用，并能够实现钻孔连续取心，但在曲线定向钻孔中的应用中还存在一些不足，如大角度曲线钻孔取心在绳索取心钻杆强度、钻具的投送和打捞、钻机的施工能力、钻头钻具的寿命、无固相冲洗液防塌等方面存在着明显的问题。

1.4.4 随钻测试技术

当前国内外学者针对随钻测试技术已经开发了具有远探测、前探测能力的系列成套随钻测井装备，实现了高精度成像、远探测、前探测、无源集成化多参数、随钻地层测试等。多利用电磁波、电阻率进行参数采集，并可实时传输储层特征参数，但由于钻探现场的环境复杂，诸多环境因素与复杂地层条件共同作用于传感器的参数采集过程，同时伴随着钻孔深度的增加，对随钻测定技术提出了更大挑战，导致常规随钻测定系统出现了分析能力不足、对岩层相关力学参数的测定准确性下降的问题。泥浆循环过程或将信号叠加到钻杆上与地面通信时，双向通信速度很慢，限制了数据的实时传输效率，同时也使得随钻测定系统的融合信息能力减弱和岩性识别准确率降低。

1.4.5 综合测井技术

采用存储式测井系统，通过获取自然伽马、电阻率、声波时差等参数，可以分析地层的岩性与构造、岩体完整程度、风化程度及渗透性等地质问题。采用数字全景钻孔摄像技术、全孔壁超声成像技术、孔内电视技术等，可在钻进过程中实现钻孔孔壁的实时成像，并实现钻孔全景图像及其平面展开图和虚拟岩心图的实时同步显示，提供相关的空间形状和位置信息，记录钻孔孔壁岩体结构特征和岩层信息。综合测试技术的应用，可以配合定向钻探所取得的岩心或岩屑，提高勘察成果的精度，甚至可以减小取心孔段长度以提高勘察速度、降低勘察成本。但在工程勘察中，常规测试仪器测量参数单一，精度不高，无法形成多参数、全方位、高精度的测试系统，并且在近水平孔和曲线定向孔中，测井仪器投放困难。

第 2 章　工程勘察地质环境

2.1　重大工程建设概况

党的二十大胜利召开，标志着中华民族昂首阔步迈进伟大复兴时代，标志着我国经济社会发展进入新时期，“绿色低碳高质量”转型发展俨然成为主旋律，对深地空间资源开发利用是未来产业的迫切需求。《中华人民共和国国民经济和社会发展第十四个五年规划和 2035 年远景目标纲要》提出实施川藏铁路等一批标志性工程，为我国深地空间资源开发利用创造了良好的时代背景，深入推进我国深部地下工程建设关键技术，其重要性和紧迫性日趋凸显。

根据国家“十四五”规划，我国在交通强国建设、能源强国建设、国家水网建设与海洋国防建设领域布局了一系列重大工程(图 2.1-1)，其中相当一部分位于地质条件复杂的西部地区，如川藏铁路、金沙江清洁能源基地、雅砻江清洁能源基地、南水北调西线工程等，工程建设面临复杂地形、高地应力、高地温、高地震烈度等极端地质环境，工程规划与建设挑战巨大。

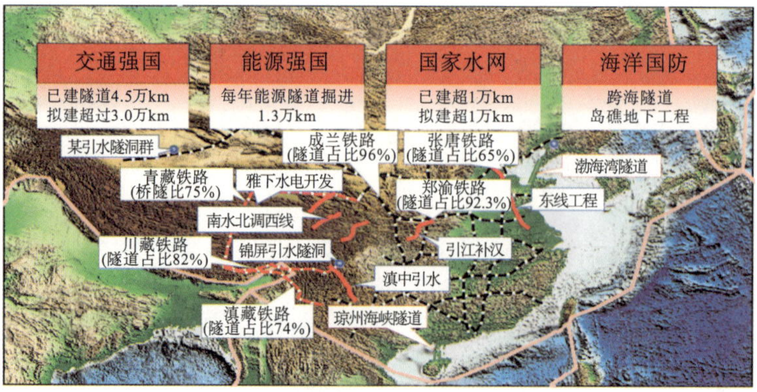

图 2.1-1　我国重大工程建设示意图

2.2　西部重大工程地质环境

2.2.1　地形地貌

我国地形复杂多样，平原、高原、山地、丘陵、盆地等地形广泛分布，山区面积广大，约占全国国土面积的 2/3；地势西高东低，大致呈三阶梯状分布。西南部的青藏高原，平均海拔在 4000m 以上，为第一级地貌。大兴安岭—太行山—巫山—云贵高原东一线以西与第一级地貌之间为第二级地貌，海拔在 1000～2000m，主要为高原和盆地。第二级以东，海平线以上的陆面为第三级地貌，海拔在 500m 以下，主要为丘陵和平原。三级阶梯地貌的主要特征如下。

1. 第一级地貌

第一级阶梯为号称“世界屋脊”的青藏高原，平均海拔在 4000m 以上，面积广大，在它的南沿，高耸入云的喜马拉雅山脉，屹立于印度次大陆印度河—恒河平原之北，山脉主脊海拔平均为 7000m，矗立于中国、尼泊尔边境的世界最高峰——珠穆朗玛峰，海拔 8848.86m；它西与帕米尔高原相接，北以昆仑山脉、祁连山脉，东以横断山脉同第二阶梯区分，地势从海拔 4000m 以上急剧下降到海拔 1000～2000m 的下一级高原、盆地。第一级阶梯面形成是印度板块不断插入青藏高原底部所致。每当印度板块北移，青藏高原亦相应上升。从 4000 万年前开始，印度板块就不断北移，目前，这一板块已大部分插入青藏高原下面，把青藏高原抬高为世界最高的高原，这里地壳厚达 70km。高原面上横亘着几条近乎东西走向的山脉，自北向南依次为昆仑山、唐古拉山、冈底斯—念青唐古拉山，海拔为 6000～7000m。

2. 第二级地貌

第二级阶梯介于青藏高原与大兴安岭—太行山—巫山—雪峰山之间，其中包括内蒙古高原、黄土高原、云贵高原和塔里木盆地、准噶尔盆地、四川盆地等地区，海拔一般为 1000～2000m，唯四川盆地较低，海拔在 500m 以下。这一级阶梯面有些在 1 亿年前的白垩纪时代已经形成，比较年轻的部分也都有 3000 万年的历史。它经受地壳运动的次数较多，地壳断陷和抬升也较显著。断陷的地方往往成为盆地，如塔里木盆地和准噶尔盆地，而在这两个盆地之间的天山山脉却拔地而起，最高超过 7000m，但在山顶部还保留着平缓的山顶面。深陷的盆地可以吐鲁番盆地、四川盆地为代表。吐鲁番盆地最低处的艾丁湖湖底，低于海平面 155m。

3. 第三级地貌

第三级阶梯在大兴安岭—太行山—巫山—雪峰山以东。自北而南，有海拔 200m 以下的东北平原、华北平原和长江中下游平原，还有海拔数百米的丘陵和海拔 3000m 以上的台湾山地。这一级阶梯的地形面受破坏较强烈，原来的古陆已被断裂、切割、剥蚀成现在的丘陵状。广大的平原发生于沿岸沉降地带，生成年代较新。至今一些沿海地区仍在不断淤积成陆。由海岸线向东，则是碧波万顷的海洋，沿海岛屿和南海诸岛星罗棋布，在水深不足 200m 的大陆水下延伸部分，是浅海大陆架区域，也属于第三级阶梯。

由此可见，复杂的地形地貌，造就了我国蕴藏着丰富的水电能源。在由第一阶梯及第二阶梯构成的西部地区，水电能源丰富，大型河流主要有雅鲁藏布江、怒江、澜沧江、金沙江、雅砻江及大渡河等六条江河。同时，由于所处部位不同，所受构造应力的影响不同，各条流域的地貌特征同样具有显著差异，其地貌特征及差异同样制约着水利水电工程、铁路、交通工程等选址选线。

2.2.2 区域地质背景

1. 地质构造

复杂的地质构造活动，造就现今研究区复杂的地质构造环境。从构造形变的综合形态、主体构造带展向、复合关系及其动力体系角度，可将全国地质构造格局划分为古亚洲、特提斯、华夏—滨西太平洋、贺兰—康滇四个主要的构造体系域，它们东西横亘、南北纵贯，东西约略对称，并以上扬子地块为中心构造结，构成了一幅大中华构造格架。

在现今构造格局下，我国西部地区大部分属于第二级地貌单元到第一级地貌单元的过渡部位，部分属于第一级地貌单元。区内发育有雅鲁藏布江、怒江、澜沧江、金沙江、雅砻江及大渡河等较大河流。研究区位于印度板块与欧亚板块相互碰撞汇聚接触带的东侧附近，在大地构造上属环球特提斯构造域，地处阿尔卑斯—喜马拉雅造山带东段弧形转折部位，并受两大陆板块边缘不断裂离又相互拼接镶嵌所控制，形成了不同性质和规模的陆块相间拼合的构造格局。

挽近期以来，印度板块向欧亚板块强烈推挤，致使在青藏高原急剧抬升的同时，岩石圈物质向东及南东方向侧向挤出，由此而驱动该地区地壳物质以断块形变位移方式向东侧及南东侧强力楔入，导致断块边界断裂发生强烈的水平剪切错动，形成错综复杂的地质构造格局和现代地壳应力-形变图像(图 2.2-1)。

已有研究结果显示，西部地区，尤其是环青藏高原东侧的周边地带，青藏高原的迅速隆升，导致高原物质通过一系列大型走滑断裂活动的方式不断向东侧和南东侧“运动”，从而形成西南地区，尤其是高原东侧强烈的挤压应力场环境条件，其具体表现是在“川青”“川滇”两个菱形地块范围内形成较高的区域地应力场环境。数值研究表明：东部太平洋板块与菲律宾板块对青藏高原的作用仅相当于南部印度板块作用力的 1/5～1/3，而且印度板块与欧亚板块碰撞弧边界力的分布很不均匀，中间大两头小。正是这种复杂的受力环境条件决定了环青藏高原复杂的构造应力场分布。黄润秋等人的相关研究成果系统整理了环青藏高原地区 46 个点共 200 多个原位地应力测量结果，选择其中有代表性的地应力测试点进行了有限元反演分析，反演结果与前人在该区做过的小范围地应力场反演结果具有较好的一致性，从而得出该区最大主应力方向、量级、最大剪应力、应变能密度及断裂安全度等。最大主压应力量级图表明环青藏高原最大主应力量级一般为 4～8MPa，并表现出比较明显的分区性。同时，最大剪应力、应变能密度分布图等反映出西南地区与西北地区构造应力场分布特征有明显的差异，西南地区构造应力场分布复杂，沿断裂带异常变化幅度大，这种显著差异是由断裂构造复杂程度所控制的。西南地区沿安宁河—小江—则木河断裂、金沙江—红河断裂、马边断裂系等构造应力场变化幅度较大，与沿着这些断裂带(系)构成的地震带(区)有较好的一致性。

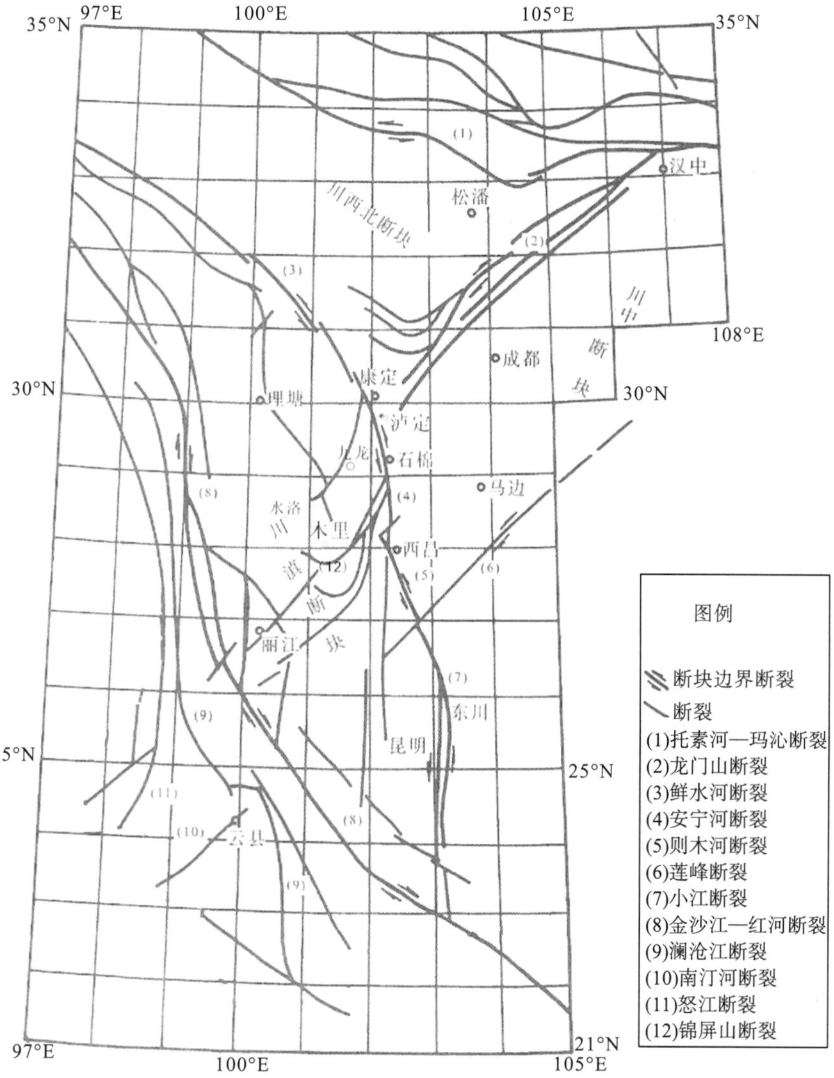

图 2.2-1　四川西部构造图

2. 地震

西部地区是地震活动十分强烈的地区，且几乎都是构造地震，地震分布受活动断裂的控制。在全国地震区划上，中国西部属于青藏高原地震区、新疆地震区和华北地震区西部。地震密集分布在天山、阿尔泰山、帕米尔高原和西昆仑山等构造带，这些地区不仅在历史上发生过多次强烈的地震，至今地震活动仍然十分频繁。根据中国地震台网地震目录，从 1970 年 1 月 1 日到 2014 年 2 月 28 日，共发生 5 级以上地震 1059 次，5 级以上地震的震源深度主要分布在 40km 以内，少量地震震源深度大于 60km，多位于帕米尔高原与喜马拉雅构造带等印度板块与欧亚板块的碰撞俯冲带。在应力场作用下，造山带上地壳刚性较强，以脆性破裂为主，相比之下，下地壳在压力、温度的影响下易于发生塑性变形，不易发生强震。近年来的研究表明，发生强震的构造环境与介质的横向不均匀性密切相关，中国西部的强震多发生在刚性地块和褶皱带的交接边界，即垂直差异运动强烈的压性逆断裂带和压性剪切断裂带上，如天山、昆仑山，以及龙门山和鲜水河地震带等。

2.2.3 工程岩组类型及分布

1. 岩体类型及工程特性

根据建造特征，可将西部地区岩体划分为岩浆岩、沉积碎屑岩、沉积碳酸盐岩和变质岩等 4 种类型，再依据岩体的岩性及其结构特征，进一步划分为 11 种工程地质岩组，其工程地质特征见表 2.2-1。

表 2.2-1 西部地区岩体类型及工程地质特征

建造类型	工程地质岩组	分布范围	工程地质特征
岩浆岩	坚硬块状侵入岩岩组	呈带状分布于阿尔泰山、中天山—北天山、昆仑山(北坡)、祁连山、秦岭(北坡)山地、藏南及藏东南部分高大山脉	岩石坚硬致密，干抗压强度一般在 100MPa 以上，软化系数一般在 0.8 以上，成岩裂隙较发育
	坚硬块状或厚层状的喷出岩岩组	出露少，零星分布于昆仑山及藏东南等地，以中酸性火山岩为主	岩性坚硬，干抗压强度一般在 120MPa 以上，软化系数一般在 0.8 以上，面理及次生结构面较发育，抗风化能力弱，工程地质性质较好
	坚硬半坚硬含软弱夹层的层状喷出岩岩组	出露较少，主要分布于阿尔泰山南、博格达山、中天山及川南、滇北山地	岩石力学性能差异较大，常形成软硬相间结构，干抗压强度一般在 30～80MPa，软化系数为 0.6～0.8，变化范围大，易发生崩滑等地质灾害
沉积碎屑岩	坚硬的厚层状碎屑岩岩组	主要分布于东、西准噶尔界山、西天山南段及桂、滇南部山地	岩性较硬，干抗压强度一般在 80～180MPa，软化系数为 0.8～0.9，岩组层理发育，部分有薄软弱层，总体工程地质条件较好
	坚硬半坚硬互层的碎屑岩岩组	主要分布于藏北高原及冈底斯山山地	岩性较硬，软岩及软弱层存在是其主要工程问题，较硬岩层干抗压强度为 60～120MPa，软化系数为 0.4～0.8，而软弱层软化系数为 0.2～0.5，易发生滑坡
	半坚硬易软化的层状、薄层状碎屑岩岩组	分布面积较广，主要分布在西北内陆盆地周边、四川盆地、川西南山地、滇中山地、“三江”河谷及雅江上游谷底等地	岩组结构松散，岩石强度虽然随胶结物质和胶结程度的不同而有变化，但整体强度较低，浸水崩解，易风化剥蚀、崩落，在适当的地形条件下易产生大型滑坡
沉积碳酸盐岩	坚硬的岩性均一的层状碳酸盐岩岩组	主要分布在广西、贵州、云南、四川等西南地区，连续性强，西北呈零星分布	岩溶发育，岩石本身强度高，干抗压强度一般在 80～120MPa，软化系数一般为 0.5～0.6，部分夹有软弱层，易发生滑坡或崩塌
	坚硬、较坚硬层状至薄层状碳酸盐岩岩组	主要分布于云南、四川、广西、贵州等地，甘肃、新疆亦有少量分布	夹有碎屑岩，碳酸盐岩含量一般在 50%～70%，干抗压强度一般大于 100MPa，软化系数一般为 0.7～0.9，成分不纯，岩溶发育程度中等
	半坚硬含软弱夹层的层状碳酸盐岩岩组	本区内零星分布，出露极少	岩石强度变化大，软岩、软弱层、局部岩溶是其主要工程地质问题
变质岩	坚硬、较坚硬的块、层、薄层状中等变质岩岩组	主要分布在昆仑山、阿尔金山、库鲁克塔格山、北山、秦岭、藏南山地及滇西南山地	岩组强度和结构特征取决于岩组的变质程度，一般岩石强度差异较大，但坚硬者居多，部分部位风化程度很高
	坚硬、半坚硬的层、薄、片状浅变质岩岩组	主要分布在藏东南、青海南部以及滇西、南山地	岩石强度差异较大，干抗压强度为 20～150MPa，部分岩性地层遇水易软化，岩层倾倒、崩塌现象较为普遍

2. 土体类型及工程地质特征

该地区松散沉积物分布面积广、成因类型多，岩性、厚度变化大，几乎包括所有的第四纪地层。按土的粒度组成或特殊工程地质性质，区内土体主要可分为卵砾类土、砂类土、黏性土及特殊土 4 大类，其中，特殊土包括淤泥软土、盐渍土、冻土、胀缩土、黄土类土及风积砂等 6 种类型，其分布范围和主要工程地质特征见表 2.2-2。

表 2.2-2　西部地区土体类别分布范围和主要工程地质特征

<table>
<tr><th colspan="3">类型</th><th colspan="2">分布范围</th><th>工程地质特征</th></tr>
<tr><td colspan="3">卵砾类土</td><td colspan="2">分布广，厚度大，主要分布在西北各盆地的山前倾斜平原、各大河的河谷区及其支流漫滩、河床地段</td><td>一般来说，工程地质性质优良，承载力高，土体压缩性低，压密时间短，是各类建筑良好的地基</td></tr>
<tr><td colspan="3">砂类土</td><td colspan="2">分布虽较广，但出露面积很小，主要分布在内陆盆地戈壁砾石带下方扇群边缘带，黄土高原、由细碎屑岩组成的丘陵地区的沟谷中以及河漫滩和一级阶地也有分布</td><td>一般具有上粗下细的特征，承载力相对较高，但变化较大，有随砂土粒度、密实度增大的趋势，有良好的透水性，饱和砂土受振动易发生砂土液化</td></tr>
<tr><td colspan="3">黏性土</td><td colspan="2">出露面积较大，西北地区主要出露在内陆盆地的卵砾类土或砂类土分布带的前缘，其他地区河流阶地的上部堆积物也多见黏性土</td><td>工程地质性质相对优良，其 c 值多在 0.2～0.4，φ 值在 20°～25°，压缩系数大于 0.01，饱和度大于 50%，液性指数介于 0.25～0.75，大多数黏性土属于湿润可塑中高压缩土</td></tr>
<tr><td rowspan="7">特殊土类</td><td colspan="2">淤泥软土</td><td colspan="2">主要分布在洪积扇前缘地下水溢出洼地和大型湖泊周边地区</td><td>淤泥软土结构疏松，固结程度低，孔隙比大，压缩性高，呈软、流塑状态，易出现显著的不均匀沉降，并且其触变性和蠕变性也较显著</td></tr>
<tr><td colspan="2">盐渍土</td><td colspan="2">主要分布在西北地区的内陆盆地，一些盐湖周边亦有分布，其分布具有明显的水平分带性，垂向递变规律也很清楚，盐分总是聚焦在表层</td><td>氯盐类盐渍土有较大的吸湿性，结晶时体积不膨胀；硫酸盐类盐渍土结晶时体积膨胀，当失去水分时，体积缩小；碳酸盐一般在土中含量较少，但其水溶液具有较大的碱性反应，可使黏土颗粒间的胶结产生分散作用</td></tr>
<tr><td colspan="2">胀缩土</td><td colspan="2">分布广，出露面积小，主要分布在宁夏、青海、陕南及西南诸省的山间盆地内</td><td>胀缩土在干燥时呈硬塑或坚硬状态，遇水后膨胀，并有失水收缩和反复胀缩的特点，常常给建筑物的稳定性和安全造成严重危害</td></tr>
<tr><td colspan="2">风积砂</td><td colspan="2">分布在西北沙漠地带，面积约 55 万 km^2，一般可分为流动(植被覆盖率≤15%)、半固定(植被覆盖率为 15%～40%)、固定(植被覆盖率>40%)三种类型</td><td>严格来讲，风积砂性质本身不是很特殊，但风积砂对公路、铁路等线性工程建设会造成很大的危害</td></tr>
<tr><td rowspan="2">黄土类土</td><td>非湿陷性黄土</td><td rowspan="2">黄土集中分布在黄河中游的陇西、陕北和邻近的宁南、青东地区，覆盖在不同高度的低山丘陵之上和盆地平原之中</td><td>主要由中、下更新统黄土组成，多分布于黄土高原内的冲沟、河谷斜坡上，展布面积很小，因上更新统黄土被剥蚀，才裸露于梁峁顶部</td><td>为中下更新世黄土，岩性一般为粉质黏土夹多层古土壤，结构由上至下愈趋致密，上部大孔隙及垂直节理发育，湿陷系数绝大多数小于 0.015，固结压密程度较好</td></tr>
<tr><td>湿陷性黄土</td><td>湿陷性黄土以晚更新世的马兰黄土为主，广泛覆盖于黄土分布地区的上部</td><td>为全新统及上更新统黄土，一般具有湿陷性，但不同地区的湿陷系数、粒度、孔隙发育程度及含盐量等指标又有较大差异，总体说来工程地质性质差。工程地质问题比较复杂，水土流失严重，滑坡、崩塌、泥石流等突发性地质灾害发育</td></tr>
<tr><td colspan="2">冻土</td><td colspan="2">主要分布在阿尔泰山、祁连山、天山等西北高山地区以及青藏高原地区</td><td>工程地质性质差，问题多，危害大。其工程地质性质一般受制于冻土母岩的岩性，主要的工程地质问题有道路翻浆、建筑物变形和边坡滑塌等</td></tr>
</table>

注：c 为黏聚力，φ 为内摩擦角。

2.2.4 水文地质条件

1. 地下水赋存条件及分布规律

根据地下水的含水介质及孔隙性质的差异，西部地区地下水类型可分为松散沉积物孔隙水、基岩裂隙水、碳酸盐岩裂隙溶洞水、冻土冻结水四种。

1) 松散沉积物孔隙水

松散沉积物孔隙水主要分布在冲积成因的成都平原和断陷盆地(河套平原、渭河盆地、银川盆地、吐鲁番—哈密盆地和伊犁盆地等)，大型内陆盆地的山前地带以及黄土高原地区。堆积平原的第四系松散沉积物一般厚度大，含水层岩性以砂、砂砾石及砂砾卵石为主，蕴藏潜水和承压水，潜水分布广泛而稳定，承压水亦分布较广；断陷盆地经河流冲刷而逐步堆积形成的松散沉积物，出现规模较小，沉积厚度不等，一般含水层岩性分选较好，含水岩层厚度由数米至数十米，大多数盆地的含水层分上、下两层结构，即上部为潜水，下部为承压水，承压水头一般是数米，个别达数十米。孔隙水分布广泛，且水量较丰富；准噶尔、塔里木、柴达木等内陆盆地，边缘地域辽阔，冲洪积物沉积厚，地下水储存条件较为复杂，一般水位埋藏较深，富水程度较强，水质良好，但部分地区由于特殊的地质构造及地貌条件，潜水水位埋藏较浅，富水程度较弱。

2) 基岩裂隙水

基岩裂隙水主要包括丘陵高原碎屑岩裂隙水、山地变质岩裂隙水和熔岩裂隙水等。碎屑岩裂隙水广泛分布于天山南麓、昆仑山北麓、阿尔泰山，准噶尔盆地山前丘陵地区、鄂尔多斯高原、陕北高原、祁连山—秦岭山地，陕北高原的西部地区、藏东、川西山地和四川盆地边缘及桂西，黔北山地等高山丘陵地区。含水层一般为不同地质时代的砂岩、泥岩、页岩夹砂岩等，总体上砂岩及砂砾岩地区，裂隙发育程度高，富水程度相对丰富，水质良好，部分泥岩、页岩及砂岩页岩互层地区富水程度较差，含水微弱，仅局部地带水量较大。对于山地变质岩裂隙水，西北的山地褶皱断裂和构造裂隙极为发育，泉水流量较大。秦岭变质岩分布地带，褶皱断裂发育，但多为泥质岩层，富水程度不高。内蒙古高原的一些地区，由于玄武岩喷发前古地形存在沟谷或洼地，从而沿古沟谷分布地段形成富水带，砂质泥岩与玄武岩常常形成层间孔隙裂隙水，一般富水程度较好。

3) 碳酸盐岩裂隙溶洞水

碳酸盐岩在西南地区分布极广，广西、贵州、云南及四川东部、南部等地碳酸盐岩层分布广阔、厚度大、岩性纯，广泛发育着地下河系，地下河的长度有时达数千米。裂隙溶洞水赋存丰富，流量多达4000t/h，泉流量最大的也超过4000t/h，分布不均匀，不仅在区域分布不均匀，且不同时间的水位和水量变化都很大，大区域范围的水质变化很小，且矿化度较低。

4) 冻土冻结水

西部地区的阿尔泰山区及青藏高原地区，冻土分布面积大。阿尔泰山区冻土厚度为 20～60m 不等，主要为冻结层上水，埋藏较浅，水量不大。而在青藏高原和天山、祁连山的局部山区，冻土层厚度一般为几十米到百余米，厚度大小随地形的起伏变化，并在水平方向的变化较大，冻结层上水分布普遍，水质良好，但水量较小。

2. 地下水补、径、排条件

西部地区地下水的补、径、排条件受气候水文、地质构造、地形地貌条件等诸多因素影响，不同水文地质单元地下水的补、径、排条件差异明显。

大型内陆盆地地下水的补给主要由其周围山地的河流密度、山前降水量及冰雪消融量决定，总体以冰雪消融水补给为主，一般来说补给量较大，地下水渗透率小，主要以蒸发的形式排泄；山间断陷盆地谷地地下水补给主要与周围山地地表水和地下水的补给，其次为降水补给，以昆仑山—秦岭为界，补给量南北差异较大，盆地的排泄除少数有河流外泄外，大部分靠自身蒸发消耗。

对于基岩裂隙水，以昆仑山—秦岭为界，南北差异明显。北部地下水以降雨入渗补给为主，部分山地有冰雪消融水补给，随着山势增高，补给量随之增加，地下水排泄以泉及蒸发为主，径流量总体而言较小；南部地下水以降雨补给为主，普遍补给量大，径流较强烈，通过泉水和向山区河流泄流等形式排泄，排泄量大。

岩溶裂隙溶洞水主要分布在西南地区，由于该区地表径流异常丰富，降水量集中，因而岩溶裂隙溶洞水的补给条件好，补给量大。特别在岩溶发育程度较高的地区，由于径流量很大，地下水往往汇集于岩溶形成的地下河，以泄流形式注入地表水体，部分地区以泉的形式排泄，总体来说排泄量较大。

3. 地下水化学特征

受气温、降水、地貌、水文等诸多因素的影响，西部地区不同单元浅层地下水的水质存在显著的差异，从东南向北及西北呈现着逐渐变化的特征。

昆仑山—秦岭一线以南的西南湿润地带，大多数地区的地下水矿化度值小于 1.0g/L，其中大部分地区是 0.2～0.5g/L，水化学类型为重碳酸盐型；此线以北的干旱、半干旱地区的地下水矿化度较复杂，从内蒙古至西北干旱区，地下水矿化度普遍高于 1.0g/L，并呈现由内陆盆地边缘向中部逐渐递变的规律，由低矿化度重碳酸盐型淡水过渡为成因、成分复杂的硫酸盐型咸水带，呈现着水平分带的特点。基岩山地中准平原化的低山、残山地带、极端荒漠化地区，由于没有外来水源，年降水量只有 10～50mm，地下水矿化度高达 5～30g/L，局部有盐沼出现，水化学类型的演变从山区向平原为重碳酸盐型—硫酸盐型—氯化物型逐渐过渡。青藏高原的多年冻土区冻结层上水，水质良好，多为重碳酸盐型，矿化度一般小于 1.0g/L，冻结层下水，一般除古近—新近纪砂岩外，水质良好。第四纪湖相沉积物中水的矿化度较高，多为咸水湖。

此外，局部地区受构造或岩性关系影响，在地下水中往往形成某些离子特殊组合的富集，如氯、铁、锰离子等。

2.3 深部工程地质环境特征

2.3.1 高地应力

1. 我国初始地应力分布特征

重力作用和构造运动是引起地应力的主要原因，其中以水平方向的构造运动对地应力的形成及其特征影响最大。构造应力场的形成原因非常复杂，它在空间的分布极不均匀，而且随着时间的推移还不断发生变化，属于非稳定的应力场。但是相对于工程结构物的设计基准期来说，可忽略时间因素，将它视为相对稳定的应力场进行分析。迄今为止，还很难用函数形式表达构造应力场，主要通过实地量测得到一些数据。

现场实测地应力是提供地应力场较为直接的途径，但在工程现场，由于场地的复杂性及经费等原因，不可能进行大量的全面量测，且由于地应力分布具有一定区域性，最大和最小水平主应力差异性明显，用水平平均应力与垂直应力之比来研究地应力分布规律在应用上有一定局限性，若能用最大水平主应力与垂直应力之比则更能反映水平构造应力。因此，正值我国岩土工程建设的高峰时期，研究我国的地应力分布规律，并建立相应的数学描述，对深化对地应力的认识，以及对地质、水利水电、采矿等行业的规划布局、设计建设和发展都具有重要的意义。本节主要分析我国初始地应力分布特征，归纳分析我国垂直地应力、水平地应力等随埋深的分布规律，从而为西部地区水电工程的地下厂房等工程的布置、开挖、支护等提供设计依据。

1) 我国垂直地应力随埋深分布规律

垂直地应力作为地应力的主应力之一，其随着覆盖层深度的变化具有相应的变化规律，这也对指导水电工程地下硐室等工程的地应力获取及判别等具有重要的参考价值。

据景峰和赵德安的研究成果，其将所收集到的大量地应力实测数据按照埋深进行统计，垂直地应力的测点多集中在埋深 1500m 范围内，并含埋深 1500m 以下的监测数据。根据已有监测成果，本节主要对满足工程深度 1500m 范围内的垂直地应力 σ_V 量值与其埋深进行统计分析，共计样本 450 个，其分布规律如图 2.3-1 所示。

研究区总体地形复杂，地震烈度高，物理地质作用强烈，地下硐室深埋、边坡高陡。总体上，地质勘察工作主要表现为“二活跃、三高、四复杂”的特点。

(1) “二活跃”即地震活跃、地质灾害活跃。如图 2.3-1 所示，总体而言，垂直地应力 σ_V 与其埋深 H 呈线性相关，即 σ_V 随埋深总体上呈线性增大，埋深越大，其量值越大。采用线性回归进行拟合分析，可表示为

$$\sigma_V = 0.00271H \tag{2.3-1}$$

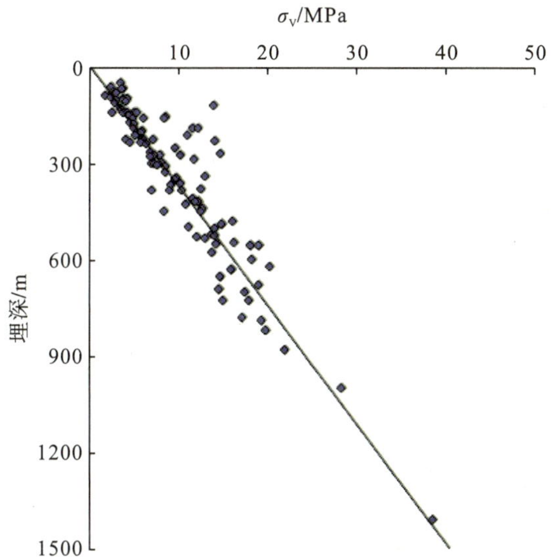

图 2.3-1　中国垂直地应力随埋深变化规律图

若取岩体平均容重为 27kN/m^3，可见我国垂直地应力总体上等于上覆岩体自重。另统计发现，埋深约 500m 范围内，36%的测点 σ_V 大于岩体自重，16%的测点 σ_V 小于岩体自重。可见，在埋深约 500m 范围内，实测 σ_V 总体上稍大于岩体自重。这表明在地壳浅层岩体自重是 σ_V 的最主要组成部分，但在浅层同时受到较高水平构造应力、地形地貌、近代地表地质作用和岩体各向异性等因素影响，部分测点 σ_V 增大。

(2) 对于水电工程地下厂房而言，地下厂房埋深一般分布于地表浅表层，其垂直地应力的变化随埋深的变化亦服从式(2.3-1)的分布规律。

2) 我国水平地应力随埋深分布规律

根据已有研究成果，中国大陆地区最大水平地应力 σ_H、最小水平地应力 σ_h 随埋深的分布规律分别见图 2.3-2 和图 2.3-3。

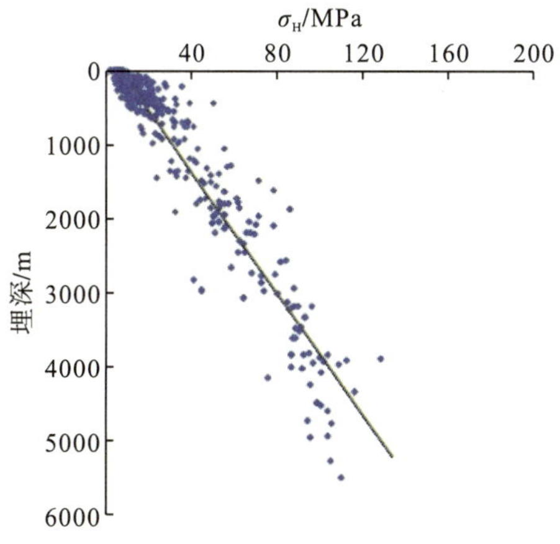

图 2.3-2　我国最大水平地应力随埋深分布规律

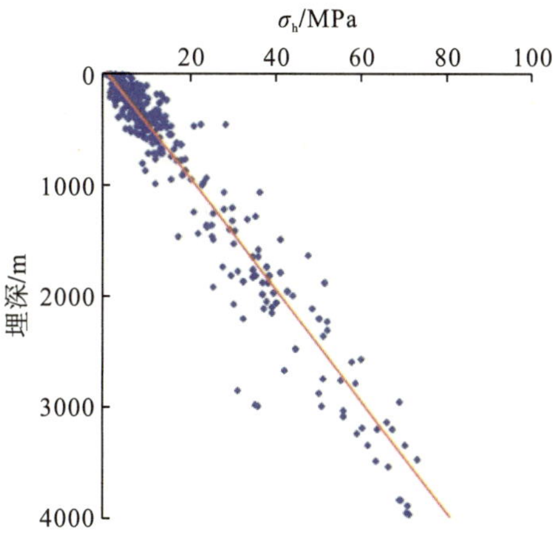

图 2.3-3　我国最小水平地应力随埋深分布规律

图 2.3-2、图 2.3-3 表明，σ_H、σ_h 总体上随埋深增大而增大，散点在一个基本平行的条带内变化。条带宽度反映了我国不同地区和岩性在相同埋深条件下的差别，其基本上在 20MPa 以内，最高可达 50MPa 以上。但总体上 σ_H、σ_h 与埋深都表现出了良好的线性关系，其线性回归结果为

$$\sigma_H = 0.0216H + 6.7808 \tag{2.3-2}$$

$$\sigma_h = 0.0182H + 2.2328 \tag{2.3-3}$$

σ_H、σ_h 与埋深的线性相关系数均大于 0.9，其中 σ_h 回归精度最高，可能与其受岩石泊松效应和 σ_h 影响大等有关，变化相对较小。σ_H、σ_h 的线性回归式中均有一定量值的常数项，说明在地壳浅部存有较大水平应力，其主要来自水平构造应力和地形等。另外，σ_h 的应力变化梯度均小于岩石容重，说明随着埋深增大，σ_h 和 σ_V 大小关系将发生变化，最后 σ_V 转变为最大应力。按回归公式推算，当埋深超过约 3000m 后，应力场以自重应力场为主。

由图 2.3-2、图 2.3-3 及式(2.3-2)、式(2.3-3)可知，地壳浅层中水平地应力具有一定的量值，且 σ_H、σ_h 两者差别明显，尤其在较浅部。因此，统计分析 σ_H / σ_h 随埋深的变化，对研究地壳浅层水平构造应力的作用形态具有重要的意义。

图 2.3-4 表明，最大和最小水平地应力具有一定的差异。当埋深在 1000m 范围内，尤其是在 500m 范围内时，越接近地表，两者的差异越大，σ_H / σ_h 最大可达 6.0，而南非的最高统计结果为 4.0。当埋深大于 1000m 后，σ_H / σ_h 波动范围迅速减小，总体上随埋深增大呈缓慢衰减的态势，当到达 4000m 埋深时，减小到 1.1～1.3，且比值较恒定。这表明越往深部，可能受岩石泊松效应增大等因素影响，在一定埋深范围内 σ_H、σ_h 绝对应力差值还会进一步增大，但相对差会越来越小。

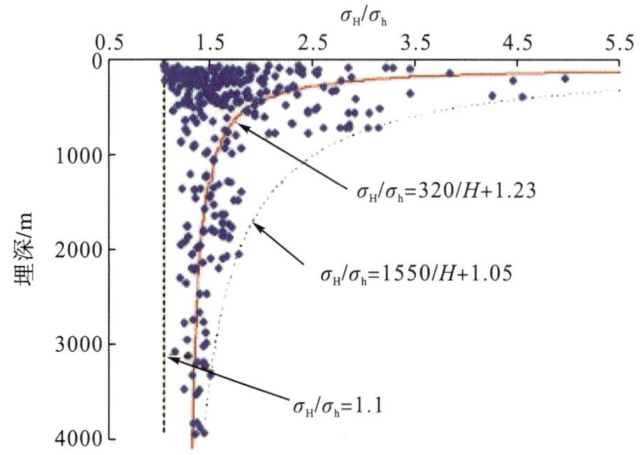

图 2.3-4　我国最大水平地应力与最小水平地应力比随埋深变化规律

如图 2.3-2 及图 2.3-3 所示，我国最大及最小水平地应力随着埋深增大呈线性增大的趋势，而对于 σ_H / σ_h 而言，水电工程地下厂房在埋深范围内，其比值受构造等因素的影

响，有随着埋深减小而增大的趋势。

2. 西部地区地应力场分布特征

总体上，新生代以来中国西部构造应力场特征是，印度板块与欧亚板块碰撞，在北部广大地区产生强大的挤压应力场，并随着印度板块不断楔入而向北运移，最大主应力迹线从凸入楔向外散开。由于所处的特殊大地构造位置，西部地区现代地应力场具有以下 4 个明显的特点。

1) 优势的水平挤压应力

地震震源机制表现了以水平挤压占主导地位的水平应力状态。根据对西部一系列大震造成的地震断层的研究，地震过程中地面产生的水平扭动十分清楚。20 世纪 60 年代以来，断层微量位移测量的结果反映出我国西部的一些主要活动断裂的水平活动量都比较大，为垂直活动量的若干倍。地应力测量结果也表明，西部地区地壳内存在着强大的水平应力，尤其是控制西南、西北大地震发生与分布的活动构造区内的应力活动，都是水平分量占优势。

以上事实表明：在我国西部地区，平均水平地应力明显大于垂直地应力，反映了以水平向为主的地壳应力活动。

2) 主应力方向的分区性

总体上看，西南地区以主压应力轴呈 SSE 向主导的川滇菱形断块为中轴，北纬 30°以南表现为东西两侧大致对称的辐射场(图 2.3-5)。断块以西表现为 NE-NNE 向，断块以东表现为 NW-NWW 向。

3) 构造对主应力方向的影响

断块周边深大断裂带附近，受各自所处的构造部位及剪切错动方式的控制，构造应力场方向呈规律性变化。其中最典型的是中部川滇断块，沿北东部左旋剪切滑移边界断裂带，σ_1 作用方向由北而南逐渐由 NE 向转为近 NW 向及 NW 向；沿西南部右旋剪切滑移边界断裂带，σ_1 作用方向由北而南逐渐由 NE 向转为近 SN 向及 NNW 向。

4) 应力状态的复杂性

西南地区区域地应力场的三向应力状态类型总体上以“潜在走滑型”为主，但在某些特殊的构造部位受断块运移-形变方式的控制而有明显的变化。区域地质构造条件是控制地应力场基本类型、量级、方向和分布规律的最根本因素。一般而言，褶皱带地应力量级相对较大，且不均匀，而未经褶皱变动的沉积岩盖层地应力量级相对较小，且较均匀。另外，在水平面上最大主应力方向垂直构造线，而在垂直面上主应力方向与岩层倾向一致或呈小角度相交。

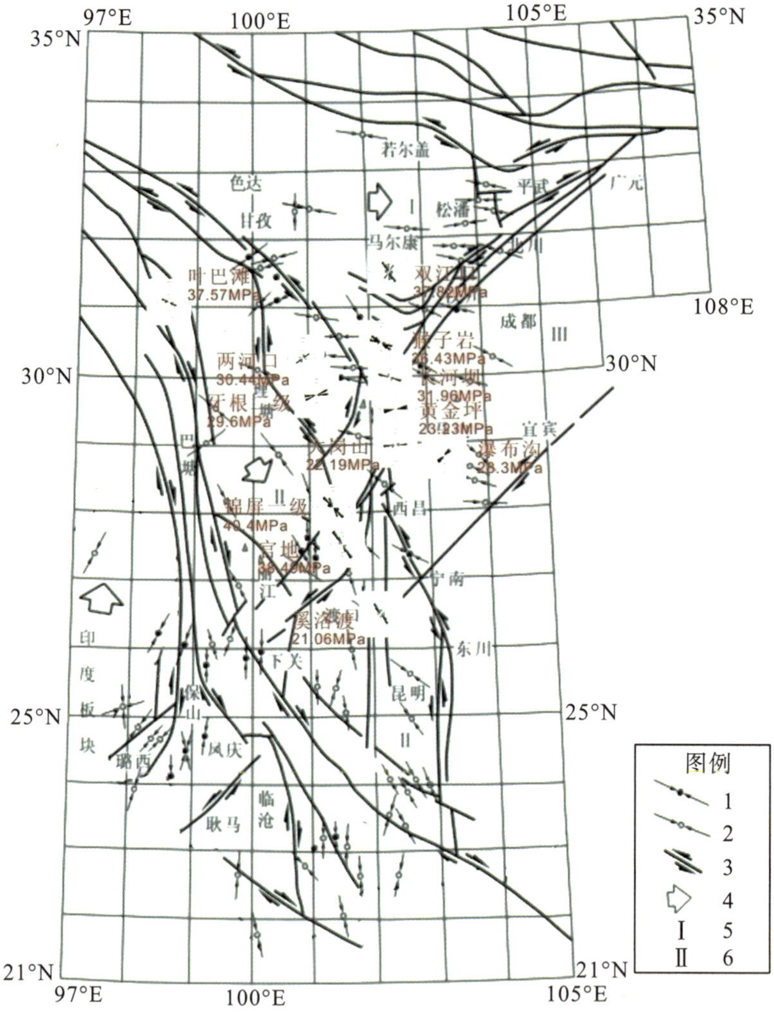

图 2.3-5　区域构造应力场基本特征

1. 实测最大主应力方向；2. 震源机制 D 轴方位；3. 断裂错动方式；4. 断块运移方向；5. 川西北断块；6. 川滇菱形断块

从图 2.3-5 中已有 12 个水电站地应力实测资料与区域构造应力资料的对比可以看出，各水电站优势最大主应力的方向受区域构造断裂的控制，与区域构造应力方向一致。对 12 个水电站地应力实测资料及其所处区域构造背景的统计、分析结果表明：西部河谷水电站坝址区地下厂房的地应力分布明显受区域构造的影响，其实测最大主应力方向由东边的大渡河向西边的雅砻江、金沙江，方向由呈近 EW 向转为 NW-NWW 向；由南向北，在川滇菱形断块内，其实测最大主应力方向主要受断块周边构造的影响，呈 NW-NWW 向，而川滇菱形断块东侧，其最大主应力方向则从南向北由近 EW 向逐渐转为 NWW-NW 向。总体上，西部河谷实测最大主应力量值呈高量值分布，分布范围为 21.06～40.4MPa，属中等—高地应力区，局部为极高地应力区，其中川滇菱形断块内部雅砻江流域的最大主应力量值大于金沙江、大渡河流域；而在大渡河流域，受鲜水河断裂及龙门山断裂的影响，由南向北，实测最大主应力量值呈增大的趋势；在雅砻江流域，受川滇菱形断块周边构造的影响，由北向南，其最大主应力量值呈先增大后减小的趋势。

2.3.2　高地温

我国西部特别是青藏高原由欧亚板块与印度板块汇聚碰撞形成，在陆-陆强烈碰撞的背景下，构造活动强烈，活动断裂发育，如雅鲁藏布江缝合带、嘉黎—易贡断裂带及一系列次级断裂构造，在区域地质构造的控制下，区内地热资源规模大，热水温度普遍较高，区域内虽然没有现代活火山，但热水活动的强度不亚于近、现代火山活动区。因此，该区域也是全球性地热最富集区域之一，其隶属于全球四大板缘地热带之一的地中海—喜马拉雅地热带。

根据全国大地热流数据汇编资料及调查成果，我国大陆地区热流总体表现出东高、中低而西南高、西北低的基本分布格局，超过 $100mW/m^2$ 的高或极高热流值主要沿着雅鲁藏布江缝合带呈东西向展布，其中喜马拉雅东构造结地区平均大地热流值约为 85～$95mW/m^2$，远高于中国大陆地区平均热流值($60.4mW/m^2 \pm 12.3mW/m^2$)，属于大地热流高异常区。

从大地热流值方面来看，研究区具有雅鲁藏布江缝合带＞拉萨地体＞高喜马拉雅地体的大地热流分布格局，上地壳局部熔融体是地热系统的主要热量和物质来源，且区内雅鲁藏布江缝合带热流值远高于高喜马拉雅地体热流值和拉萨地体热流值。

从岩石圈热状态方面来看，强烈的构造活动与岩浆活动将引起区域性的地温升高和磁性层减薄，从而导致青藏高原尤其是藏南大部分地区都具有较浅的居里面深度。其中，喜马拉雅地热带的居里面最浅，深度大都小于 26km，最小处仅 18km 左右，体现为东西向展布的条带状隆起区，所对应的热流值和地温梯度值均较大，水热活动也更为强烈，东构造结地区也属于居里面隆起中心的代表位置。

青藏高原水热活动严格受构造控制，呈现“南北呈带、东西呈条”的特点。根据地表水热显示疏密、类型及活动构造的发育情况，可划分为藏南高温水热活动区、藏中中温水热活动区、藏北低温水热活动区和藏东低—中温水热活动区。其中，藏南高温水热活动区是水热活动最为集中的区域，热水主要沿雅鲁藏布江及其南北两岸密集分布，类型多样，温度普遍高于或接近当地沸点，部分出露点还存在水热爆炸、间歇喷泉等现象。该高温水热活动区由西向东可划分为狮泉河—玛旁雍地热带、措勤—搭格架地热带、当雄—羊八井—定日地热带和雅鲁藏布江大拐弯地热带，如图 2.3-6 所示。

在该地区的深埋地下工程，开挖揭示的地温高，如拉林铁路桑珠岭隧道，地温达 89℃；某工程埋深 1500m 时实测地温达 76℃，高地温问题是青藏高原深埋地下工程面临的主要问题之一。

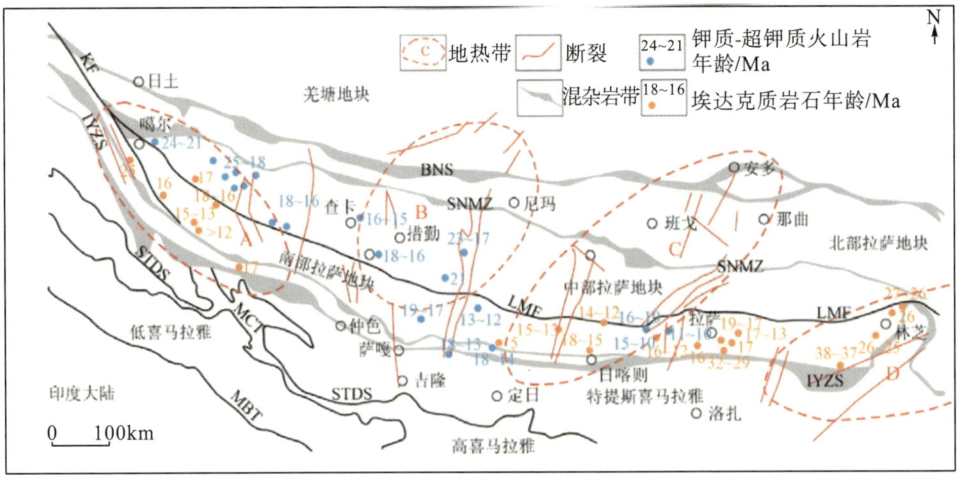

图 2.3-6 研究区高温水热活动区分带图

A. 狮泉河—玛旁雍地热带；B. 措勤—搭格架地热带；C. 当雄—羊八井—定日地热带；D. 雅鲁藏布江大拐弯地热带；BNS. 班公湖—怒江缝合带；SNMZ. 狮泉河—纳木错蛇绿混杂岩带；LMF. 洛巴堆—米拉山断裂；IYZS. 雅鲁藏布江缝合带；KF. 喀喇昆仑断裂；STDS. 藏南拆离系；MCT. 主中央断裂；MBT. 主边界断裂

2.3.3 高水压

根据黄威等(2023)的研究成果，深埋隧洞岩体赋存条件极为复杂，常面临高外水压力、高温、高地应力等多种问题，在地下水位较高的深埋隧洞工程中，高外水压力问题更为突出，对隧洞的稳定性和安全性产生不可忽视的影响。表 2.3-1 为国内外部分工程外水压力统计表，可以看出，随着隧洞埋深增加，外水压力普遍呈现上升趋势，这一结论表明，埋深大的隧洞普遍面临更高的外水压力，这对隧洞工程的勘察设计、施工和渗控措施的选择都带来了更大的挑战。

表 2.3-1 国内外部分工程外水压力统计表

工程名称	埋深/m	外水压力/MPa
锦屏二级水电站引水隧洞	2525	10.2
滇中引水松林隧洞	606	2.0～2.5
滇中引水芹河隧洞	468	2.0～3.0
青函隧道(日本)	100	2.4
天生桥二级水电站	700	3.8
歌乐山隧道	280	2.6
中天山隧道	1700	6.3
圆梁山隧道	780	3.0

2.4　工程钻探工作难点与挑战

2.4.1　地质勘察工作特点与难点

研究区总体地形复杂，地震烈度高，物理地质作用强烈，地下硐室深埋、边坡高陡。总体上，地质勘察工作主要表现为“二活跃、三高、四复杂”的特点。

1. “二活跃”即地震活跃、地质灾害活跃

1) 地震活跃

研究区地处喜马拉雅地震带内，外围区域断裂和活动断裂发育，活动性强，地震活动频繁，震级高，历史最大地震为 1950 年察隅 8.6 级地震。据最新地震目录，历史上该地区发生过 M_S≥4.7 级的破坏性地震 157 次，其中 8.6 级地震 1 次，7.0～7.9 级地震 2 次，6.0～6.9 级地震 18 次，5.0～5.9 级地震 81 次。此外，还记录到现代小震(1.0≤M_S≤4.6) 479 次。地震震中多呈团块状和条带状分布，主要分布在大拐弯顶端、墨脱一带、阿帕龙前缘，震级以小震为主。

2) 地质灾害活跃

区域地貌以高山、极高山地貌为主，季节性冰雪多，河流深切，地形高差大，谷坡陡峻；岩性以中硬岩、硬质岩为主；该区降水较丰沛且集中，季节性和昼夜温差大，冻融、风化、卸荷等外动力地质作用强烈，崩塌、滑坡、泥石流等地质灾害发育，代表性方案以地下建筑物的布置形式避开了重大地质灾害的直接影响，较好地适应了地质灾害发育的特点。

2. “三高”即高地震烈度、高地应力、高地温

1) 高地震烈度

研究区位于南迦巴瓦构造结内，外围区域断裂和活动断裂发育，活动性强，处于喜马拉雅地震带内，地震活动频繁，震级高，历史最大地震为 1950 年察隅 8.6 级地震，研究区地震基本烈度调整为Ⅷ度，工程设计地震动参数仍然较高。

2) 高地应力

研究区地处的南迦巴瓦构造结属于欧亚板块前缘，陆内汇聚作用强烈，构造应力水平较高；巨大地形高差造成地下工程深埋，引水隧洞群最大埋深近 2000m，地下厂房最大埋深超 1000m，实测最大水平主应力为 56MPa，初步分析，空间最大主应力可达 80MPa 以上。高应力条件下，开挖卸载过程中岩体工程地质特性极为复杂，坚硬岩岩爆和围岩松弛变形问题突出，局部断层蚀变带、软弱岩带可能存在大变形问题。

3）高地温

喜马拉雅东构造结地区作为我国构造活动最强烈的一个区域，活动断裂十分发育，如雅鲁藏布江缝合带、嘉黎—易贡断裂带及一系列次级断裂构造，在区域地质构造的控制下，区内地热资源规模大，热水温度普遍较高，隶属于全球四大板缘地热带之一的地中海—喜马拉雅地热带。研究区越岭深埋隧洞群埋深约2000m，地层为高喜马拉雅结晶岩系，具多期混合岩化作用，存在高地温的地质背景条件，据已有超深钻孔实测，最大地温梯度达8℃/(100m)，实测最高地温达76.4℃。越岭深埋段高地温问题突出。

3．“四复杂”即地形地貌复杂、地层岩性复杂、地质构造复杂、水文地质条件复杂

1）地形地貌复杂

研究区横穿的喜马拉雅山脉东段为极高山地貌，地形高差巨大，气候垂直分带明显，南北坡降水差异极大。喜马拉雅山脉东段为极高山地貌，4800m以上海洋型冰川发育，季节性降雪丰富，规模不等的冰斗湖和冰碛湖分布多。多雄拉山脊海拔达5000m，水头落差达2275m。多雄河、白母西日河和雅江深切，地形高差巨大，深切支沟发育，地貌单元多，地形极其复杂，工程布置条件复杂，工程边坡高陡，地质勘察难度大。

2）地层岩性复杂

研究区地跨喜马拉雅地层区、雅鲁藏布江地层区、冈底斯—腾冲地层区，岩石类型多，工程地质特性复杂，特别是雅鲁藏布江缝合带石英岩，强度达100MPa以上，以10～30cm层厚为主，具有强度高、脆性强、岩体破碎的特点，是地质勘察的难点。

3）地质构造复杂

研究区地处雅鲁藏布江缝合带，地质构造背景复杂，类型多，主要有多雄拉褶皱构造、穹窿构造、韧性剪切带、断裂构造、挤压破碎带、裂隙密集带等。

4）水文地质条件复杂

截弯梯级电站地形高差大，地貌单元多，岩石建造复杂，地下水补、径、排关系复杂，受地形地貌、地层岩性及构造的控制，不同水文地质单元的地下水活动差异大。深埋越岭段季节性冰川发育，南坡降水量大、持续时间长，地表水径流丰富，补给条件好；地下硐室区地形高差大，浅表生改造强烈，节理裂隙发育，断裂构造发育，具有较好的导水、储水和运移条件。尤其是脆性断裂构造发育区段，地下水丰富，多伴有岩体蚀变，地下水多具有承压特征。

2.4.2　地质勘察工作挑战

1. 极端复杂的作业条件

研究区位于喜马拉雅山脉、念青唐古拉山脉、横断山脉的交会处，是青藏高原隆升、侵蚀最为强烈的地区，地形起伏大，河谷深切，属典型的高山峡谷地貌。区内山峰耸立，海拔多在 4000m 以上，最高的山峰是雅鲁藏布江右岸海拔 7782m 的南迦巴瓦峰，其西北侧左岸海拔 7294m 的加拉白垒峰次之，峰顶多被冰雪覆盖，常年雪线在 4800m 左右，总体也为高山峡谷，河道狭窄，两岸岸坡高陡，地形条件极为复杂。

雅鲁藏布江下游地形高差大，气候垂直分带明显，河谷地区多属于热带、亚热带、山地温带气候。印度洋的暖湿气流受到喜马拉雅山脉的阻隔，主要沿雅鲁藏布江干流河谷上溯运动形成降水，从下游向上游受西南季风的影响程度逐步减弱，区内降水从下游向上游逐步减少，喜马拉雅山脉南坡降水量明显大于北坡，在垂直高度上的分布也存在差异，在冰川、森林分布的下游地区，最大降水带一般在林线附近，河谷底部相对较小。丰水期北坡在每年 6～9 月，南坡在每年 4～10 月；枯水期北坡在每年 10 月至翌年 5 月，南坡在每年 11 月至翌年 3 月。

派墨公路通车后，多雄河流域现场交通条件有较大改善，但受雪崩、泥石流、滑坡等地质灾害影响较大，通行时常中断，现场勘察工作主要沿公路或徒步小路开展，区域植被发育，以原始森林为主，植被高大，覆盖茂密，通视条件极差。

因此，研究区总体具有复杂艰险地貌、复杂多变气候条件、植被覆盖、交通条件差、现场作业条件极差的特征。

2. “三高”高能环境下深埋隧洞取心与测试

研究区总体处于喜马拉雅东构造结地区，以地下工程为主，初步拟定的引水隧洞最大埋深达 2000m，在印度板块持续向欧亚板块俯冲的背景下，该地区具有复杂的应力和地热背景，预测埋深 2000m 时地应力达 80MPa 以上，地温达 80℃以上，同时，其外水压力预计也达到 5MPa 以上。在高地应力、高地温、高水压赋存环境下，如何获得深部岩体的岩心样品，处理好勘察过程中可能存在的钻孔缩径、堵漏、孔内涌水问题，并开展系统的综合测试，是地质勘察的主要挑战。深埋引水隧洞地质剖面见图 2.4-1。

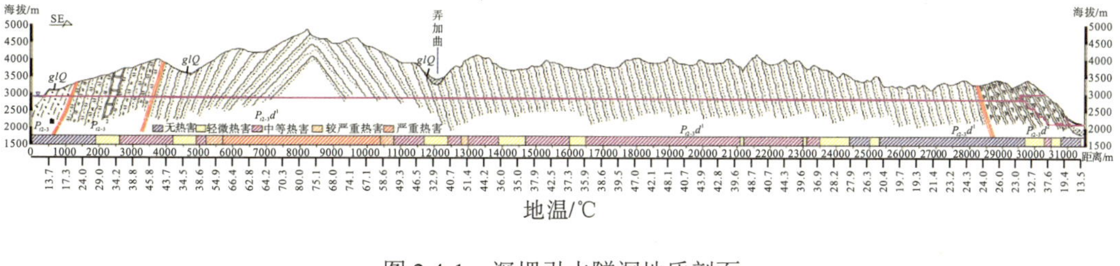

图 2.4-1　深埋引水隧洞地质剖面

定向钻孔是深埋隧洞勘察的重要手段，但定向钻孔随钻轨迹控制、“三高”高能环境下的钻探工艺、定向钻孔拐弯段如何取心等是勘察过程中的技术挑战。

3. “硬脆碎”石英岩地层取心

研究区发育石英岩地层，为印度板块和欧亚板块碰撞挤压过程中残留的古特提斯洋残留的沉积岩变质形成，岩性总体较为单一，以石英岩、石英片岩为主，石英含量达 90%以上，单轴饱和抗压强度达 100MPa 以上，局部可达 150MPa，同时石英岩在长期变质作用下片理发育，总体为“硬脆碎”地层，在“硬脆碎”地层中进行地质勘察，成孔与钻进工艺面临技术挑战。

4. 复杂构造混杂岩带取心与测试

项目引水隧洞穿越雅鲁藏布江缝合带，雅鲁藏布江缝合带是印度板块与欧亚板块之间的雅鲁藏布江(新特提斯)洋盆消减、闭合及碰撞过程有关的逆冲推覆构造，也称雅鲁藏布江蛇绿混杂岩带。蛇绿混杂岩带宽度大于 2km，早期岩石韧性变形特征明显、构造混杂作用强烈，形成一套特殊的构造混杂岩，岩性复杂，岩石以片理、片麻理产出，形成局部有序、整体无序的特点，总体具有较好的地下水赋存环境。如何在复杂构造混杂岩带取心与测试，是地质勘察工作的挑战。构造混杂岩带岩性示意图见图 2.4-2。

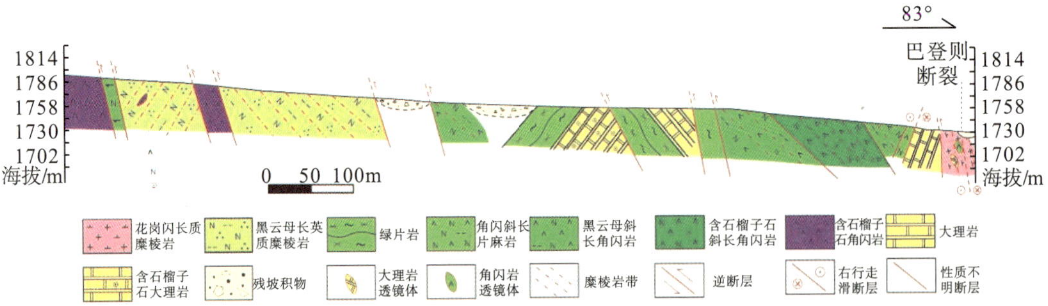

图 2.4-2 构造混杂岩带岩性示意图

第 3 章　定向钻进与曲线连续取心技术

3.1　定向钻进破岩机理

岩石在复合冲击作用下的破碎过程是一个复杂的动力学和静力学耦合的过程，本书针对取心钻头在复合冲击作用下的破岩规律和考虑钻柱系统简化的钻头运动模型开展分析研究。当取心钻头在硬岩地层钻进时，其提速效率并不明显，这是由于取心钻头主要依靠旋转切削作用对岩石进行破碎，而硬岩地层中岩石的强度较高，导致钻齿吃入岩层的能力较差，取心钻头的破岩方式由切削破岩转变为研磨破岩，降低了破岩的效率。因此，国内外众多学者设计了可提供轴向冲击、扭转冲击和复合冲击作用的装置来辅助破岩，以达到快速钻进的目的。由于复合冲击破岩机理的研究尚不成熟，本书在分析复合冲击破岩规律的基础上，结合钻头的简化运动模型，揭示复合冲击作用下定向钻进钻具的破岩机理。

3.1.1　钻齿侵入破岩力学特性分析

取心钻头在复合冲击作用下破碎岩石是一个复杂的动力学和静力学耦合的过程，因此，简化钻头运动形式，分析单齿侵入破岩过程对研究复合冲击下钻头的破岩机理具有重要的意义。

岩石力学从广义角度上可分为岩石静力学和岩石动力学。岩石静力学是指岩石在静荷载作用下表现出的弹塑性、脆性等力学性质，包括岩石的弹性模量、泊松比、抗压强度、抗拉强度、抗剪强度等。岩石的动力学是指岩石在动荷载(如冲击、爆炸等)作用下的动态力学性质，包括岩石在动荷载作用下的破岩机理与效应、本构关系、应力传播法则等。

岩石静力学中的抗压强度、抗拉强度和抗剪切强度可表征其在静荷载作用下的损伤演化规律。针对此方面开展的研究已进入相对成熟阶段，在传统的岩石强度准则中，如库仑准则认为岩石的破坏主要发生的是剪切破坏，岩石的抗剪切强度与岩石本身的黏聚力和内摩擦力有关；莫尔准则将库仑准则推广到了三向应力状态，认为岩石的抗剪切力与剪切面上的正应力和材料的性质有关；而格里菲斯准则认为岩石主要发生的是拉伸破坏。岩石强度准则表明岩石是一种抗压而不抗拉、不抗剪切的材料，在实际工程中，岩石的抗压强度最大，抗拉强度最小，抗剪切强度居中，岩石的强度越大，其值差别就越大。传统取心钻头的旋转剪切钻进正是利用了岩石的这一性质，而当在坚硬岩层中钻进时，岩石的抗剪切强度相对较高，因此，钻头由切削破岩逐渐转变为研磨破岩，大幅度降低了破岩效率。通过施加动态冲击荷载的方式可辅助快速破岩，提高钻进速度，该过程是与岩石动力学特性的紧密结合。

在岩石的动力学方面，由于取心钻头的整体运动形式和动态破岩过程较复杂，国内外学者常通过研究单钻齿在动荷载作用下侵入岩石的过程来分析岩石的损伤和演化规律。尽管使用的研究方法不同，但通过进一步总结可发现，岩石在动荷载作用下的破坏过程可分为以下几个阶段，如图 3.1-1 所示：①岩石的弹性侵入阶段，在该阶段，随着动荷载的增大，钻齿侵入深度不断增大，岩石内部的裂隙被逐渐压实，并发生弹性变形，此时荷载和位移呈线性增长关系；②岩石弹塑性形变阶段，随着动荷载的继续增大，被压实的区域逐渐形成密实核并发生塑性变形，塑性区域开始出现微裂纹的萌生，此时荷载和位移呈非线性增长的关系；③内部裂纹发展阶段，此阶段微裂纹进一步延伸和扩展，当动荷载超过岩石某处的剪切力后，岩石开始发生破坏；④岩石的失稳破碎阶段，随着动荷载增大，大量微裂纹贯通形成主裂纹，并产生大的岩屑和破碎坑；⑤拉伸破碎阶段，当荷载被卸除，储存在岩体内部表面的能量被突然释放，岩石在拉应力下发生拉伸破坏。

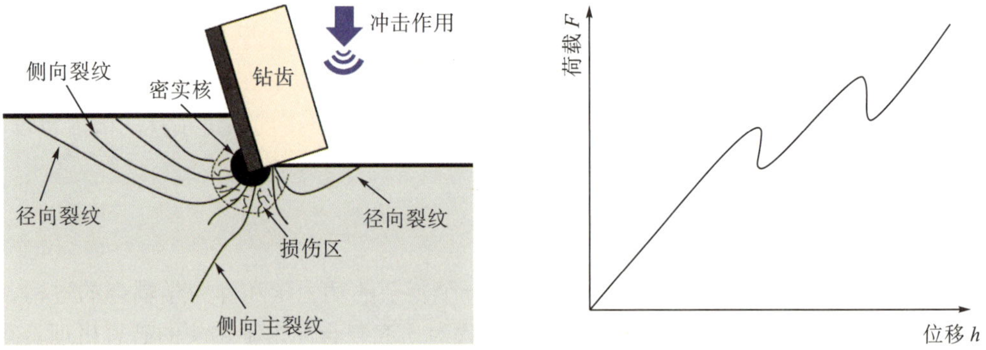

(a) 钻齿冲击破岩效果　　(b) 荷载和位移关系

图 3.1-1　单钻齿冲击破岩规律

通过分析该过程发现，动荷载冲击破岩过程充分利用了坚硬岩石脆性大、不耐冲击的特点。动荷载的冲击作用会在岩石表面形成破碎坑，并加速岩石内部裂纹的萌生和扩展。其中，由损伤区域微裂纹形成的侧向裂纹、侧向主裂纹和径向裂纹是加速岩石破碎的主要原因。

3.1.2　取心钻头破岩特性分析

通过对取心钻头的工作性能及钻进特点研究可发现，其在钻进过程中的破岩方式主要为剪切破岩。在岩体强度理论中，岩石具有较高抗压强度，而抗拉和抗剪强度较小，因此取心钻头通过剪切破岩的方式大大提高了钻进效率。但取心钻头仅在中硬岩地层或软岩地层中提速明显，对于硬度较高的岩层，由于岩石的强度较大，钻齿吃入岩层的能力变差，取心钻齿的破岩方式由剪切破岩向研磨破岩过渡，取心钻头在硬岩地层中面临可钻性差、钻进效率低的问题。

因此，如何在现有技术条件下充分利用取心钻头的优势，扩大其在不同工况下的应用范围，进一步提高经济效益将是未来需解决的问题。在此基础上，国内外众多学者在常规钻进基础上分别设计了可提供轴向冲击、扭转冲击以及复合冲击作用的装置来辅助破岩，以解决取心钻头在硬岩地层中钻进效率低的问题。

取心钻齿冲击破岩充分利用了坚硬岩石脆性大、不耐冲击的特点，通过施加冲击荷载，可加速岩石内部裂纹的萌生和扩展，以达到快速钻进的目的。按荷载施加的方向，冲击可分为轴向冲击和扭转冲击。

轴向冲击钻进是在钻进的方向上通过施加周期性冲击荷载来达到快速破岩的钻进方式，轴向冲击作用常通过轴向冲击器来实现。该钻进方式充分利用了坚硬岩石不耐冲击的特点，其破岩规律如下：取心钻齿以周期性点触的方式将动荷载作用在岩石表面，由于坚硬岩石脆性较大，钻齿可以较为容易地在点触部分形成粉碎性破碎坑，同时钻头在常规钻压驱动下对破碎坑进一步切削，以实现快速破岩的目的。与常规的钻进方式相比，轴向冲击钻进技术具有以下优点：轴向冲击钻进充分利用了冲击作用和旋转切削作用，显著提升了钻头在硬岩地层中的钻进效率，使得取心钻头的应用范围更广；在轴向冲击作用下，只需对钻头施加较小的钻压便可达到提升钻进效率的目的，而较小的钻压更易延长钻杆的寿命。但是，轴向冲击钻进无法解决在钻进过程中钻进扭矩不足的问题。

扭转冲击钻进则是在旋转切削的方向上施加了一个周期性的冲击荷载，通过冲击和切削共同作用来实现快速破岩的目的，扭转冲击作用通过扭转冲击器来实现。在硬岩地层钻进时，由于岩层的强度较大，钻齿吃入岩层的能力降低，当钻机通过钻杆将钻压和扭矩传递给钻头时，由于钻头的扭矩不足以破坏岩石，此时钻头处于静止状态，而钻杆处于能量持续积累状态，整个钻具系统则会出现黏滑现象。黏滑现象会加速钻齿的崩坏和钻杆的疲劳损伤，增加经济成本。而扭转冲击作用会在钻头剪切破岩的同时，对岩石施加一个扭向的高频冲击荷载，使得钻头不需要积蓄能量便可直接破碎岩石。这一过程会大幅度降低钻头的黏滑现象，提高钻进速率，但是，扭转冲击钻进过程需施加较大钻压才能保证钻头吃入地层。

复合冲击是指同时兼具轴向冲击和扭转冲击的钻进技术，在复合冲击情况下，轴向冲击可通过较小的钻压获得较高的轴向破岩能量，而扭转冲击则会消除钻杆的黏滑效应，使得钻头不需要积蓄能量就可直接破岩。通过这两种方式的配合，可使钻头达到“立体破岩”的效果。通过上述分析发现，复合冲击作用充分发挥了轴向冲击和扭转冲击的优势，该过程将积蓄在钻杆上的能量合理分配，使得整个钻具系统始终保持平衡和稳定的状态，有效提高了钻进效率，节约了施工成本。

复合冲击破岩同时兼具轴向冲击、扭转冲击和旋转切削破岩作用。岩石首先在轴向冲击作用下产生微裂纹，当冲击作用结束后，冲击区域的微裂纹便会融会贯通并形成破碎坑。而扭转冲击作用则增强了钻齿的剪切能力，增大了钻齿吃入岩层的深度。当轴向冲击频率和扭转冲击频率配合合理时，由轴向冲击作用形成的冲击坑刚好可以连接在一起，相邻破碎坑之间的岩石脊部则可以在扭转冲击和剪切作用下被切除，此时钻具的能量利用效率最高。此过程更易使岩石形成破碎坑和“岩脊”，有利于岩石的破碎。复合冲击破岩规律见图 3.1-2。

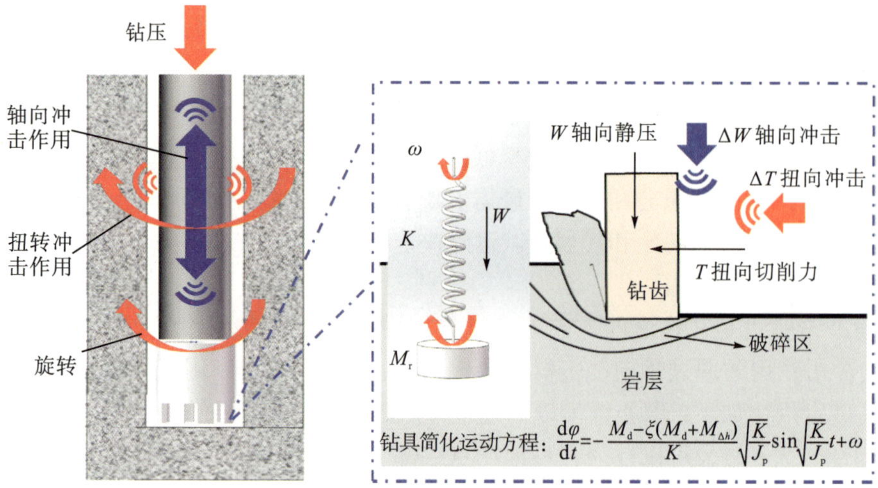

图 3.1-2　复合冲击破岩规律

注：ω 为转盘提供的恒定角速度(rad/s)；K 为钻具系统的扭转刚度(N/m)；M_r 为钻头受到的阻抗扭矩(N·m)；钻具的转动惯量为 J_p (kg·m^2)；钻头转动的角度为 φ (rad)；$M_{\Delta h}$ 为增大的阻抗扭矩；ξ 为岩石的抗破碎能力的下降系数；M_d 为切削阻抗扭矩。

3.1.3　钻头简化运动模型及求解

取心钻头在复合冲击钻进时，钻压使钻齿吃入岩层，钻杆提供的扭矩使钻齿对岩层产生切削作用，轴向冲击作用会加速岩石的损伤破坏，扭转冲击作用会增强钻头的扭转切削能力，如图 3.1-3 所示。

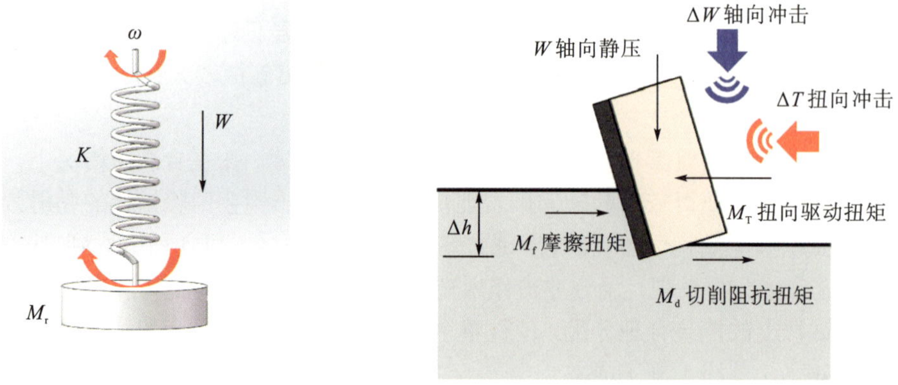

(a) 钻杆系统简化模型　　(b) 复合冲击破岩

图 3.1-3　复合冲击破岩模型

在此理论基础上，将钻进过程中钻柱系统的运动模型进行简化处理。将整个钻柱系统(钻杆、钻头等)的质量集中于底部，并看作是一个质量集中的飞轮，将钻杆简化为具有一定刚度的弹簧。将整个钻柱系统的运动模型进行如下 4 个假设：①整个钻柱系统处于直钻孔中，钻杆和钻头作同心转动；②忽略钻头的纵向和横向振动；③转盘始终保持恒定的角速度；④忽略钻杆和钻孔之间的摩擦力。对钻柱系统的钻头运动模型进行简化并开展分析研究。

钻头的运动方程可表示为

$$J_{\mathrm{p}}\frac{\mathrm{d}^2\varphi}{\mathrm{d}t^2}=K\omega t-K\varphi-M_{\mathrm{r}} \tag{3.1-1}$$

其中，钻柱系统的转动惯量 J_{p} 可表示为

$$J_{\mathrm{p}}=\frac{\rho}{3}(I_1L_1+3I_2L_2) \tag{3.1-2}$$

式中，ρ 为钻杆的密度(kg/m^3)；I_1 为钻杆的惯性矩(m^4)；I_2 为钻具的惯性矩(m^4)；L_1 为钻杆的长度(m)；L_2 为钻具的长度(m)。

式(3.1-1)可变换为

$$\frac{\mathrm{d}^2\varphi}{\mathrm{d}t^2}+\frac{K}{J_{\mathrm{p}}}\varphi=\frac{K}{J_{\mathrm{p}}}\omega t-\frac{M_{\mathrm{r}}}{J_{\mathrm{p}}} \tag{3.1-3}$$

可将式(3.1-3)看作为转动角度 φ 和时间 t 的二阶导数常微分方程，其求解的过程如下所示，式(3.1-3)微分方程的特征方程可写为

$$\lambda^2+\frac{K}{J_{\mathrm{p}}}=0 \tag{3.1-4}$$

由式(3.1-4)可解得

$$\lambda_{1,2}=\pm\sqrt{\frac{K}{J_{\mathrm{p}}}}\mathrm{i} \tag{3.1-5}$$

式中，i 为惯性半径。

故式(3.1-3)微分方程的通解为

$$\varphi^*=C_1\cos\sqrt{\frac{K}{J_{\mathrm{p}}}}t+C_2\sin\sqrt{\frac{K}{J_{\mathrm{p}}}}t \tag{3.1-6}$$

由式(3.1-5)可设式(3.1-3)微分方程的特解为

$$\varphi=At+B \tag{3.1-7}$$

将式(3.1-7)代入式(3.1-3)中可得

$$A\cdot\frac{K}{J_{\mathrm{p}}}\cdot t+\frac{K}{J_{\mathrm{p}}}\cdot B=\frac{K}{J_{\mathrm{p}}}\cdot\omega\cdot t-\frac{M_{\mathrm{r}}}{J_{\mathrm{p}}} \tag{3.1-8}$$

故有以下等式成立：

$$\begin{cases}A\cdot\dfrac{K}{J_{\mathrm{p}}}=\dfrac{K}{J_{\mathrm{p}}}\cdot\omega\\[2ex]\dfrac{K}{J_{\mathrm{p}}}\cdot B=-\dfrac{M_{\mathrm{r}}}{J_{\mathrm{p}}}\end{cases} \tag{3.1-9}$$

解得

$$\begin{cases}A=\omega\\[1ex] B=-\dfrac{M_{\mathrm{r}}}{K}\end{cases} \tag{3.1-10}$$

因此，式(3.1-1)的通解可表示为

$$\varphi = C_1 \cos\sqrt{\frac{K}{J_{\mathrm{p}}}}t + C_2 \sin\sqrt{\frac{K}{J_{\mathrm{p}}}}t + \omega t - \frac{M_{\mathrm{r}}}{K} \tag{3.1-11}$$

轴向冲击作用会加快岩石的损伤破坏速度，增大钻齿吃入岩层的深度，其增大幅度与冲击荷载成正比。当钻齿的切削深度增大时，钻齿前端受到的阻抗扭矩会瞬时增大。由于冲击作用时间较短，可认为在此冲击期间钻头仅改变了角速度。

首先，钻头的角速度方程满足：

$$\left.\frac{\mathrm{d}\varphi}{\mathrm{d}t}\right|_{t=0} = \omega \tag{3.1-12}$$

由式(3.1-11)可得

$$\frac{\mathrm{d}\varphi}{\mathrm{d}t} = -C_1\sqrt{\frac{K}{J_{\mathrm{p}}}}\sin\sqrt{\frac{K}{J_{\mathrm{p}}}}t + C_2\sqrt{\frac{K}{J_{\mathrm{p}}}}\cos\sqrt{\frac{K}{J_{\mathrm{p}}}}t + \omega \tag{3.1-13}$$

由式(3.1-12)和式(3.1-13)可得

$$\left.\frac{\mathrm{d}\varphi}{\mathrm{d}t}\right|_{t=0} = C_2\sqrt{\frac{K}{J_{\mathrm{p}}}} + \omega = \omega \tag{3.1-14}$$

可解得，$C_2 = 0$。

其次，钻头的角加速度方程满足：

$$\left.\frac{\mathrm{d}^2\varphi}{\mathrm{d}t^2}\right|_{t=0} = -\frac{M_{\Delta h}}{J_{\mathrm{p}}} \tag{3.1-15}$$

由式(3.1-11)且 $C_2 = 0$ 可得

$$\frac{\mathrm{d}^2\varphi}{\mathrm{d}t^2} = -C_1\frac{K}{J_{\mathrm{p}}}\cos\sqrt{\frac{K}{J_{\mathrm{p}}}}t \tag{3.1-16}$$

由式(3.1-15)可得

$$\left.\frac{\mathrm{d}^2\varphi}{\mathrm{d}t^2}\right|_{t=0} = -C_1\frac{K}{J_{\mathrm{p}}} = -\frac{M_{\Delta h}}{J_{\mathrm{p}}} \tag{3.1-17}$$

解得，$C_1 = \frac{M_{\Delta h}}{K}$。

因此，在轴向冲击作用下，钻具运动模型方程的解为

$$\varphi = \frac{M_{\Delta h}}{K}\cos\sqrt{\frac{K}{J_{\mathrm{p}}}}t + \omega t - \frac{M_{\mathrm{r}}}{K} \tag{3.1-18}$$

钻头运动的角速度为

$$\frac{\mathrm{d}\varphi}{\mathrm{d}t} = -\frac{M_{\Delta h}}{K}\sqrt{\frac{K}{J_{\mathrm{p}}}}\sin\sqrt{\frac{K}{J_{\mathrm{p}}}}t + \omega \tag{3.1-19}$$

钻头和转盘之间相差的角速度值为

$$\Delta\varphi = \frac{M_{\Delta h}}{K}\cos\sqrt{\frac{K}{J_{\mathrm{p}}}}t - \frac{M_{\mathrm{f}} + M_{\mathrm{d}} + M_{\Delta h}}{J_{\mathrm{p}}} \tag{3.1-20}$$

式中，M_{f} 为摩擦扭矩。

由式(3.1-19)和式(3.1-20)可知，轴向冲击会增大钻齿吃入岩层的深度，但是会引起扭转方向的振动，导致扭向切削能力不足。在扭转振动方面，通过公式分析可以发现，其振幅为$\frac{M_{\Delta h}}{K}\sqrt{\frac{K}{J_{\mathrm{p}}}}$，说明钻头的扭转振动效应与钻具系统中的扭转刚度$K$和转动惯量$J_{\mathrm{p}}$成反比，与增大的阻抗扭矩$M_{\Delta h}$成正比。因此，由冲击作用引起的阻抗扭矩是引发钻头扭向振动的直接原因。在轴向冲击钻进时，扭向振动和切削能力不足是面临的重要问题。

扭转冲击作用可以提高钻头的扭转切削能力，使钻头不需要积蓄能量就可直接破碎岩石。在扭转冲击作用下，切削齿的阻抗扭矩可表示为

$$M_{\mathrm{r}}=M_{\mathrm{f}}+\xi(M_{\mathrm{d}}+M_{\Delta h}) \tag{3.1-21}$$

式中，ξ为岩石的抗破碎能力的下降系数，取值范围为$0<\xi<1$。ξ的具体取值与冲击做功和岩石的力学性质有关，一般来说，对于同一种岩石，冲击做功越大，岩石的损伤就越大，相应取值就越小。冲击作用会加速岩石的损伤演化和裂纹的扩展，在靠近冲击坑处，岩石内部的裂纹越密集，岩石的破碎度越大，岩石的损伤值就越大。相反，在远离冲击坑处，岩石的损伤值越小，ξ的取值就越大，阻抗扭矩也越大。

此时，钻头的运动方程可表示为

$$J_{\mathrm{p}}\frac{\mathrm{d}^2\varphi}{\mathrm{d}t^2}=K\omega t-K\varphi-M_{\mathrm{f}}-\xi(M_{\mathrm{d}}+M_{\Delta h}) \tag{3.1-22}$$

并满足如下关系：

$$\begin{cases}\left.\dfrac{\mathrm{d}\varphi}{\mathrm{d}t}\right|_{t=0}=\omega \\ \left.\dfrac{\mathrm{d}^2\varphi}{\mathrm{d}t^2}\right|_{t=0}=-\dfrac{M_{\mathrm{d}}-\xi(M_{\mathrm{d}}+M_{\Delta h})}{J_{\mathrm{p}}}\end{cases} \tag{3.1-23}$$

具体求解过程与前文类似，本书在此忽略，解得

$$\varphi=\frac{M_{\mathrm{d}}-\xi(M_{\mathrm{d}}+M_{\Delta h})}{K}\cos\sqrt{\frac{K}{J_{\mathrm{p}}}}t+\omega t-\frac{M_{\mathrm{f}}+\xi(M_{\mathrm{d}}+M_{\Delta h})}{K} \tag{3.1-24}$$

所求钻头的角速度为

$$\frac{\mathrm{d}\varphi}{\mathrm{d}t}=-\frac{M_{\mathrm{d}}-\xi(M_{\mathrm{d}}+M_{\Delta h})}{K}\sqrt{\frac{K}{J_{\mathrm{p}}}}\sin\sqrt{\frac{K}{J_{\mathrm{p}}}}t+\omega \tag{3.1-25}$$

由式(3.1-25)分析可知，在扭转冲击作用下，钻头转动的振动效应与扭转刚度K和转动惯量J_{p}成反比，与$M_{\mathrm{d}}-\xi(M_{\mathrm{d}}+M_{\Delta h})$成正比。当$M_{\mathrm{d}}-\xi(M_{\mathrm{d}}+M_{\Delta h})$的值越大时，钻头处的扭转振动幅度就越大。扭转冲击可以从两个方面来抑制或减小钻头的黏滑振动效应：①通过扭转冲击作用，加速岩石的损伤演化和裂纹的扩展贯通，更利于岩石的破碎；②直接增大钻头的切削扭矩，使得钻头不需要积蓄能量便可直接切削破碎岩石。

3.1.4　复合冲击破岩模型及破岩机制研究

轴向冲击作用增大了钻齿吃入岩石的深度，同时岩石由于冲击作用形成了破碎坑和塑

性区，加速了岩石的损伤演化和裂纹扩展过程。但是由轴向冲击引起的阻抗扭矩是导致钻头在扭转方向上产生黏滑振动的主要原因，即轴向冲击无法解决钻头在扭转方向上切削力不足的问题。扭转冲击增大了扭转方向的冲击能量和破碎功，可以减小钻头的黏滑效应。但是扭转冲击无法解决轴向上钻压不足的问题。因此，近年来所提出的同时兼具轴向和扭向冲击作用的复合冲击钻进技术可以较好地集成二者的优势，达到快速钻进的目的。

通过对式(3.1-25)的分析也可以发现，钻齿受到的阻抗扭矩值可通过改变轴向冲击和扭转冲击做功的大小来改变。当轴向冲击和扭转冲击的做功效果满足 $M_{\mathrm{d}}=\xi(M_{\mathrm{d}}+M_{\Delta h})$ 时，可认为钻头在每次发生复合冲击作用后仍处于稳定的状态，即此时的钻头不会发生黏滑振动现象。因此，复合冲击钻进可认为是一个充分集成轴向冲击和扭转冲击优势的过程，该过程使整个钻具系统的能量达到最优化分配。

通过上述分析发现，复合冲击破岩提速机理如下：在复合冲击钻进时，钻头会受到静压、轴向冲击和扭转冲击的共同作用。静压会使岩石产生预破裂，轴向冲击会加速岩石的损伤破裂并增大钻齿的切削深度。但是，轴向冲击作用同时会增大钻头受到的阻抗扭矩，使钻头发生扭向的黏滑振动现象。而扭转冲击作用的存在则会缩短钻头积蓄能量的过程，增大钻头在扭转方向的切削破岩能力，消除或减小黏滑振动效应，从而达到快速钻进的目的。

在此基础上，本书基于连续-非连续分析方法，开展了单钻齿复合冲击破岩过程模拟，基于对岩石岩屑、径向剪切裂纹、侧向裂纹和侧向主裂纹等形成过程的分析，揭示了岩石在复合冲击作用下的破坏规律。

本书采用连续-非连续单元法，通过建立基于共享节点的有限元法-离散元法(finite element method-distinct element method，FEM-DEM)耦合模型，研究岩石在复合冲击作用下从连续介质到非连续介质的损伤演化过程，并进一步分析复合冲击作用参数对岩石的破坏影响规律。

基于连续-非连续单元法的理论基础为广义的拉格朗日方程，其能量体系表达式为

$$\frac{\mathrm{d}}{\mathrm{d}t}\left(\frac{\partial L}{\partial \dot{u}_j}\right)-\frac{\partial L}{\partial u_j}=Q_j \qquad (j=1,2,\cdots,k) \tag{3.1-26}$$

式中，L 为拉格朗日函数；u_j 为单元的节点位移；$\dot{u}_j$ 为单元的节点速度；Q_j 为系统非保守力。拉格朗日函数可写为 $L=\Pi_{\mathrm{m}}+\Pi_{\mathrm{e}}+\Pi_{\mathrm{f}}$，其中 Π_{m} 为系统动能，Π_{e} 为系统弹性能，Π_{f} 为系统势能。

广义拉格朗日方程表达式最终可表示为

$$\boldsymbol{M}\ddot{\boldsymbol{u}}(t)+\boldsymbol{C}\dot{\boldsymbol{u}}(t)+\boldsymbol{K}\boldsymbol{u}(t)=\boldsymbol{F}(t) \tag{3.1-27}$$

其中，$\boldsymbol{M}$ 为单元质量矩阵；$\boldsymbol{C}$ 为单元的阻尼矩阵；$\boldsymbol{K}$ 为单元的刚度矩阵；$\boldsymbol{F}$ 为外部荷载向量；$\ddot{\boldsymbol{u}}(t)$ 为单元节点的加速度；$\dot{\boldsymbol{u}}(t)$ 为单元节点的速度；$\boldsymbol{u}(t)$ 为节点位移。

本书基于 GDEM 软件的 BlockDyna(图 3.1-4)和 PDyna 模块开展研究。GDEM-BlockDyna 模块中包含了块体和界面两个概念。块体是由一个或多个连续介质单元组成的，可用于表征连续介质体的弹性、塑性等物理特征。界面包括真实界面和虚拟界面两类：真实界面指两个块体之间真实存在的界面，一般为固体材料的分界面、结构面和接触面等；虚拟界面指存在

于块体单元中的潜在扩展通道，当块体不发生破坏时，虚拟界面仅起到传递力的作用。

(a) 数值计算模型　(b) 块体　(c) 界面

图 3.1-4　BlockDyna 计算模型图

颗粒动力学仿真系统（GDEM-PDyna），以颗粒离散元方法为主。颗粒接触及运动状态如图 3.1-5 所示，通过颗粒间的合力及合力矩的计算，进一步计算颗粒的运动及转动状态。

(a) 颗粒接触状态　(b) 颗粒运动状态

图 3.1-5　颗粒接触及运动状态

注：d_{ij} 为 i 中心到 j 中心的距离；r_c^{ij} 为颗粒半径

颗粒的合力及合力矩的计算公式为

$$\begin{cases} F_i = F_i^{\mathrm{DAMP}} + F_i^{\mathrm{EXT}} + \sum\limits_{j=1}^{n_i^c}(F^{ij} + F^{ij\text{-}\mathrm{DAMP}}) \\ M_i = M_i^{\mathrm{DAMP}} + M_i^{\mathrm{EXT}} + \sum\limits_{j=1}^{n_i^c} r_c^{ij} \cdot F^{ij} \end{cases} \tag{3.1-28}$$

式中，F_i 为颗粒合力；F_i^{DAMP} 为颗粒所受的全局阻尼力；F_i^{EXT} 为施加在颗粒上的外力；F^{ij} 为颗粒接触力；$F^{ij\text{-}\mathrm{DAMP}}$ 为颗粒间接触阻尼力；M_i 为颗粒合力矩；M_i^{DAMP} 为颗粒所受的全局阻尼力矩；M_i^{EXT} 为颗粒所受外力矩；$\sum\limits_{j=1}^{n_i^c} r_c^{ij} \cdot F^{ij}$ 为颗粒间的接触阻尼力矩。

由颗粒合力及合力矩可计算颗粒的运动状态，颗粒的运动包含平动和转动两种，平动运动方程具体可表示为

$$\begin{cases} \ddot{u}_i^n = F_i^n / m_i \\ \dot{u}_i^n = \dot{u}_i^{n-1} + \ddot{u}_i^n \Delta t \\ u_i^n = u_i^{n-1} + \dot{u}_i^n \Delta t \end{cases} \tag{3.1-29}$$

式中，$\ddot{u}_i^n$ 为颗粒质心加速度；$\dot{u}_i^n$ 为颗粒质心速度；u_i^n 为颗粒质心位移；m_i 为颗粒质量。

本书基于 GDEM 软件的 BlockDyna 和 PDyna 模块，建立了基于共享节点的 FEM-DEM 耦合模型，该模型将有限元的单元与离散元的颗粒通过共享节点进行有机耦合。其中，共享节点承载了模型的动能及势能，在计算过程中通过块体-颗粒耦合转化过程，可精确模拟固体材料从连续介质到非连续介质的过渡过程。

基于共享节点的 FEM-DEM 耦合模型的原理和建模过程如图 3.1-6、图 3.1-7 所示。首先，建立有限元模型；其次，基于有限元节点创建离散元颗粒体系；最后，二者通过共享节点进行有机耦合。

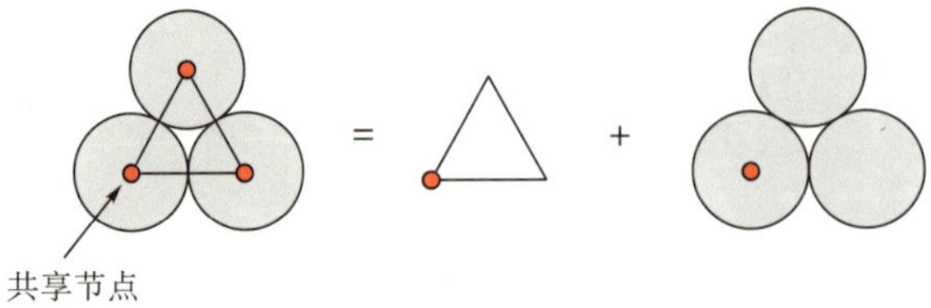

图 3.1-6 基于共享节点的 FEM-DEM 耦合模型原理图

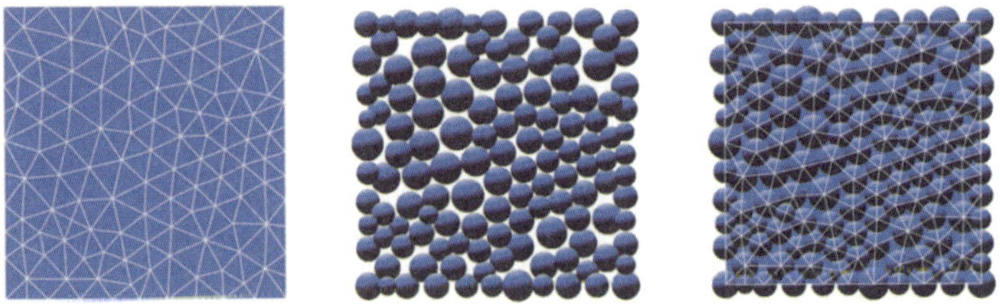

图 3.1-7 基于共享节点的 FEM-DEM 耦合模型建模过程

在该模型计算过程中，有限元和离散元计算体系可分别进行独立计算，二者通过贡献因子进行有机结合，其计算流程图如图 3.1-8 所示。

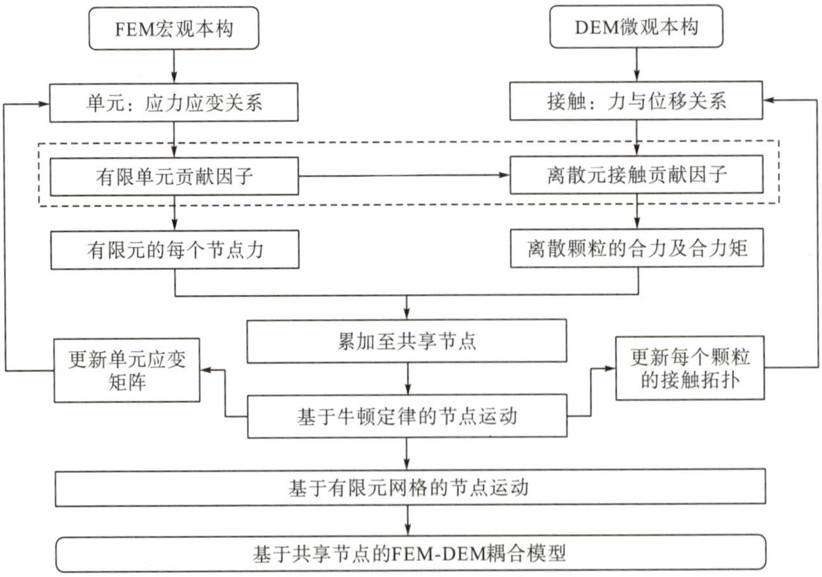

图 3.1-8 基于共享节点的 FEM-DEM 耦合模型计算流程图

为验证上述计算模型的合理性，本节开展了室内单轴压缩试验，并结合数值模拟结果进一步分析论证计算模型的合理性。为分析复合冲击钻头在硬岩地层中的破岩效果，本试验以坚硬的黄砂岩为试验材料，并根据岩石力学试验规范，采用 50mm×100mm 的标准岩石圆柱形试件。单轴压缩试验仪器采用多功能岩石直剪试验机。该试验机在国内外现有产品基础上采用双路交流伺服电机驱动技术、传感器技术、微机控制技术和软件处理技术等，可用于岩石本身及其结构面的压缩及直剪试验。该试验机最大试验力可达 300kN，力值测量精度为±0.1%示值，位移测量精度为±0.5%示值，该设备完全满足本试验的要求（图 3.1-9）。

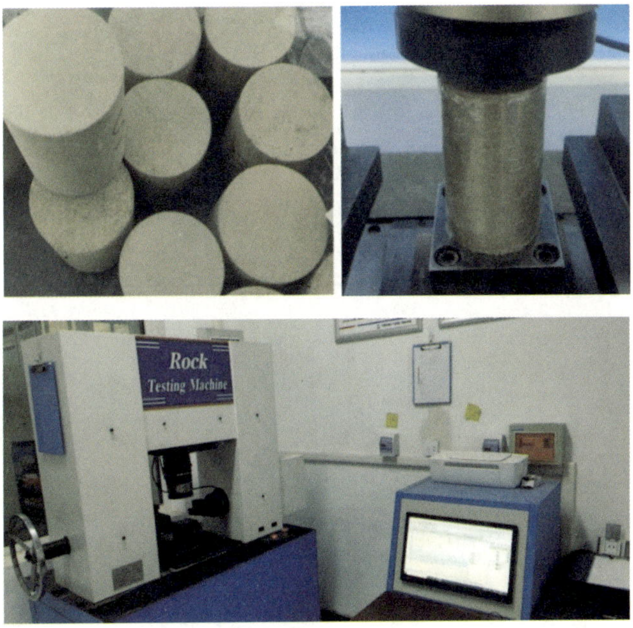

图 3.1-9　室内单轴压缩试验及仪器设备

在室内试验基础上，基于建立的共享节点 FEM-DEM 耦合模型，对黄砂岩的单轴压缩破坏过程进行了模拟分析，其建模过程如图 3.1-10 所示。

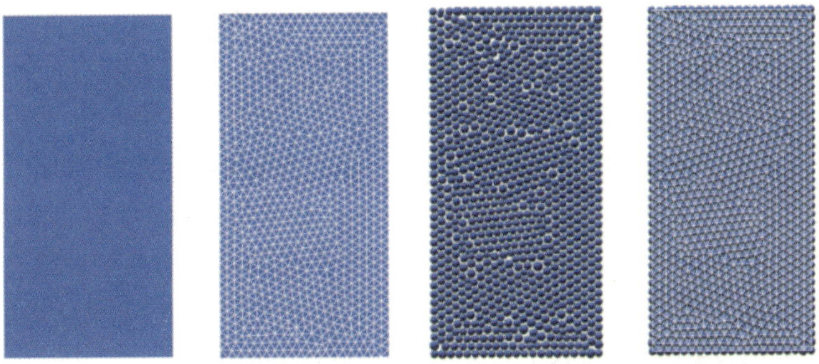

图 3.1-10　基于共享节点的 FEM-DEM 耦合单轴压缩模型

岩石材料参数设定如表 3.1-1 所示。数值计算结果和室内试验对比效果如图 3.1-11 所示，根据比对结果可发现，岩石试件在数值模拟和室内试验中均发生斜截面剪切破坏。

表 3.1-1　岩石材料参数设定

序号	材料参数名称	参数数值
1	密度/(kg/m^3)	2510
2	弹性模量/Pa	3.02×10^9
3	泊松比	0.27
4	黏聚力/Pa	19.72×10^6
5	抗拉强度/Pa	1.95×10^6
6	内摩擦角/(°)	41
7	剪胀角/(°)	15
8	Ⅰ型断裂能/(Pa·m)	68
9	Ⅱ型断裂能/(Pa·m)	93

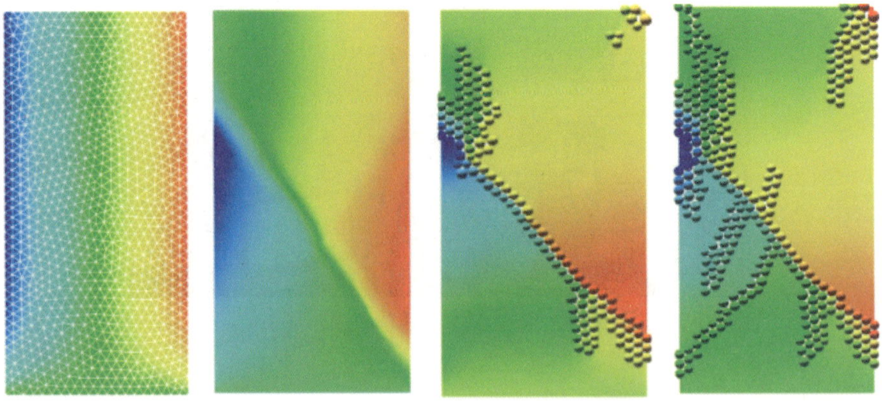

图 3.1-11　岩石单轴压缩破坏过程模拟

数值模拟和室内试验应力-应变曲线对比如图 3.1-12 所示，岩石试件的破坏过程经历了孔隙压密、线弹性变形、非稳定破坏发展、破坏后阶段，上述岩石在单轴抗压下的损伤演化过程符合岩石力学中所描述的岩石破坏规律。通过对比可发现，室内试验和数值模拟结果具有较好的吻合性，同时也证明本模型在岩石损伤破坏模拟过程中的合理性。

为研究定向钻进复合冲击破岩机制，本节基于连续-非连续分析方法，建立单钻齿复合冲击破岩模型，并对影响复合冲击破岩的规律参数进行总结分析。

在复合冲击破岩钻进过程中，冲击钻具直接作用在 PDC(polycrystalline diamond compact，聚晶金刚石复合片)钻头上，钻头受轴向冲击和扭转冲击的共同作用。为了更加有效地观察岩石在复合冲击作用下的裂纹萌生和扩展过程，建立了如图 3.1-13 所示的复合冲击单齿侵入破岩模型，并采用线性正交切削法对岩石进行破岩过程模拟。

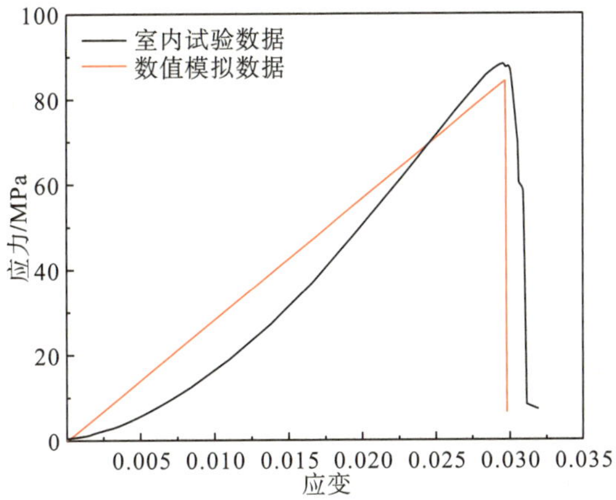

图 3.1-12　数值模拟和室内试验应力-应变曲线对比图

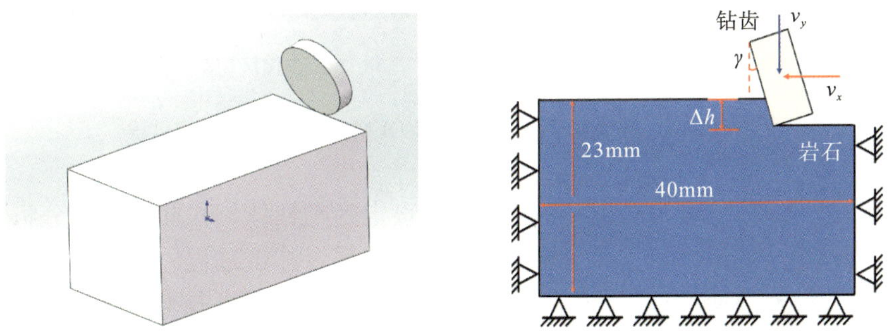

(a) 单齿切削模型　　(b) 单齿破岩数值模型

图 3.1-13　复合冲击单齿侵入破岩模型

如图 3.1-13 所示，该模型沿中心取纵剖面进行分析，岩石模型的尺寸为 40mm×23mm（长×宽），相应地，钻齿模型的尺寸为 10mm×5mm（长×宽），将刀具的后倾角设为$\gamma = 15^{\circ}$，钻齿吃入岩层的深度设为$\Delta h = 3$mm。

所建立的岩石数值计算模型如图 3.1-14 所示，首先在商业软件 ABAQUS 中进行模型的初步构建和单元的离散，如图 3.1-14(a)所示。在网格划分时，为了保证模型的计算精度，同时提高计算效率，对岩石模型的上半部分进行了局部加密处理，处理效果如图 3.1-14(b)所示。

在网格局部加密时，为了保证加密网格的尺寸更加符合岩石颗粒尺寸，本模型采用 0.2mm 的网格尺寸作为加密网格尺寸。所建立模型共含节点 11711 个，CPS3 类型块体 23086 个，离散元颗粒 11711 个，颗粒体积为 8.55×10^{-4}m^3，岩石材料参数同表 3.1-1。

在模型计算过程中，将岩石的左右边界和底部边界固定，上部边界则设定为自由边界，用于模拟岩石的切削和岩屑的形成过程。

(a) 岩石初始模型

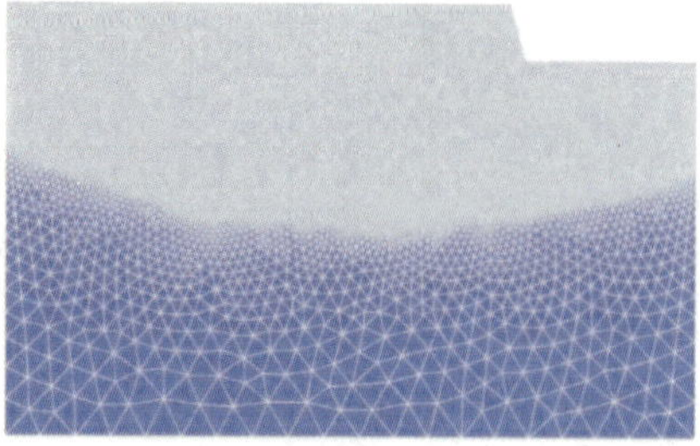

(b) 有限元模型

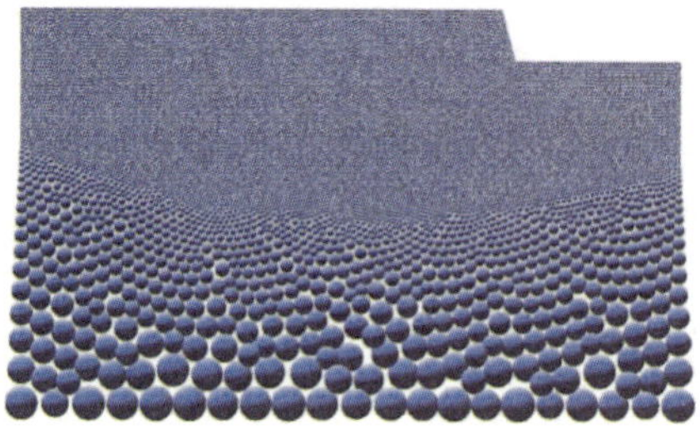

(c) 颗粒离散元模型

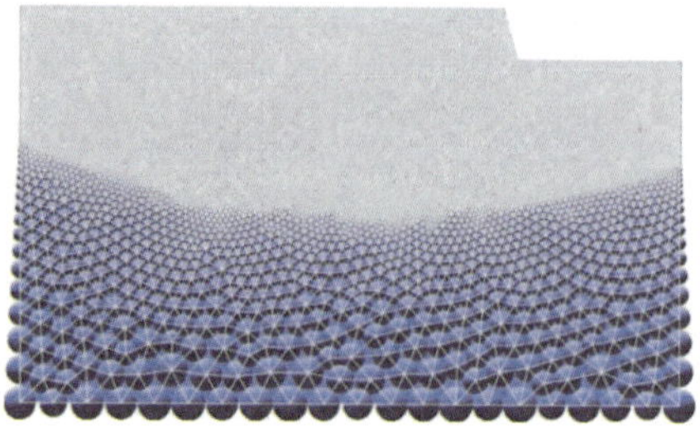

(d) FEM-DEM模型

图 3.1-14 基于共享节点的 FEM-DEM 岩石模型及创建过程

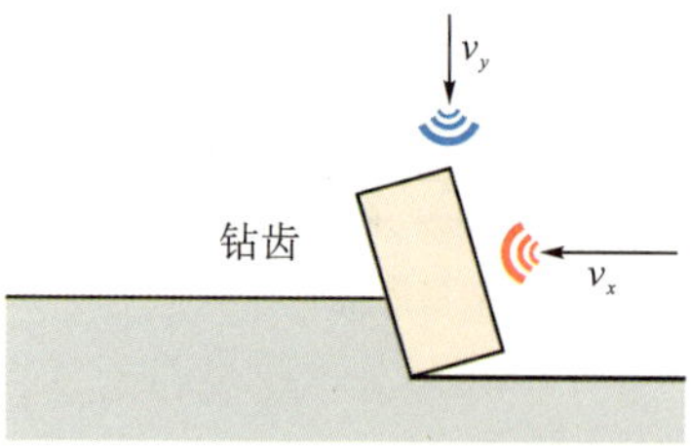

图 3.1-15 复合冲击速度分解

将刀齿设定为刚性体，在此基础上分析钻齿不考虑静载条件下的复合冲击过程。将钻头运动过程中的复合冲击速度分解为水平冲击速度 v_x 和垂直冲击速度 v_y，如图 3.1-15 所示。

在 GDEM 计算平台中难以通过现有的命令进行周期性函数的施加，为分析单钻齿的复合冲击破岩过程，本书基于 JavaScript 脚本命令对计算程序进行了二次开发，其过程如下。

(1) 设定当前计算时间为 0。

(2) 计算前初始化设置，核心迭代前调用 dyna.BeforeCal() 函数。

(3) 设定 for 循环计算命令，钻齿运动速度的改变在此循环中实现。

(4) 通过 dyna.GetValue() 函数，获取当前的计算时间 Time_Now 信息。

(5) 基于步骤 (4) 获取的当前计算时间，设定钻齿的运动速度，此时速度值为随时间变化的周期性正弦函数，设定冲击作用周期为 2ms，设定冲击速度分别为 v_x=0.2sin500π，v_y=0.5sin500π。

(6) 通过 rdface.SetElemValue() 函数，将步骤 (5) 所设定的当前运动速度赋值给钻齿。

(7) 设定模型的虚拟质量开关、时步计算的比例因子和数据后处理监测信息等。

(8) 设定迭代求解命令，该过程为单一迭代步求解，整个过程包含时间及时步的累加，但不包含云图信息和监测信息输出等。

(9)计算结束及结果推送，步骤(1)～(8)为整个核心求解过程，该步骤则将计算信息推送至 GDEM 计算平台。

钻齿运动速度如图 3.1-16 所示。

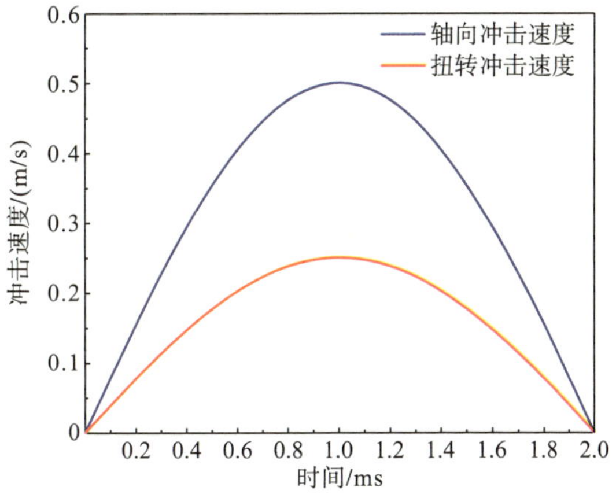

图 3.1-16　钻齿运动速度

基于前文的数值计算模型，复合冲击破岩计算过程分两个阶段：①在不施加钻齿的前阶段，将钻齿模型设定为空模型，并对岩石模型进行自重力场的求解，当计算的不平衡率≤10^{-5}时结束该过程求解；②设定并激活钻齿模型，同时施加设定的冲击速度，进行复合冲击破岩过程模拟，如图 3.1-17 所示。

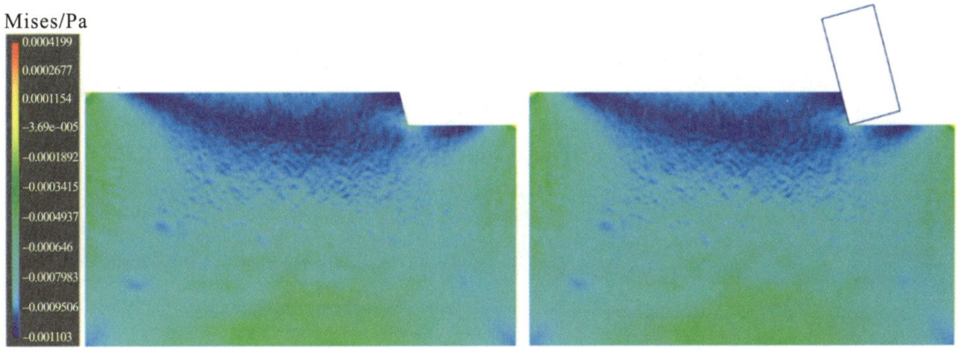

图 3.1-17　岩石模型自重力求解

注：Mises 为冯・米塞斯(Von Mises)应力/Pa

图 3.1-18(a)～(h)为模拟岩石在单次复合冲击作用下的破碎过程。在初始阶段，钻齿与岩石相接触，如图 3-18(a)所示，在 0.23ms 左右时，钻齿前方及下方的应力逐渐增大，岩石进入塑性状态。在 0.62ms 左右时，岩石开始出现损伤破坏，并在钻齿的尖端及前方产生微裂纹，如图 3-18(b)所示。冲击作用的初始阶段使岩石产生初步损伤，为后续裂纹的萌生扩展和破碎坑的形成创造了前提条件。

随着轴向冲击速度和扭转冲击速度的增大，钻齿开始压缩下方岩石，钻齿与岩石接触点的应力逐渐增大，在 0.77ms 左右时，微裂纹开始向岩石的内部进一步扩展，如图 3-18(c)

所示。当复合冲击速度达到最大值，在 1.13ms 左右时，钻齿前方和下方的岩石开始发生破碎，并形成破碎区和破碎坑，且钻齿下方的裂纹逐渐向岩石的内部逐渐发展，如图 3-18(d)所示。复合冲击作用加速了裂纹的萌生和扩展，裂纹的进一步发展是破碎坑形成的主要原因。

在 1.22ms 左右时，如图 3.1-18(e)所示，由于岩石内部积累的能量被迅速释放，岩石的最大应力集中于破碎区附近，此时，内部裂纹逐渐扩展延伸到岩石表面，形成侧向裂纹和剪切裂纹，钻齿下方的岩石被压缩破坏，形成较大的岩石碎屑和破碎坑。岩石由于张拉破坏形成的裂纹扩展到岩石表面，进一步加大了岩石破碎坑的形成。在 1.45ms 左右时，岩石内部形成的侧向裂纹和剪切裂纹逐渐贯通至岩石上部的自由表面，岩石发生大面积的剪切破坏，并形成大量碎屑，此阶段岩石碎屑体积仍较大。分析 1.22～1.45ms 的作用过程可发现，复合冲击作用加速了侧向和剪切裂纹向自由面贯通的过程，并且促进了大块岩屑的形成。

最后阶段，在 1.68ms 左右时，如图 3.1-18(g)所示，大块岩屑在冲击作用下开始破碎形成小岩屑，破碎坑内的岩屑与岩石表面剥离，达到破岩效果。在 1.92ms 左右时，如图 3.1-18(h)所示，与钻齿接触的岩石部分基本已在冲击作用下发生破碎，岩石的损伤区域逐渐向内部延伸。但分析 1.68～1.92ms 的作用过程也可发现，在该过程中，岩石的破碎区和裂纹的发展趋势并无明显变化，这说明钻齿难以进一步向下破碎岩石。

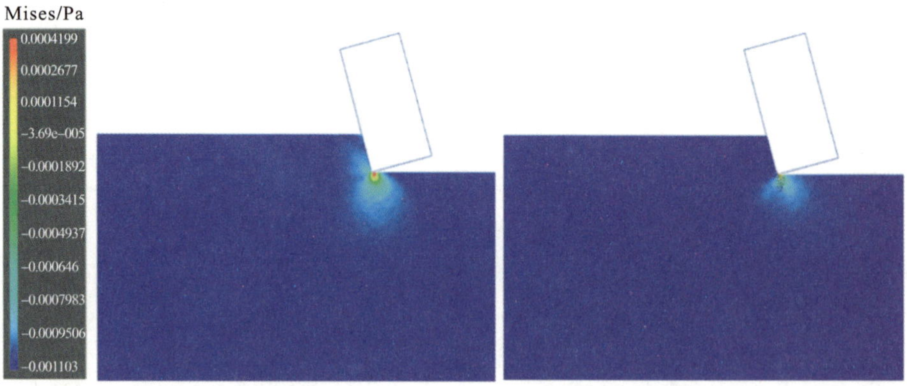

(a) 0.23ms (b) 0.62ms

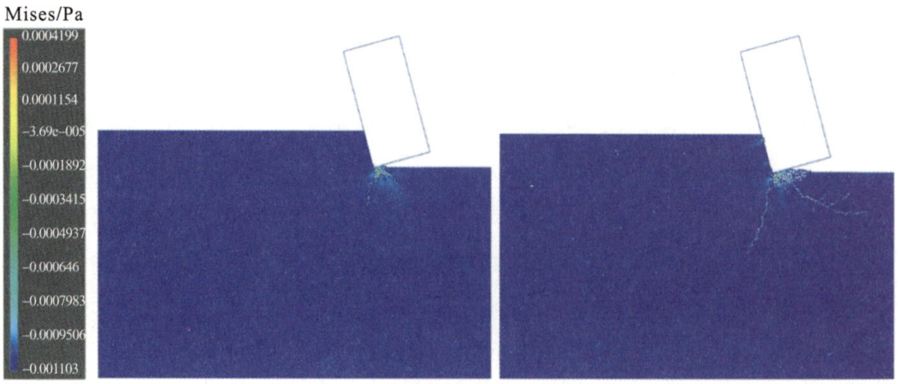

(c) 0.77ms (d) 1.13ms

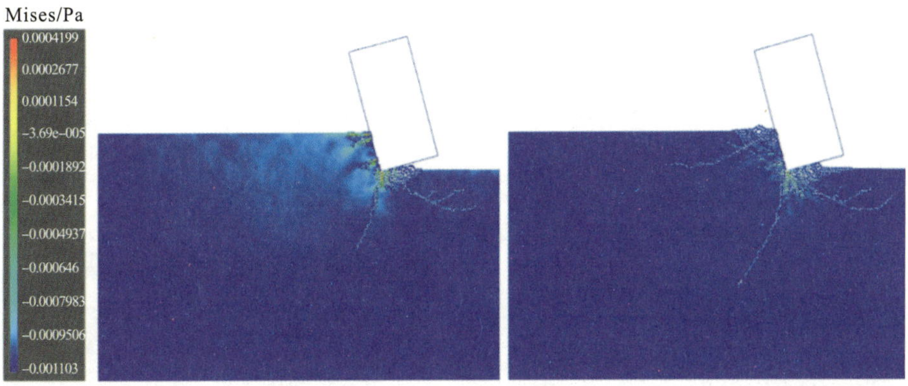

(e) 1.22ms　　(f) 1.45ms

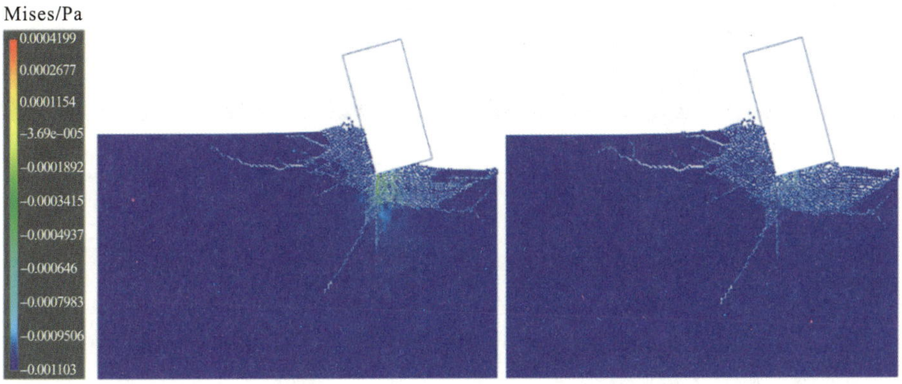

(g) 1.68ms　　(h) 1.92ms

图 3.1-18　复合冲击破岩过程模拟

复合冲击作用的整个过程是能量的积累和释放的过程，在该过程中，复合冲击作用使钻齿尖端附近积蓄大量能量，而能量的释放则造成了裂纹的萌生、扩展和贯通，进而产生破碎坑。

在复合冲击作用下，岩石首先会出现预损伤，随后产生微裂纹。随着冲击速度的增大，微裂纹逐渐发展形成较大裂纹，并形成岩屑。最后较大裂纹逐渐贯通至岩石自由表面，形成剪切破坏区域。与此同时，岩石的损伤破坏区域逐渐向岩石内部扩展，为下一次岩石破碎做准备。在此过程中，钻齿的前方和下方的岩石均被破碎，形成了“立体破岩”效果。

前文分析了单钻齿的复合冲击破岩过程，通过分析发现，该过程主要是促进了裂纹的萌生扩展和破碎坑的形成。复合冲击下岩石的破碎主要分为四个阶段：①裂纹产生阶段，该阶段主要是尖端裂纹的产生和微裂纹的萌生与扩展，岩石开始产生初步损伤；②裂纹扩展阶段，在该过程中，岩石内部的微裂纹进一步发展，并形成侧向裂纹和剪切裂纹等；③破碎区形成阶段，侧向裂纹和剪切裂纹逐渐发展并贯通至岩石的自由表面，形成破碎坑和大块岩屑，同时岩石内部的剪切裂纹和侧向裂纹有逐步向岩石内部发展的趋势；④岩屑剥离阶段，在该阶段中，大块岩屑被冲击撞碎形成较小岩屑，岩石发生拉剪破坏形成破碎坑，岩屑剥离岩石。通过对该过程的分析可发现，复合冲击作用加速了径向剪切裂纹、侧向裂纹和侧向主裂纹等宏观裂纹的产生，使岩石发生预损伤，有利于破岩效率的进一步提升。岩屑形成及裂纹扩展规律分析如图 3.1-19 所示。

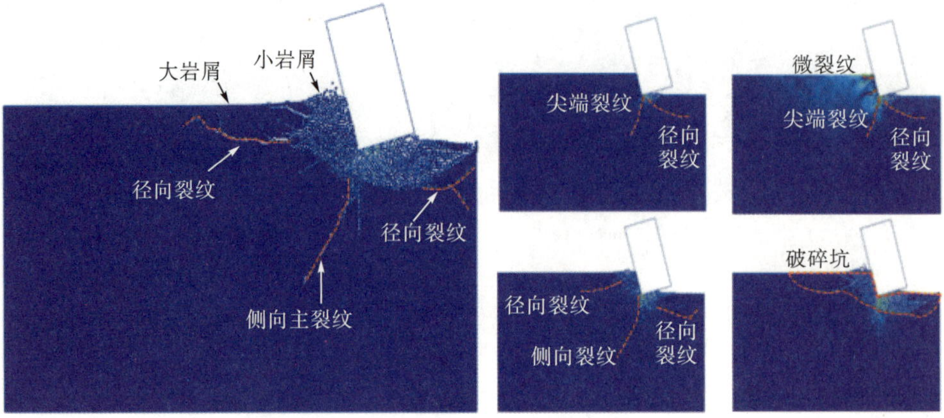

图 3.1-19　岩屑形成及裂纹扩展规律分析

3.1.5　复合冲击破岩效果分析

冲击速度的增大会增加钻齿单次冲击的能量，在保持其他参数不变的前提条件下，研究轴向冲击速度对破岩效率的影响。分别选取轴向冲击速度为 0.2m/s、0.4m/s、0.6m/s、0.8m/s、1.0m/s、1.2m/s，分析不同轴向冲击速度下的破岩规律。

不同轴向冲击速度对破岩效果的影响如图 3.1-20 所示。随着钻齿轴向冲击速度的增大，钻齿下方岩石的破碎体积逐渐增大。在较大的轴向冲击速度下，钻齿下方的岩石更易产生侧向裂纹，轴向冲击速度的增大加速了宏观裂纹的萌生和扩展，更容易使岩石发生破坏。

当钻齿的轴向冲击速度较小时，钻齿在轴向吃入岩层的深度较小，此时配合扭转冲击速度可使岩层表面发生小范围破坏。随着钻齿冲击速度的增大，岩层在冲击作用下会迅速出现损伤演化，岩层内部也会进一步产生裂纹。

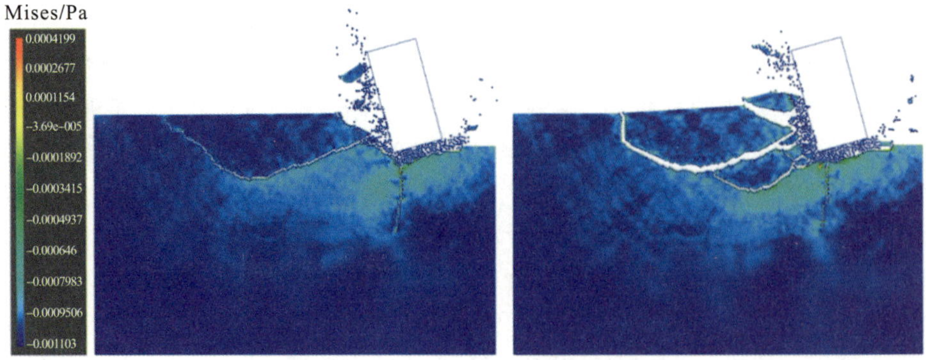

(a) 0.2m/s　　(b) 0.4m/s

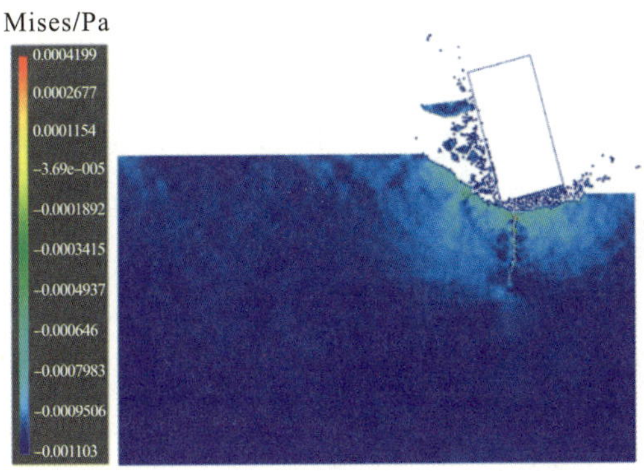

(c) 0.6m/s

(d) 0.8m/s

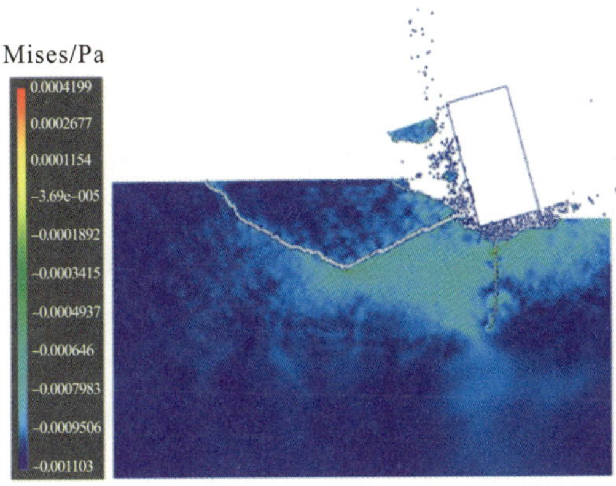

(e) 1.0m/s

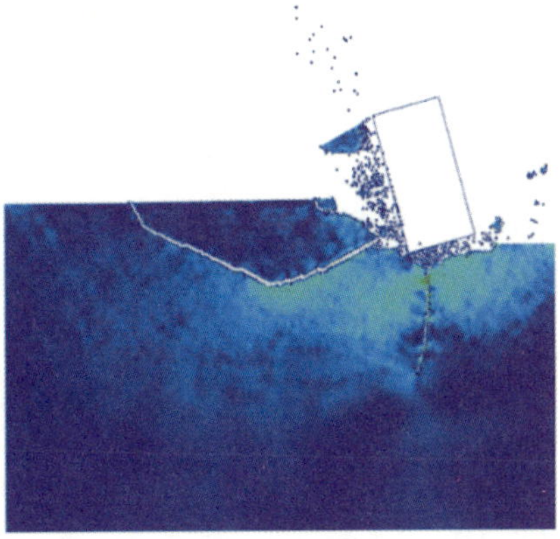

(f) 1.2m/s

图 3.1-20　轴向冲击速度与破岩效果

图 3.1-21 为不同轴向冲击速度下钻齿切削力及破岩体积变化的规律。随着轴向冲击速度的增大，岩石的破碎体积呈现增大的趋势，当冲击速度为 0.8～1.0m/s 时，岩石破碎体积增大的速率最大。轴向冲击速度的增大更利于岩石的损伤演化。轴向冲击速度越大，岩石体积的破碎范围就越大。钻齿所受到的最大切削力值在 0.2～0.6m/s 和 0.8～1.2m/s 时增大，在 0.6～0.8m/s 时减小。当钻齿的轴向冲击速度为 0.8m/s 时，钻齿所受的切削力最小。同时，分析岩石破碎体积曲线可知，随着轴向冲击速度的增大，岩石破碎体积也不断增大，选择较大的轴向冲击速度有利于提高破岩效率。同时结合钻齿所受到的最大切削力值，当钻齿的轴向冲击速度为 0.8m/s 时，钻齿可得到有效的保护。

在保持其他参数不变的前提条件下，分别选取扭转冲击速度为 0.1m/s、0.2m/s、0.3m/s、0.4m/s、0.5m/s、0.6m/s，进一步分析扭转冲击速度的切削作用对破岩效率的影响。通过对数值模拟结果和数据的对比研究，分析不同扭转冲击速度下的破岩规律，建立扭转冲击速度和切削力的关系，并结合岩石破碎体积，确定了钻齿的最优冲击速度参数。

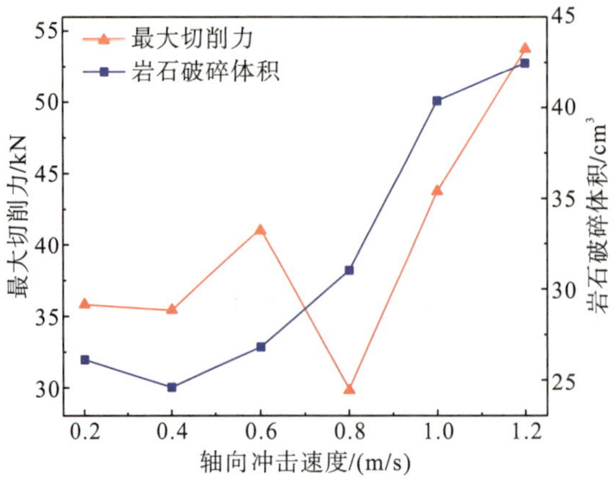

图 3.1-21 不同轴向冲击速度下最大切削力、岩石破碎体积曲线

不同扭转冲击速度对破岩效果的影响如图 3.1-22 所示。当扭转冲击速度较小时，钻齿前方和下方的岩石破碎范围较小，岩石产生的碎屑也较小。随着冲击速度的增大，钻齿对岩石的破碎范围增大，岩石内部产生较多的宏观裂纹。这是由于当钻齿的冲击速度较小时，钻齿积蓄的能量较小，难以对钻齿前方和下方的岩石产生进一步破碎。冲击速度的增大加速了宏观裂纹的产生和扩展。

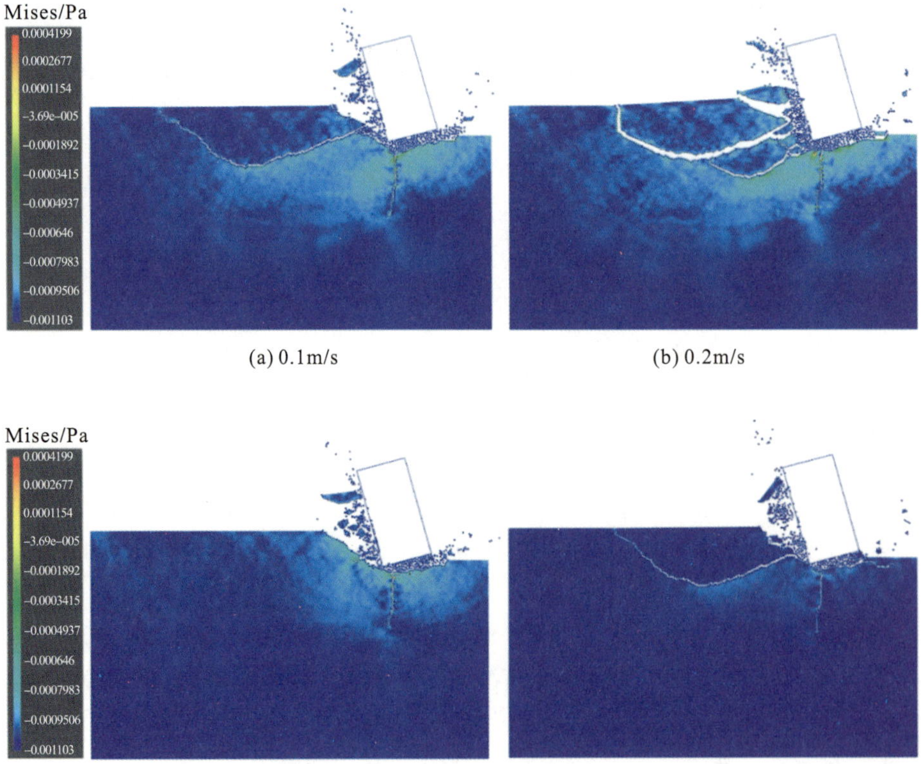

(a) 0.1m/s (b) 0.2m/s

(c) 0.3m/s (d) 0.4m/s

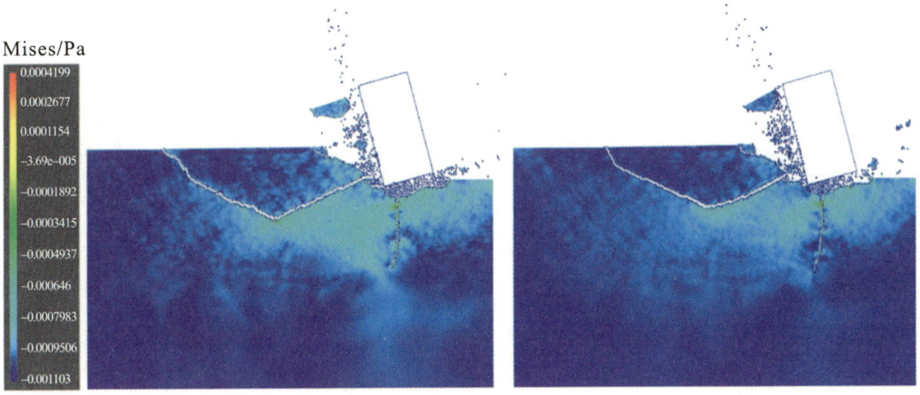

(e) 0.5m/s　　(f) 0.6m/s

图 3.1-22　扭转冲击速度与破岩效果

当钻齿的扭转冲击速度较小时，钻齿积蓄的能量较小，钻齿难以进一步切削岩层，此时钻齿仅能对小范围内的岩层产生破坏，易产生较小的岩屑。随着扭转冲击速度的增大，钻齿的切削能力增大，岩层在冲击作用下产生密实核和破碎区，岩层的内部也会出现损伤破坏，同时出现宏观裂纹的扩展现象，此时能量利用率较高，能够达到较好的破岩效果。

图 3.1-23 为钻齿扭转冲击速度和最大切削力、岩石破碎体积关系曲线，岩石破碎体积曲线整体呈现先增大后减小的趋势。在初始阶段，岩石的破碎体积较小，随着扭转冲击速度的增大，岩石破碎体积逐渐增大，当扭转冲击速度达到 0.3m/s 时，岩石破碎体积达到最大，但钻齿所受到的切削力较小。从破岩效率和钻齿寿命两方面综合考虑，当扭转冲击速度为 0.3m/s 时，钻齿的寿命可得到有效延长，且此时岩石的破碎体积最大，具有良好的破岩效果。

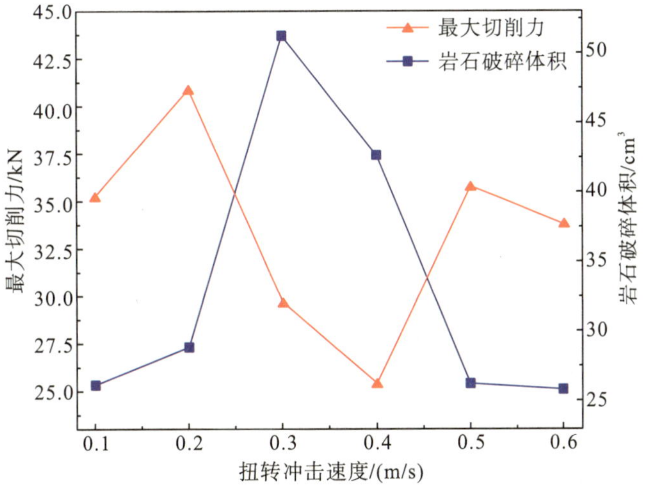

图 3.1-23　不同扭转冲击速度下最大切削力、岩石破碎体积曲线

3.2 定向钻孔随钻轨迹控制

3.2.1 钻孔轨迹防斜技术

1. 钻孔轨迹偏斜原因

钻孔轨迹偏斜产生原因主要分为地层因素和工程因素。地层因素主要是指钻遇地层破碎，软硬互层，以及钻进方向与地层有夹角等。当地层破碎或软硬互层时，钻孔轨迹一般向地层较软的方向偏斜。钻进方向与地层有一定夹角时，可能会出现顶层进或顺层跑现象。工程因素主要是指钻机固定与开孔、钻进参数和防斜稳斜措施等。开孔和钻机固定十分重要，钻机固定是前提，钻机基础要牢靠，钻进时钻机不能偏移，基础不能沉降，开孔时轻压慢转。钻进参数要适宜，地层坚硬，钻压大，钻孔易偏斜。防斜稳斜措施要得当，如绳索取心环空间隙大，轨迹也易偏斜。

2. 钻孔防斜稳斜措施

绳索取心钻杆壁薄，重量轻，刚性弱，柔性强，在钻压作用下易产生弯曲变形，钻孔轨迹易偏斜；钻遇复杂地层时，钻杆外环空间隙小，孔壁垮塌或缩径，泵压高，经常会加大钻头外径，增大外环空间隙，降低泵压，这样钻孔轨迹更易偏斜。目前国内为防止绳索取心钻孔轨迹偏斜，主要采用以下技术措施。

(1) 正确地安装钻探设备，把好开孔关。一是钻机固定牢靠，钻机基础采用 C20 混凝土浇筑或直接建在基岩上，混凝土深度为 50～80cm，运用全站仪确定钻孔位置或水平孔方位，调平钻机；钻机安装时，采用 Φ32mm 电钻钻孔，插入 Φ25mm 螺纹钢(即锚杆)，锚固卷快速凝固固定钻机。二是采用地质罗盘确定钻孔角度。三是孔口、天车和立轴(动力头)应在一条直线上。

(2) 加长粗径钻具开孔，以刚保直。一开(开孔)全部采用粗径钻具，同径取心钻进，钻杆一直不变径，钻具刚性强度高，不易偏斜。一开(开孔)钻进完成后，下入套管到孔底，并用 P.O42.5R 水泥(强度等级为 42.5 的早强型普通硅酸盐水泥)固井，做好孔口装置。

(3) 减小钻杆外环空间隙，以满保直。减小钻头与钻杆之间环空间隙，对于易斜地层，钻杆外环空间隙比一般情况下较小，钻孔轨迹不易偏斜。PQ、HQ 和 NQ 均采用标准的钻头和钻杆尺寸，严禁增加钻头外径尺寸，否则导致环空间隙加大，易产生偏斜。

(4) 导向钻具防斜。一开、二开钻进完成后，换径时，采用导向钻具钻进以防斜。需要换径时，在下套管之前，在原有钻具前面连接 0.6～0.8m 的下一级钻具，轻压钻进 0.4～0.6m，为下一级钻进开好孔，再下套管。导向钻具见图 3.2-1。

(5) 合适的钻进参数防斜。采用高转速、低钻压钻进工艺参数。钻压采用 5～15kN，钻压较大、地层坚硬时，水平钻孔顶角一般会上漂，地层较软时，水平钻孔顶角一般会下沉。转速尽量采用高转速。在同一地层钻进时，钻进参数应保持一致，严禁随意改变钻进参数。

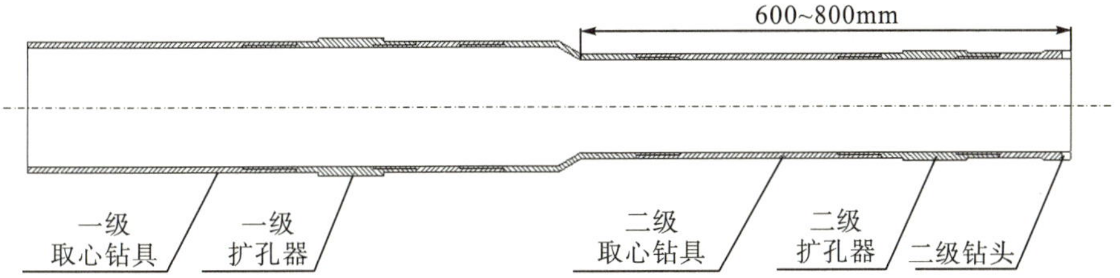

图 3.2-1　导向钻具

(6) 采用大直径钻杆防斜。钻杆直径越大，刚性越好，防斜效果越好。采用大直径钻杆可尽量向深处钻进，有利于防斜，如采用 Φ122mm 绳索取心钻进比 Φ96mm 绳索取心钻进防斜效果好。

(7) 绳索液动锤钻进防斜。绳索取心钻进增加液动锤，改变单一的回转钻进为冲击回转钻进，提高钻进效率和防斜效果。绳索取心液动锤钻具如图 3.2-2 所示。

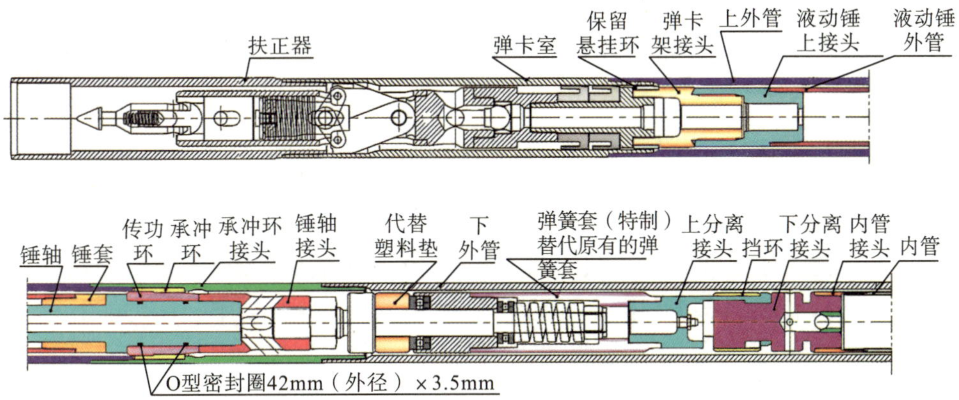

图 3.2-2　绳索取心液动锤钻具

(8) 绳索取心粗径钻具防斜。粗径钻具防斜是将下部绳索钻杆外径加粗，用扶正器连接，钻杆内径保持不变，以不影响绳索取心钻具内管总成，增加钻具刚性和重量，中和点位于粗径钻具上，实现“以满保直、以刚保直”。以 Φ96mm 绳索取心为例，其粗径钻杆(具)结构示意图如图 3.2-3 所示。

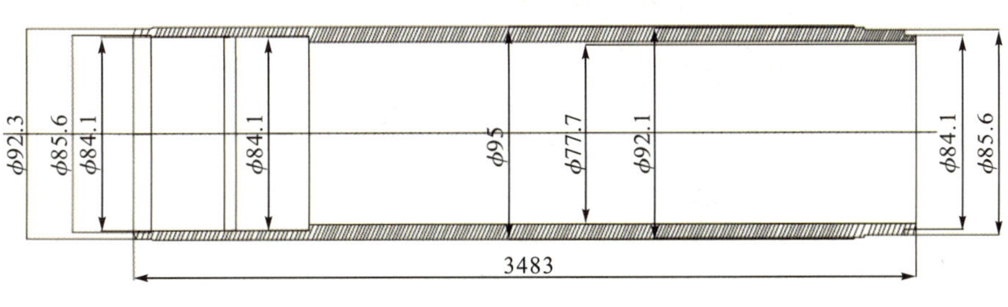

图 3.2-3　粗径钻杆(具)结构示意图(单位：mm)

(9) 偏心钻具(半周期)防斜。绳索取心钻杆采用偏心钻具(半周期)防斜，主要采用偏心钻头、偏心扩孔器进行偏心扩孔钻进，利用偏心钻具进行修正防斜钻进，偏心钻具(半周期)扩大钻孔直径，起到防斜作用。

(10) 扩孔防斜或适当加大扩孔器外径防斜，如扩孔器外径比钻头外径大 1mm。

(11) 取心钻头选用高胎体、胎体硬度低的钻头。

(12) 必须保证孔内钻具的刚度和垂直度，不得将弯曲的钻具下入孔内。

(13) 在 500m 以上每 50m 测斜一次，并将结果记录在班报表上。

3.2.2 钻孔轨迹测量技术

为防止测斜时发生孔内事故，经常将测斜仪器放在绳索钻杆内，但在钻杆内无法测出钻孔方位，陀螺测斜仪除外。水平孔测斜更加困难，测斜仪器很难送到孔底。

1. 钻孔测斜仪器

目前钻孔轨迹测斜的仪器非常多，主要有有线测斜和无线测斜(存储式仪器)。钻孔轨迹存储式测斜仪为探矿工艺所自主研制的 CAV-1 型钻孔测斜仪，如图 3.2-4 所示。该测斜仪采用三轴加速度计和三轴磁通门传感器作为测量元件，适用于无磁干扰的钻孔测斜，可同时测量钻孔顶(倾)角、方位角值，属于多点测斜仪。该仪器采用锂电池供电、自动存储方式进行数据采集，取消了测井电缆的配置，开发的配套测斜软件是 Android 智能手机 App；以蓝牙代替数据线实现测斜仪和智能手机间的无线通信传输，仪器具有精度高、可靠性好、重量轻、配套设备少和操作简便等优点。主要技术指标如下。①顶角范围与精度：0°～180°±0.2°；②方位角范围与精度：0°～360°±2°(顶角＞3°)；③工作温度：−10～75℃；④耐水压：25MPa；⑤探管尺寸(不含附件)：Φ33mm×1000mm(外径×长度)。

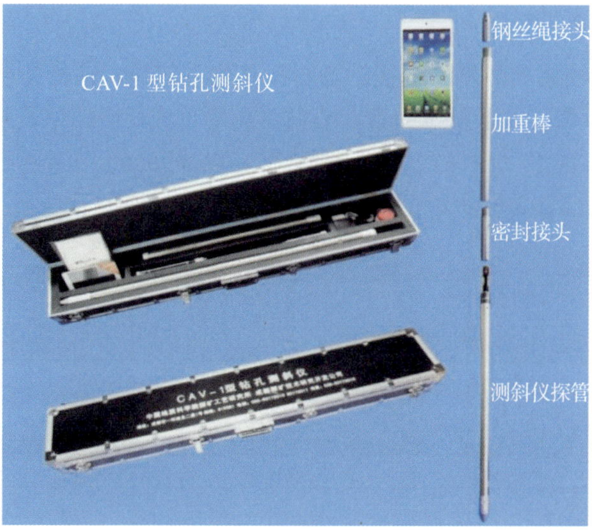

图 3.2-4　CAV-1 型钻孔测斜仪

2. 测斜仪器投送

垂直孔测斜主要通过绳索绞车、电缆或钻杆将测斜仪器送到指定位置，进行测斜。定向孔测斜是通过绳索取心内管投送(打捞)装置将仪器推送到指定位置，水平孔采用有缆测斜仪测斜难度很大，一般采用推送杆推送仪器。探矿工艺所研制的测斜仪器为存储式钻孔测斜仪，无须电缆投送，对于定向钻孔，采用三种方式进行投送。

(1) 日常测斜时，不需要测方位，为节省时间，直接采用内管打捞装置将测斜仪投送至孔底指定位置。

(2) 需要同时测井斜和方位时，仪器必须离开钻杆一定位置，采用无磁铝合金杆件+扶正器原理加长仪器长度，将测斜仪伸出钻具 1m 距离以外，避免磁性干扰。为防仪器出钻具外收不回钻具内，增加扶正和限位装置，如图 3.2-5 所示。

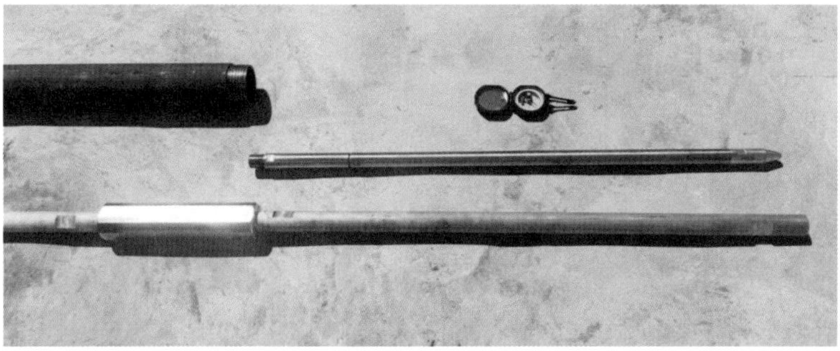

图 3.2-5　测斜仪加长投送

(3) 采用绳索钻杆+无磁钻杆投送，如图 3.2-6 所示。把测斜仪安装在无磁钻杆内，与钻具一起下入孔内测斜，利用自带蓄电池供电，测斜仪数据依靠安装的存储器读数。测斜仪在无磁钻杆内不能晃动，密封要好，不能让冲洗液进入无磁钻杆内。

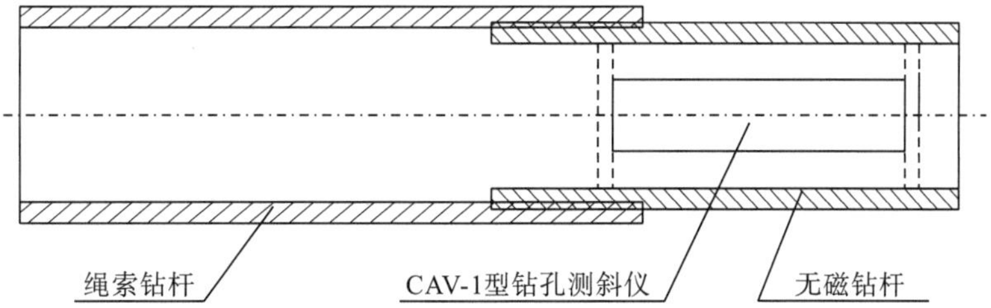

图 3.2-6　测斜仪无磁钻杆投送

3.2.3　有缆随钻定向技术

能源资源短缺与环境污染是人类面临的两大难题，开发与利用以页岩气、铀矿、地热、干热岩等为主的新能源，发展低碳经济是解决这两大难题的重要途径。浅部能源资源大多已查明，“攻深找盲、摸边探底”，开发与利用深部能源资源已迫在眉睫。地质勘探中，采用无缆随钻定向，钻孔直径大，泵量大(≥10L/s)，泵压高，设备重，无法在地质岩心钻探中应用。采用小直径弯螺杆马达/有线随钻定向钻进，定向精确、钻孔轨迹可控且可连续造斜，泵量小，为2～3L/s，能够满足Φ96mm、Φ76mm小直径随钻定向钻进需求。

1. 定向钻进方法优选

定向纠斜钻进方法有很多种，主要使用机械式连续造斜器、螺杆马达/随钻定向技术(有缆和无缆)以及钻具组合等多种定向方法，但不同方法具有不同的适用条件和特点(表 3.2-1)，应根据实际情况进行选择。根据地质钻探中定向纠斜钻进钻孔直径小、精度要求高、深度大且成本相对较低的实际情况，优选有缆随钻/螺杆马达定向纠斜技术。

表 3.2-1 定向钻进几种方法

	连续造斜器	弯螺杆/有缆随钻	弯螺杆/无缆随钻	稳定器/钻具组合
钻孔方向控制精度	低	高	高	低
造斜率控制精度	低	高	高	低
控向操作时间	较长	较长	较短	—
导向钻进的可能性	不能	不能	能	不能
定向钻进施工时间	较长	较长	短	—
定向钻进施工效果	差	好	好	较好
适用孔深	浅孔	浅孔—中深孔	浅孔—中深孔	任何深度
适用地层	较完整岩层	任何岩层	任何岩层	任何岩层
适用钻孔直径	小直径—大直径	小直径—大直径	≥122mm	大直径
成本	低	较高	高	低

2. 有缆随钻定向钻进原理与特点

1)有缆随钻定向原理

有缆随钻定向钻进是指利用孔底动力-螺杆马达(弯外管)进行滑动定向钻进，将有缆随钻测斜仪器放入钻具内，孔底信号通过电缆线传输到地面主机，实时监测钻孔顶角和方位，实现轨迹控制的一种定向钻进方法。其定向钻进示意图如图 3.2-7 所示。

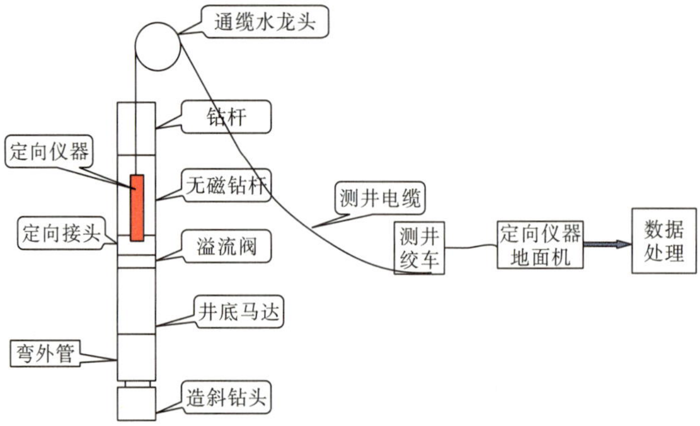

图 3.2-7 有缆随钻定向钻进示意图

2) 有缆随钻定向特点

(1) 钻杆不转动，可以减少钻杆的疲劳和磨损，从而减少钻杆折断事故，降低钻杆与套管或井壁的磨损。

(2) 与高精度定向仪器配合，可精确控制钻孔轨迹，实现随钻定向钻进。

(3) 对地层适应广，可用于任何地层。

(4) 加接钻杆时，需提出和下放定向探头，操作烦琐且费时。

(5) 由于钻柱内有电缆和探头，钻杆柱不能回转，因此不能实现复合钻进。

3. 有缆随钻仪器及工具

定向仪器及造斜工具：定向仪器采用有缆 MWD 随钻测斜仪，该仪器操作简单、直观，探管外径为 Φ35mm。有缆随钻测斜仪连接在铠装电缆上，通过测井绞车将定向仪器送入无磁钻杆内，座键，将孔底信号传输到地表。通过打压油泵和电缆密封装置（中空油缸）将信号电缆周围密封，防止泥浆流出。地面数据处理仪能随时直观清楚地判断孔底顶角、方位及工具面角，便于定向轨迹控制钻进。井下造斜工具主要根据钻孔直径、造斜强度和地层情况进行选择，选用 Φ73mm/Φ60mm 螺杆马达（弯外管角度为 0.75°～1.25°），同时配套定向接头、无磁钻杆，如图 3.2-8 所示。定向全面钻头有四种形式（图 3.2-9），根据定向的不同需求进行选择，主要有 PDC 和金刚石两种类型。

图 3.2-8　造斜工具图

图 3.2-9　定向全面钻头四种形式

4. 定向钻进钻具组合

1) Φ96mm 孔径定向钻进

如图 3.2-10 所示，定向钻进钻具组合为：Φ96mm PDC（金刚石）全面钻头+5LZ73×7.0型弯螺杆+定向接头+Φ73mm 无磁钻杆（内含 MWD）+变丝接头+Φ71mm 绳索钻杆。

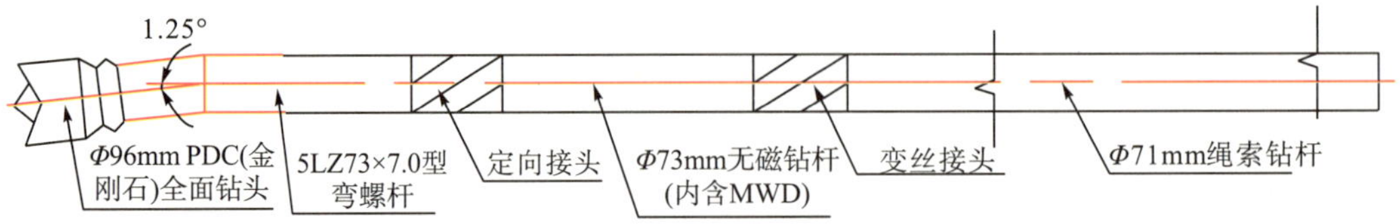

图 3.2-10 Φ96mm 孔径定向钻进钻具组合

2) Φ76mm 孔径定向钻进

如图 3.2-11 所示，定向钻进钻具组合为：Φ76mm PDC（金刚石）钻头+Φ60mm 弯螺杆+定向接头+Φ73mm 无磁钻杆+变丝接头+Φ71mm 绳索钻杆。

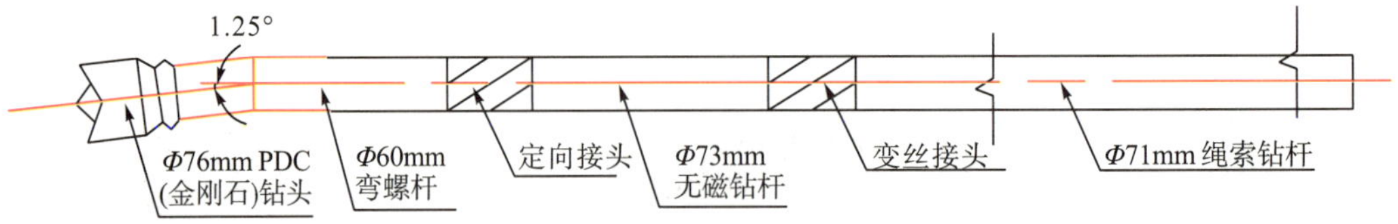

图 3.2-11 Φ76mm 孔径定向钻进钻具组合

5. 钻孔轨迹控制

(1) 高陡构造控制措施。与普通地层相比，在高陡构造地层定向钻进时顶角上升较快。定向钻进时，通过不断对称变化高边工具面角，降低造斜强度。根据该地区地层自然造斜规律，一般情况下顶角会上漂，定向轨迹控制时顶角预留 2°左右，一方面可以减小定向段长度，节约定向钻进成本；另一方面利用地层自然造斜规律增斜，轨迹更加光滑，利于后续取心钻进。

(2) 软硬不均、各向异性显著、裂隙发育地层控制措施。螺杆马达与定向钻头优选：磁工面定向时，选用弯度较大的螺杆马达（1.25°），钻头选用平底金刚石定向钻头，保证定向时钻具稳定性。因该地层高陡、软硬不均等因素，为防止定向高边工具面的摆动，磁工面初始定向时，严格控制钻进速度为 0.3～0.5m/h。定向钻进时严格控制高边工具面角，精度控制在 5°以内，保证工具面的相对稳定，确保定向方位精度。

(3) 漏失层定向钻进措施。地层漏失较小时，泥浆中添加随钻堵漏剂，如 PCC、GDJ-4、锯末及防塌润滑剂等，考虑定向钻进螺杆马达堵塞问题，未加桥接剂 HTK。漏失较大时，孔口不返水，以 FA367 两性离子聚合物为主的无固相泥浆顶漏定向钻进。

(4)硬岩大顶角大尺度定向纠斜措施。小直径绳索取心钻杆随钻定向难点：环空间隙小，易憋钻，不进尺。一是同径前端增加柔性钻杆，尽量采用小一径(小一径是指同前面的直径小一个口径的钻杆)绳索钻杆，增加环空间隙；二是钻压控制适当，过大易憋住螺杆；三是点活动和短距离活动相结合；四是分级修孔，直径先小后大。

3.2.4　水平绳索随钻定向技术

地质钻探工作中易斜地层钻孔弯曲难以控制是主要的技术问题之一，在水平绳索取心定向钻孔中此问题尤其突出，其主要原因一是水平定向钻探钻具的回转轴线与自身重力方向不在一条直线上；二是钻遇地层破碎，软硬互层，钻进方向与岩层有夹角；三是开孔和钻机固定不好；四是孔口加压，地层坚硬，钻压大，易上漂；五是防斜保直钻进工艺不到位。

当水平绳索取心钻孔轨迹偏离设计轨迹较大时，不能满足设计要求，必须进行纠斜纠偏，纠斜的狗腿度不能太大，不能影响下一步的绳索取心钻进，因此必须采用水平随钻定向纠斜，钻杆采用绳索取心钻杆。国内实施的小直径的全孔水平定向钻进主要通过特制钻杆代替电缆传递孔底钻孔轨迹信号，应用于煤炭井下瓦斯抽放孔和排水孔等，成本高，代价大，同时此类钻杆不能实现连续取心，满足不了地质钻探取心技术要求。采用无缆随钻定向，钻孔直径大，泵量大(≥10L/s)，泵压高，设备重，无法在地质岩心钻探中应用。采用小直径弯螺杆马达/有线随钻定向钻进，定向精确、钻孔轨迹可控且可连续造斜，泵量小，为 2～3L/s，能够满足 Φ96mm、Φ76mm 小直径随钻定向钻进需求，但如何配合绳索钻杆将定向器具水平投送到位、固定、定向和打捞回收，需要进一步研究。

因此，小直径(Φ96mm、Φ76mm)水平绳索取心定向钻进目前没有合适的定向钻进技术方法，亟待开展小直径水平绳索取心有缆随钻定向仪器水平输送工具、到位报信、固定和打捞机构的研发，以及集成无磁钻杆、绳索钻杆、定向接头、螺杆马达等器具总成，解决小直径水平孔绳索取心定向钻进技术难题，同时利用同样的钻杆实现绳索取心钻进，满足地质需求。

1. 定向仪器水平输送机构研究

常规垂直孔钻进可以靠重力自由下放内管总成、打捞器和定向纠斜仪器。水平绳索随钻定向纠斜关键技术是解决如何将定向仪器、工具投送到孔底以及定位是否可靠等问题，需开展水平随钻定向仪器输送固定工具的研究。

水平孔定向钻进时，研发水平定向仪器输送固定机构，是在原有水平取心钻具总成保持原样的情况下，实现有缆随钻定向仪的顺利投放、弹卡定位和打捞回收。

水平随钻定向仪器输送固定打捞机构如图 3.2-12 所示，主要组成有铠装电缆固定接头、回收管、压缩弹簧、弹卡板、弹卡架、半球阀、橡胶密封阀、密封活塞、悬挂环等零件。

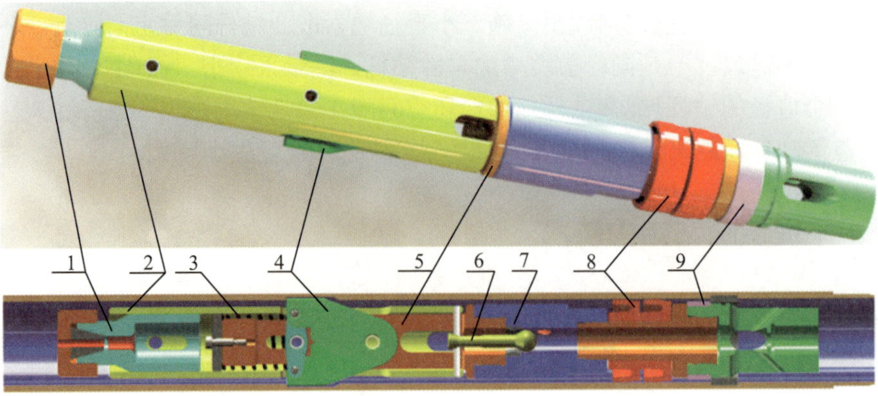

图 3.2-12 定向仪器输送固定打捞机构示意图

1. 铠装电缆固定接头；2. 回收管；3. 压缩弹簧；4. 弹卡板；5. 弹卡架；6. 半球阀；7. 橡胶密封阀；8. 密封活塞；9. 悬挂环

定向仪器输送固定打捞机构工作原理是当把定向仪和输送固定机构放入绳索钻杆内后，其电缆穿过通缆水龙头，在通缆水龙头后面增加电缆密封油缸，密封电缆，建立密闭的压力空间，泥浆泵往钻杆内输入高压泥浆，由于密封活塞的作用和半球阀与橡胶密封阀紧密贴合，泥浆无法与井下泥浆液连通，则在泥浆泵的作用下输送固定机构的上端形成高压腔，下端相对是个低压腔，形成了一定的压差，在压力的作用下输送固定机构被送到孔底。输送工况时输送固定机构入井状态见图 3.2-13。

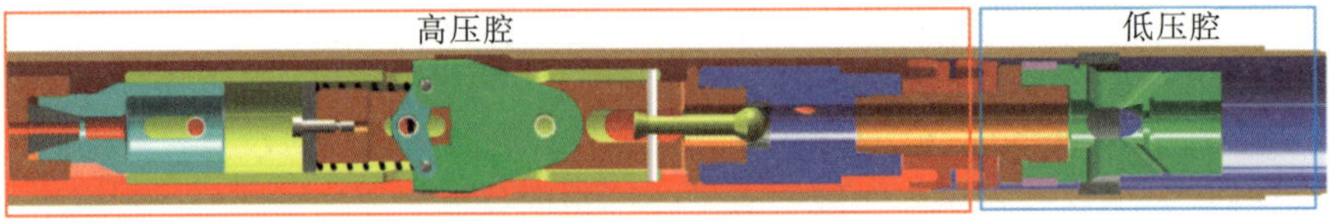

图 3.2-13 输送固定机构入井状态

当输送固定机构泵送到位后，悬挂环与绳索钻杆内设台阶接触，机构将无法继续运动，高压腔的压力升高，当压力达到一定值时半球阀会穿过橡胶密封阀，密封失效，输送泥浆与井下泥浆液连通建立循环，同时弹卡板到位张开把定向仪固定在绳索钻杆内，进行定向钻进。

采用有缆随钻定向技术，输送固定机构中设置线缆通道以便为下端定向仪提供电源和传输信号。线缆通道见图 3.2-14。根据小直径水平绳索定向输送机构图，采用无磁材料加工，研发生产 Φ76mm、Φ96mm 两种规格水平绳索定向钻具输送机构各一套，满足小直径水平绳索定向需求，如图 3.2-15 所示。

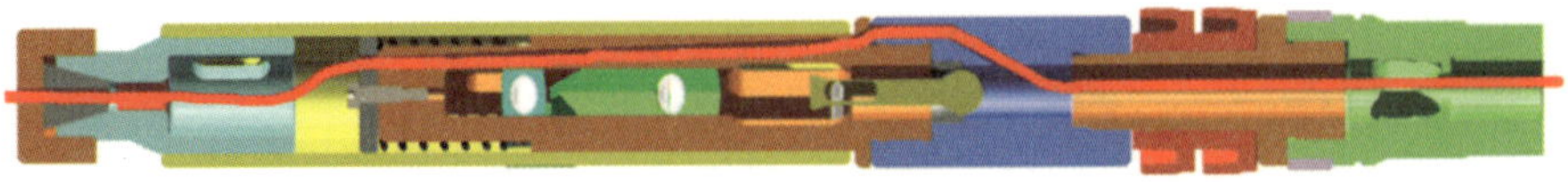

图 3.2-14 输送固定机构内线缆通道

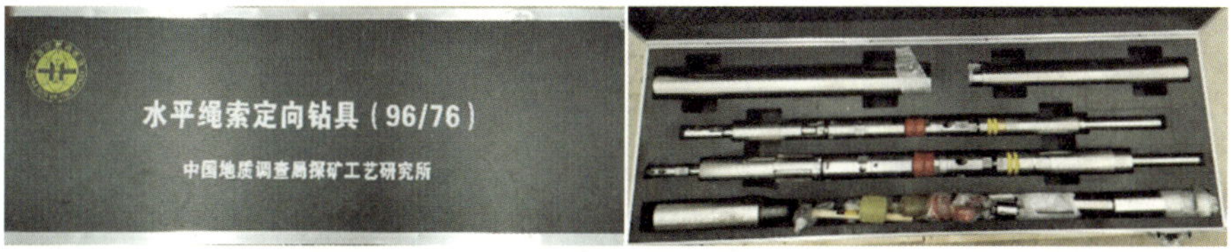

图 3.2-15　水平绳索定向钻具输送机构

2. 水平绳索定向器具组合

研发了水平绳索定向钻具输送、固定和打捞回收机构后，集成创新小直径有缆定向仪器、Φ73mm 和 Φ89mm 无磁钻杆(铤)、仪器固定限位机构、定向接头、螺杆马达和定向钻头，创新形成一套水平绳索定向钻进器具。定向仪器采用 LHE2000 有缆随钻测斜仪(MWD)，探管外径为 Φ35mm。有缆随钻测斜仪连接在铠装电缆上，通过电缆绞车将定向仪器送入无磁钻杆内，座键，将孔底信号传输到地表。通过打压油泵和电缆密封装置(中空油缸)将信号电缆周围密封，防止泥浆流出。井下造斜工具选用 Φ73mm、Φ60mm 螺杆马达，弯外管角度为 1.0°～1.25°，根据造斜强度和地层情况进行选择，同时配套定向接头、无磁钻铤。该钻具组合在工程勘察垂直(斜)钻孔中进行了多次成功应用。

3. 水平绳索随钻定向钻进工艺

钻孔轨迹计算采用平均角法，又称角平均法。假设测段为一直线，其方向的孔斜角和方位角分别为上、下两测点的平均孔斜角和平均方位角。为方便现场计算，便于实时调整钻具高边工具面和钻进参数，研发一套定向测量软件，以精确控制钻孔轨迹。钻具组合：Φ96mm PDC(金刚石)全面钻头+5LZ73×7.0 型弯螺杆+定向接头+Φ73mm 无磁钻杆(内含MWD)+变丝接头+Φ71mm 绳索钻杆，如图 3.2-16 所示。

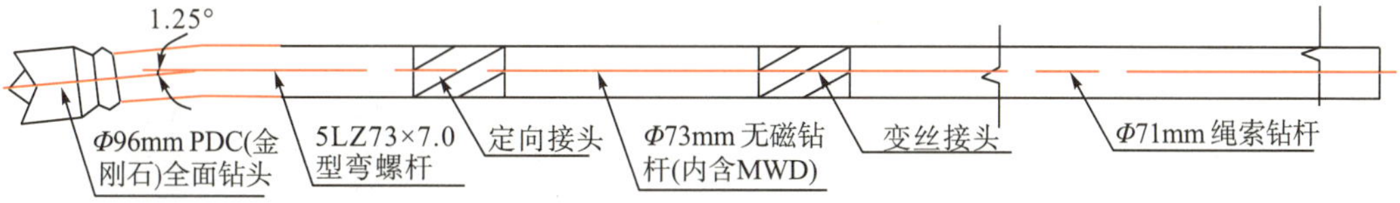

图 3.2-16　定向钻具组合

组装调试仪器，置零仪器角差；组装钻具测量装合差；孔口试螺杆下钻；定向仪器座键；采用重力工具面定向钻进与小直径有缆随钻定向钻进工艺基本一致。钻进工艺参数如下。钻压：钻具下到孔底，使用低钻压，正常进尺后，逐渐加大钻压，一般钻压为 5～20kN；泵量：3～5L/s；当造斜强度较大或进尺较慢时，采用定向钻进与复合钻进交替进行，复合钻进通过钻具回转减小摩擦阻力，消除狗腿度，降低造斜强度，保证定向钻进轨迹光滑。

3.2.5 无缆随钻定向技术

1. 无缆随钻定向钻进原理

无缆随钻定向钻进采用井底动力——螺杆马达(弯外管)进行滑动定向钻进，随钻测量井眼轨迹参数包括井斜角、方位角、工具面角及辅助参数(如温度)等。井底参数信息通过泥浆脉冲传输到地表。由于不用电缆，定向操作简便，施工效率高，并能实现导向钻进(滑动定向钻进与复合钻进交替进行，以实现轨迹控制的目标)。

2. 无缆随钻定向钻进特点

(1)无缆随钻定向钻进通过泥浆脉冲将孔底信号传到地面，无须电缆传输，定向操作简便，同时还可复合钻进(弯螺杆与钻杆柱同时回转)，减小狗腿度和减少卡钻事故。

(2)可以实现导向钻进，在一个回次中完成增斜、降斜、扭方位、稳斜等各种轨迹控制任务，大大提高了钻进施工效率。

(3)仪器可靠性高，井下无故障工作时间长；仪器采用了模块化单元设计，易于装卸和运输；仪器轻便，便于操作；采用了先进的解码方法，解码率高。

(4)传输的数据中有重力和显示与磁场和显示，可以校验数据的可靠性以及检查磁场是否受到干扰；采用了可靠性高的振动开关来检测泵的状态。仪器还可以选配旋转开关，复合钻进时，仪器进入休眠状态，从而减少了电池的能量消耗。

3. 定向工具及仪器

定向工具为螺杆马达(弯外管)、无磁钻铤、定向接头，螺杆马达下端自带稳定器，弯外管常用 0.75°、1°、1.25°和 1.5°四种，根据地层和造斜强度进行选择。定向仪器为 MWD 无线随钻测斜仪、压力传感器、数据处理地面机等，定向钻进时，井底信号通过泥浆脉冲传到地面，工程技术人员与司钻实时掌握井底钻进轨迹情况，如图 3.2-17 所示。

(a) 螺杆马达

(b) MWD随钻测斜仪

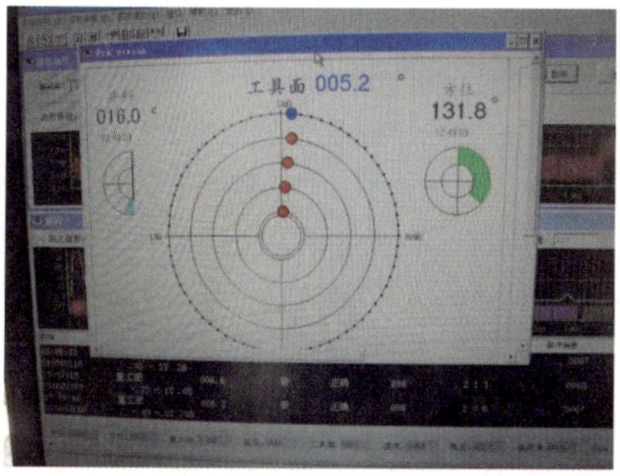

(c)地表显示压力脉冲信号和井斜

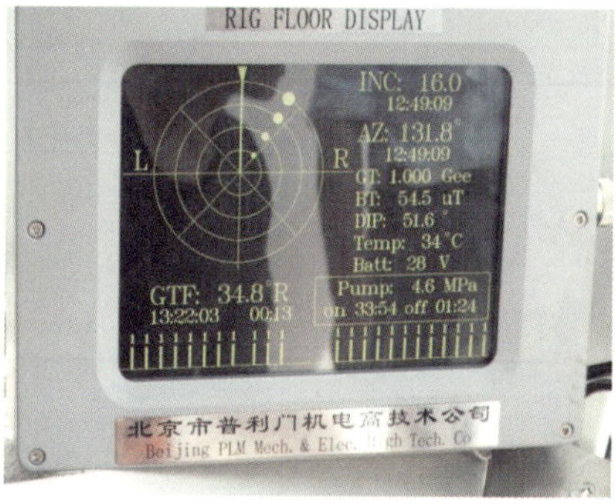

(d) 钻台显示器

图 3.2-17　定向钻进工具与随钻测斜仪器图

4. 定向方法与钻具组合

1) 定向钻进方法

采用定向钻进与复合钻进交替进行，即导向钻进，以减小键槽和狗腿度，使钻进轨迹平滑，保证钻杆柱回转及下套管安全。

2) 定向钻进钻具组合

与有缆随钻测斜定向钻进钻具组合基本一致。其组合为：全面(PDC/牙轮)定向钻头+螺杆马达(弯外管)+定向接头+无磁钻铤+变丝接头+钻杆。

在定向钻具组合中，要注意稳定器与井壁间隙、数量及近钻头稳定器与第2稳定器间距。稳定器越少，定向阻力越小，定向效果越好；第2稳定器离近钻头稳定器越远，定向效果越好。

5. 由稳定器和钻铤组成的定向钻具组合

1) 增斜钻具组合(杠杆原理)

按照增斜能力，钻具组合可分为强、中、弱三种增斜组合。组合结构如图3.2-18所示。配合尺寸见表3.2-2。钻压越大，增斜能力越大；L_1越大，增斜能力越小；近钻头扶正器直径越小，增斜能力越小；使用时应保持低转速。

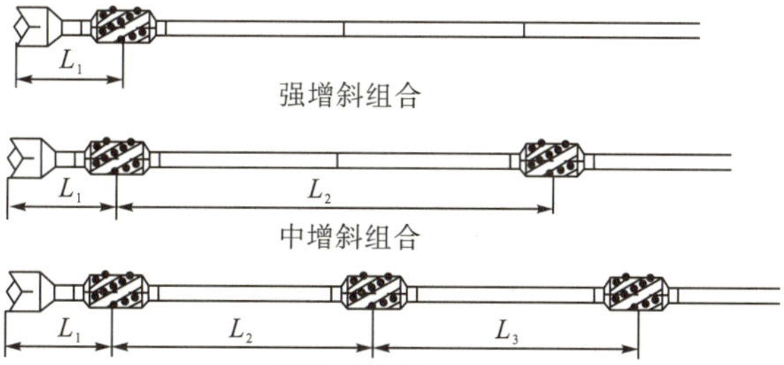

图 3.2-18　增斜组合示意图

表 3.2-2　增斜钻具组合常用的配合尺寸　（单位：m）

类型	L_1	L_2	L_3
强增斜组合	1.0～1.8	—	—
中增斜组合	1.0～1.8	18.0～27.0	—
弱增斜组合	1.0～1.8	9.0～18.0	9.0

2）稳斜钻具组合（刚性满眼钻具原理）

按照稳斜能力大小，钻具组合可分为强、中、弱三种稳斜组合。组合结构如图 3.2-19 所示，配合尺寸见表 3.2-3。在使用中要注意保持正常钻压和较高的转速。若需要更强的稳斜效果，可使用双扶正器串联作为近钻头扶正器，增强稳斜效果。近钻头稳定器与钻头间距、与第 2 稳定器间距，稳定器与井壁间隙及数量等决定稳斜效果。间距越小，直径越大，数量越多，刚性越强，稳斜效果越好。

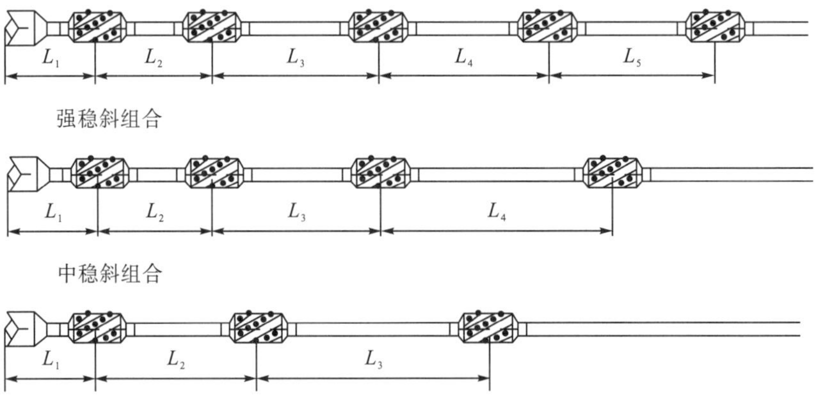

图 3.2-19　稳斜组合示意图

表 3.2-3　稳斜钻具组合常用的配合尺寸　（单位：m）

类型	L_1	L_2	L_3	L_4	L_5
强稳斜组合	0.8～1.2	4.5～6.0	9.0	9.0	9.0
中稳斜组合	1.0～1.8	3.0～6.0	9.0～18.0	9.0～27.0	—
弱稳斜组合	1.0～1.8	4.5	9.0	—	—

3）降斜钻具组合（钟摆原理）

按降斜能力的大小，钻具组合可分为强、弱两种降斜组合。组合结构如图 3.2-20 所示，配合尺寸见表 3.2-4。在使用中要注意保持小钻压和较低的转速。对于强降斜组合来说，L_1 越大，则降斜能力越强，但不得与井壁有新的接触点。

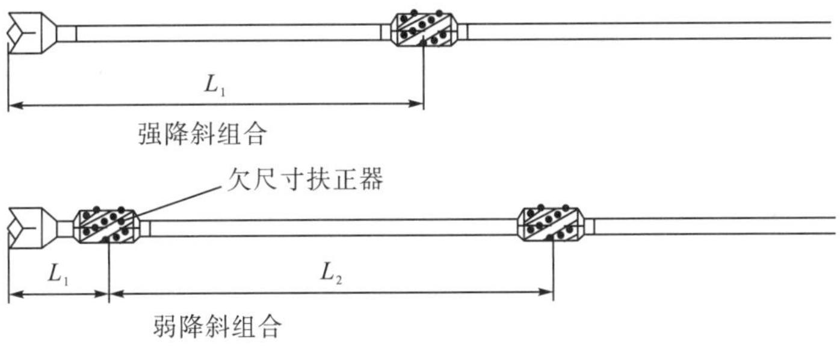

图 3.2-20　降斜组合示意图

表 3.2-4　降斜钻具组合常用的配合尺寸　（单位：m）

类型	L_1	L_2
强降斜组合	9.0～27.0	—
弱降斜组合	0.8	18.0～27.0

3.3　大曲率钻进连续取心技术

3.3.1　高强度绳索取心钻杆

绳索取心钻进技术可以实现不提大钻连续取心，台月效率高，孔壁扰动小，劳动强度低。同时绳索钻杆重量轻，环空间隙小，泵量小，故配套的钻探设备和泥浆泵体积小，搬迁方便，适合于高山峡谷、交通不便等地区的勘察。因此，水利、铁路工程勘察超深水平定向孔常采用绳索取心钻进。

在大曲率钻孔钻进中，若采用常规的单、双管提钻取心钻进，每个回次都需要提钻和下钻，劳动强度大，钻进效率非常低，而且在提钻和下钻过程中，由于孔壁掉块，容易引起孔内事故，严重的还会引起钻孔报废。因此，通常使用绳索取心钻进技术来解决复杂地层钻进中的难题，减轻工人的劳动强度，提高岩矿心的采取率。

大曲率钻孔钻进时，钻杆在自重的作用下，贴在孔壁上，回转时，摩擦阻力增大，当孔深相近时，大曲率钻孔钻杆承受的扭矩比水平孔和垂直孔钻杆承受的扭矩要大得多，要求钻杆有更高的强度、耐磨性和更大的扭矩。普通绳索取心钻杆难以满足大曲率钻孔轨迹需求，经常断钻杆导致无法实现绳索取心钻进。

针对大角度曲线绳索取心难题，研制了高强度绳索取心钻杆，见图 3.3-1。高抗挤强度(HCY)绳索取心钻杆最大扭矩为 11.5kN·m，为普通水平绳索钻杆的 1.8 倍；最大抗拉力为 780kN，为普通水平绳索钻杆的 1.4 倍。普通抗挤强度(NCY)绳索取心钻杆最大扭矩为 6.5kN·m，为普通水平绳索钻杆的 1.44 倍；最大抗拉力为 460kN，为普通水平绳索钻杆的 1.2 倍，满足大角度[1°/(10m)]曲线定向绳索取心。具体绳索取心钻杆性能对比如表 3.3-1 所示，钻杆结构设计示意图及实物如图 3.3-1 所示。

表 3.3-1 绳索取心钻杆性能对比

产品标准	管体外径/mm	管体内径/mm	螺纹长度/mm	螺距/mm	抗拉力/kN	最大扭矩/(N·m)	钻深/m
HC(普通)	89.0	77.8	44.5	8.47	550	6300	1600
HCY	92.0	78.0	55.6	12.70	780	11500	2800
NC(普通)	71.0	60.0	44.5	8.47	387	4500	1600
NCY	72.0	60.0	55.6	12.70	460	6500	2400
HQ(国外)	88.9	77.8	44.5	8.47	550	—	1500
NQ(国外)	69.9	60.3	44.5	8.47	350	—	2000

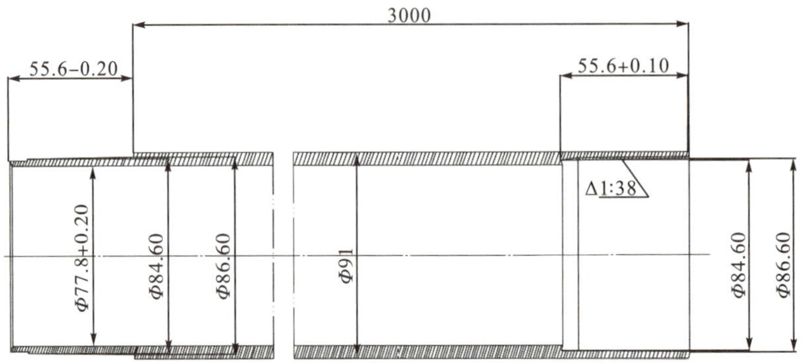

(a) 钻杆结构设计示意图(单位：mm)

(b)实物

图 3.3-1 高强度绳索取心钻杆

绳索取心钻杆的主要特点如下。

(1) 钻杆采用整体热处理，钻杆疲劳强度高，密封性能好。具体性能参数见表 3.3-1。

(2) 加大绳索取心钻杆外径，不改变钻杆内径，增大钻杆壁厚，提高绳索取心钻杆钢体强度。

(3) 增大绳索钻杆螺纹长度和螺距长度，提高绳索取心钻杆连接处强度。

(4) 采用双顶锥螺纹连接，螺纹拧紧时接触面积大，间隙小，螺纹受力均匀，传递扭矩大，密封性能好，而且具有自定心的特点，减少螺纹的拧卸磨损。

(5) 大曲率孔钻进，为了方便钻具顺利在钻杆内壁进出，采用无接头的内平钻杆，钻杆内孔必须光滑，便于内管顺利进出。

3.3.2　柔性导向取心钻具

根据西藏某重大水电工程钻孔轨迹设计，该孔为大曲率连续取心深钻孔，针对大角度强造斜难题，若采用刚性较强的绳索取心钻具，造斜强度低，难以满足钻孔轨迹设计要求。需要研发一种柔性导向取心钻具，既可以使造斜强度较高，又可以实现连续取心。本书项目组研发了导向取心钻头、扩孔器、滑动稳定器与柔性造斜取心钻具组合，实现了定向强造斜和绳索连续取心。

该钻具采用 Φ99mm 导向取心钻头、Φ99.5mm 扩孔器、Φ97mm 滑动稳定器以及 Φ73mm 绳索取心钻具组成一套柔性导向取心钻具组合，如图 3.3-2 所示。滑动稳定器采用螺钉固定，可以在柔性钻具上自由移动，利用杠杆原理，根据造斜强度大小调整稳定器位置。

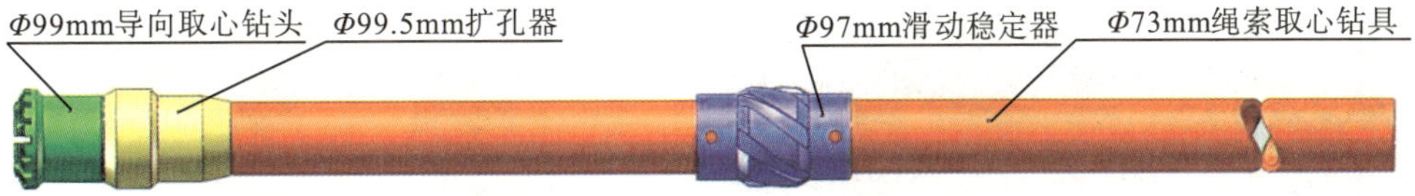

图 3.3-2　柔性导向绳索取心钻具

1. 导向取心钻头和扩孔器

大曲率定向钻进后，普通绳索取心钻头难以进入原孔底，定向钻进与绳索取心不同步，设计一种带锥度的导向绳索取心钻头，这样绳索取心钻头就能顺利地进入原孔底。采用柔性钻具时，导向取心钻头设计和扩孔器设计如图 3.3-3 所示；采用 HCY 钻具时，导向取心钻头设计如图 3.3-4 所示。

图 3.3-3　柔性导向取心钻头和扩孔器

图 3.3-4　导向取心钻头

2. 滑动稳定器

柔性绳索取心钻具在钻孔顶角较小时，取心钻进过程中，钻孔顶角会下降，不能满足强造斜需求，必须在柔性钻具上增加一个稳定器(扶正器)，稳定器外径比导向钻头小2mm，起到支点作用，利用杠杆原理，依据造斜强度大小实时调整稳定器位置和数量。滑动稳定器采用螺钉固定，在钻具上可以自由移动，保证了取心钻进过程中方位不变化。滑动稳定器如图3.3-5所示。

3. 绳索取心钻具

绳索取心钻具若采用HCY取心钻具，钻具刚性强，造斜强度低，不能满足强造斜要求，因此采用NCY钻具，刚性大大降低。该取心钻具、弹卡室和弹卡挡头的内径均小于常规取心钻具1mm，增加了钻具抗拉强度和抗扭强度，其他丝扣和长度不变。

4. 修孔钻具

柔性导向取心钻具可实现边定向边连续取心，即导向取心钻进。为保证钻孔轨迹光滑，钻遇复杂地层后满足下套管的需求，必须采用导向修孔钻头对钻孔轨迹进行处理。导向修孔钻头如图3.3-6所示，修孔后，绳索导向取心钻进时扭矩变小，钻进平稳。

图3.3-5 滑动稳定器

图3.3-6 导向修孔钻头

3.3.3 绳索取心钻进工艺

1. 钻孔结构设计和套管程序

超长大曲率定向孔一般采用四开次绳索取心钻进，一开采用Φ145mm取心钻进，下Φ139.7mm套管；二开采用Φ122mm绳索取心钻进，下Φ114mm套管(或钻杆)；三开采用Φ99mm绳索取心钻进，下Φ92mm套管(或钻杆)；四开采用Φ76mm绳索取心钻进。各开次采用绳索钻杆参数见表3.3-2。

表 3.3-2　各开次钻杆参数列表

开次	钻杆规格	钻杆尺寸/(mm×mm×mm)	材质	备注
一开	PW	139.7×6.35×3000	ZT850	钻穿覆盖层
二开	PQ	114.3×6.1×3000	ZT850	—
三开	HCY	92×7×3000	ZT850	—
四开	NCY	72×6×3000	ZT850	—

2. 大曲率绳索取心钻具

大曲率孔与垂直孔钻进用绳索取心钻具使用场合不一样，存在明显差别，垂直孔钻进可以靠重力自由下放内管总成和打捞器，大曲率孔钻进时内管总成和打捞器自由下放可能很慢，甚至无法自由下放；另外垂直孔钻进时钻具的回转轴线与自身重力方向相同，受力情况较好，大曲率孔钻进钻具的回转轴线与自身重力方向交叉，受力情况明显较差。

1) 大曲率绳索取心钻具组合

大曲率绳索取心钻具与常规取心钻具的主要区别在于如何将内管投送到孔底，如图 3.3-7 所示，增加密封活塞 19，开泵通过泥浆投送内管，球阀 14 被橡胶密封阀 18 挡住，泥浆压力推动密封活塞将内管送到孔底，当密封活塞 19 到达密封座 20 时，泵压升高，球阀 14 压开橡胶密封阀 18，泥浆通道打开，开始正常循环取心钻进。

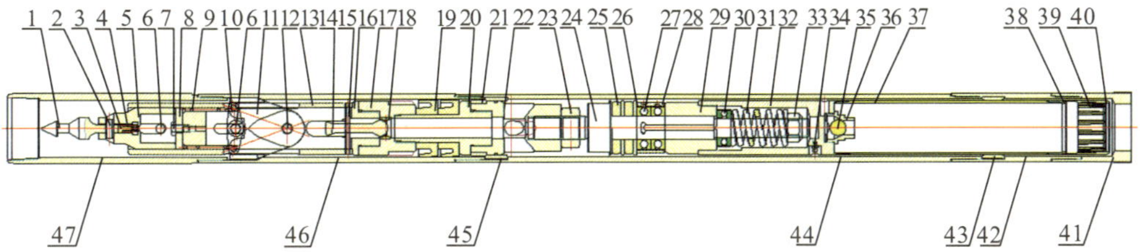

图 3.3-7　高强度绳索取心钻具

1. 打捞钩；2. 压缩弹簧；3. 弹簧套；4. 开槽圆柱端定位螺钉；5. 打捞体；6. 弹卡板；7. 弹性销；8. 开口销；9. O 形圈；10. 弹卡挡环；11. 上转接头；12. 弹性销；13. 阀杆；14. 球阀；15. 铜套；16. 垫片；17. 压缩弹簧；18. 橡胶密封阀；19. 密封活塞；20. 密封座；21. 调节垫片；22. 悬挂环；23. 悬挂接头；24. 调节螺母；25. 主轴；26. 阀片；27. 间隔垫；28. 轴承；29. 轴承座；30. 轴承；31. 主轴弹簧；32. 自锁螺母；33. 内管接头；34. 注油嘴；35. 钢球；36. 阀压盖；37. 内管；38. 卡簧挡圈；39. 卡簧；40. 卡簧座；41. 钻头；42. 扩孔器；43. 扶正环；44. 外管；45. 座环；46. 弹卡室；47. 扶正器

2) 大曲率绳索内管总成及打捞器

针对大曲率孔钻进需要，研究大曲率孔用绳索取心钻具，解决弹卡定位不可靠、捞矛头偏移致使打捞失败等问题；设计钻具捞矛持心装置及复合弹卡定位结构。大曲率绳索取心内管总成如图 3.3-8 所示。

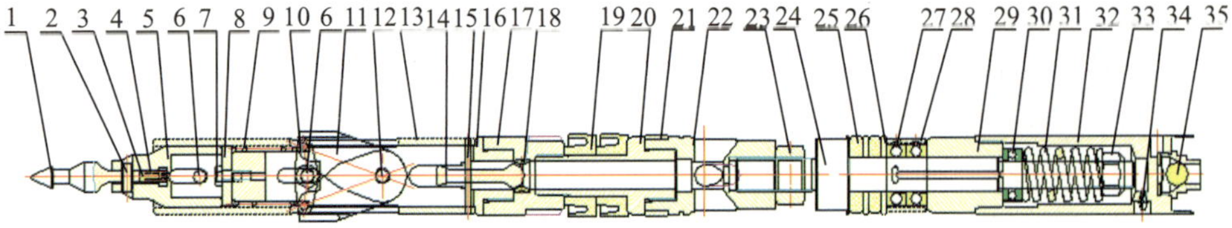

(a) 大曲率绳索取心内管结构示意图

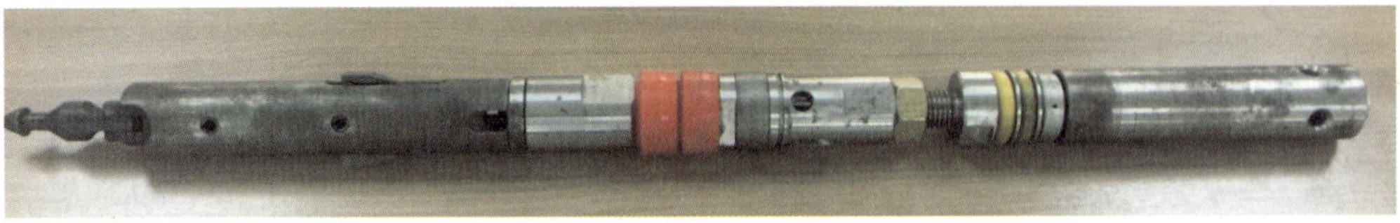

(b) 大曲率绳索取心内管实物图

图 3.3-8　大曲率绳索取心内管总成

1. 捞矛头；2. 卷制弹性销；3. 定位销；4. 定位弹簧；5. 矛头座；6. 弹性销；7. 回收管；8. 螺栓；9. 垫片；10. 压缩弹簧；11. 连接板；12. 弹卡板；13. 弹性销；14. 球阀；15. 弹卡架；16. 球阀；17. 橡胶密封圈；18. 转换接头；19. 密封活塞；20. 密封座；21. 悬挂环；22. 悬挂接头；23. 调节螺母；24. 主轴；25. 阀片；26. 间隔垫；27. 轴承；28. 轴承座；29. 轴承；30. 主轴弹簧；31. 自锁螺母；32. 内管接头；33. 注油嘴；34. 钢球；35. 阀压盖

由于钻具和打捞器靠水力输送到孔底，在钻具内管总成和打捞器上要安装密封压力环，让钻具内管总成和打捞器在水力的作用下能够顺利到达孔底，密封活塞见取心内管总成中的 19、打捞器中的 14。密封活塞的外径小于钻杆内径 0.5～1mm，同时，打捞器的重量要轻，还要在输送过程中保持水平位置，不能由于前后偏重造成无法输送。打捞器结构见图 3.3-9。钻具长度为 3m。

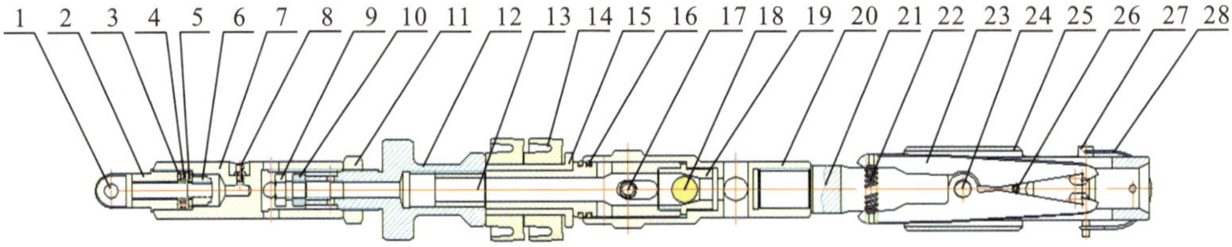

(a) 打捞器结构示意图

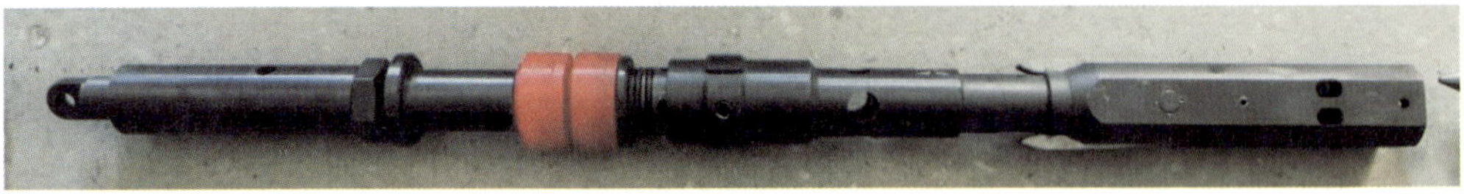

(b) 打捞器实物图

图 3.3-9　大曲率绳索内管打捞器

1. 小轴；2. 轴套；3. 轴承；4. 轴承套；5. 平垫圈；6. 自锁螺母；7. 绳接头；8. 注油嘴；9. 螺栓；10. 螺母；11. 锁紧螺母；12. 转换接头；13. 活塞拉杆；14. 密封活塞；15. 活塞套；16. O 形圈；17. 弹性销 1；18. 钢球；19. 阀压盖；20. 连接套；21. 捞钩架；22. 捞钩弹簧；23. 打捞钩；24. 圆柱销；25. 导向套；26. 弹性销 2；27. 固定销；28. 固定钩

3) 通缆液压发生器

将普通的水龙头改制成为液压发生器，仍保留了原有的功能，建立密闭的压力空间，让内管和打捞器在压力的作用下到达孔底位置，其简单易行，性能可靠，成本低廉，操作简便，成为实现水平孔钻进的地表钻孔绳索取心工艺的关键。研制专用通缆液压发生器（水接头）如图 3.3-10 所示。

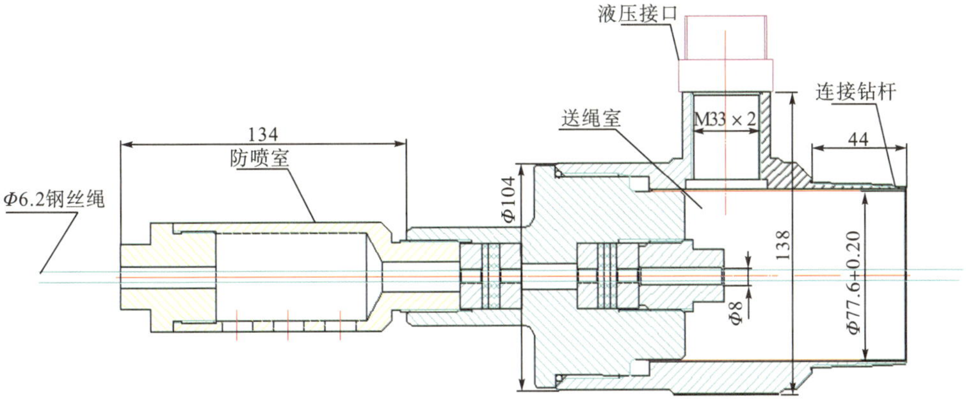

(a) 通缆水接头结构示意图（单位：mm）

(b) 通缆水接头实物图

图 3.3-10　通缆液压发生器（水接头）

3. 大曲率绳索取心钻头

为提高取心钻头机械钻速和使用寿命，优选探矿工艺所、唐山金石和无锡中地等三家金刚石钻头生产厂家；钻头水口和切削齿形状有三种，分别为环形齿、锯齿和尖齿，胎体硬度设计 0～5HRC、10～15HRC、15～20HRC、20～25HRC 和 25～30HRC 五个规格，金刚石胎体高度为 8～10mm，金刚石粒度以粗颗粒为主，现场可根据地层情况进行金刚石取心钻头优选。取心钻头规格尺寸见表 3.3-3。

表 3.3-3 各开次取心钻头参数列表

开次	钻头规格/mm	钻头尺寸/(mm×mm)	扩孔器尺寸/(mm×mm)
一开	145	Φ145×117.6	Φ145.5×124.5
二开	122	Φ122×84.5	Φ122.5×102.5
三开	96.5	Φ96.5×63.5	Φ97×78
四开	76.5	Φ76.5×47.6	Φ77×60

4. 大曲率绳索取心钻进工艺

(1)大曲率绳索取心钻进流程：下钻—水力投送内管—取心钻进—投送内管打捞器—打捞内管—取心作业—水力投送内管—取心钻进。

(2)取心钻进参数：钻压 5～15kN(压力表读数 12MPa)，转速 150～500r/min，泵量 155L/min。

3.3.4 定向强造斜与绳索取心同步技术

针对大角度强造斜与绳索取心同步难题，研发了由导向取心钻头(Φ99mm)、扩孔器(Φ99.5mm)、滑动稳定器(Φ97mm)以及 Φ72mm 绳索取心钻具组成的一套柔性导向取心钻具组合，具体实物如图 3.3-11 所示，突破了坚硬地层定向强造斜和绳索取心同步，国内外首次实现了大角度曲线定向绳索连续取心钻进。

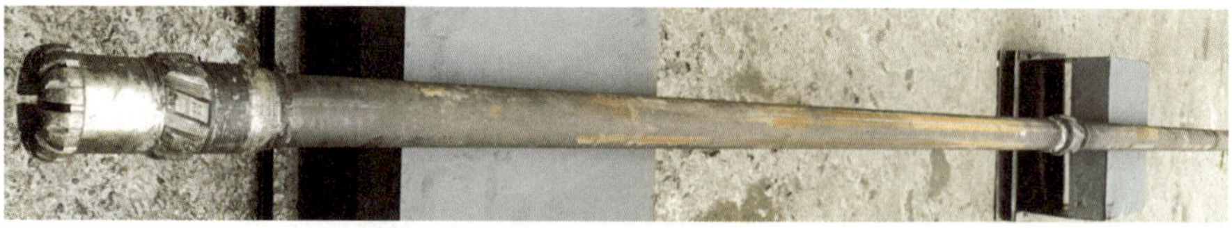

图 3.3-11 柔性导向取心钻具实物图

采用柔性导向取心钻具，配套大曲率绳索取心内管总成，实现边强造斜边取心，即导向取心钻进，岩心呈弯曲状，如图 3.3-12 所示，构建一种大角度曲线定向连续取心勘探方法，在河谷一侧有利位置安装钻机，通过定向钻进连续取心方法穿越河谷底部和对面山体，查明和揭露河谷底部及两侧的断层和不良地质体，达到地质勘探目的。

当钻孔轨迹方位或轨迹发生变化时，采用小直径水平绳索随钻定向钻进技术或有缆随钻定向钻进技术，实时纠正方位和控制轨迹，钻孔方位或轨迹达到设计要求后，继续采用柔性导向取心钻具进行导向取心钻进。

当大角度定向强造斜后，采用普通绳索取心钻具取心钻进，取出岩心中心位置与定向钻进钻孔中心位置偏差较大，出现不同步，如图 3.3-13 所示。若采用柔性导向取心钻具进行绳索取心钻进，取出岩心中心位置与定向钻进钻孔中心位置偏差较小，实现同步，如图 3.3-14 所示。

图 3.3-12　弯曲岩心图

图 3.3-13　定向与取心不同步

图 3.3-14　定向与取心同步

3.4　薄壁空心螺杆马达取心钻具研发

随着钻探取心的发展，将遇到各种复杂情况的取心环境，如深地钻探取心时，因为会遇到坚硬的岩石，采用高转速才能加快进尺速度。为防止钻杆扭曲，无法为钻机动力头提供高转速，或者是受限于动力头的能力，无法提供较高的转速，此时井下动力钻具的使用就十分重要。中空螺杆马达钻具可以提供较高的转速，但是常规螺杆马达一般为实心结构，每取完一个回次的岩心就需要将所有的钻具提出孔底，当孔深较大时，因为钻具较多，每次起下钻浪费时间，成本较高。因此，需要开展中空螺杆马达取心钻具的研发。

3.4.1　空心螺杆马达取心钻具

空心螺杆钻具总成钻探取心过程中，中空螺杆马达可以为井底钻头提供高转速，增大取心进尺速度。采用中空螺杆结构，可以在内部空间内安装绳索取心钻具，每次钻取岩心后可采用绞车进行打捞，不用起出全部钻具，节省取心时间。

中空螺杆马达包括外套管和设置于所述外套管内的中空传动轴、连接管和螺杆转子，螺杆转子内侧设置所述传扭定位槽，中空传动轴位于所述螺杆转子的下部，中空传动轴通过所述连接管与所述螺杆转子连接，螺杆转了、连接管和中空传动轴的上段与所述外套管之间设置有过浆间隙，中空传动轴的下段与外套管之间通过轴承连接，取心内总成或钻进内总成设置于中空传动轴、连接管和螺杆转子构成的空腔内，取心管单动机构的上段与中空传动轴之间设置螺杆孔内密封，螺杆孔内密封下部的中空传动轴上设置有过流孔，过流孔连通过浆间隙与中空传动轴内的过浆通道，如图 3.4-1 所示。

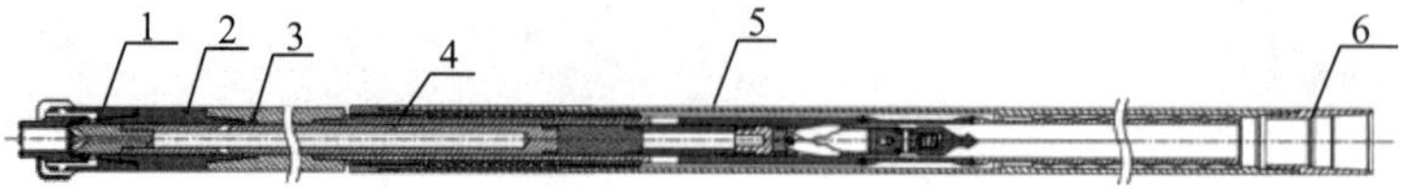

图 3.4-1　空心螺杆马达结构示意图

1. 旁通阀总成；2. 防掉总成；3. 马达总成；4. 万向轴总成；5. 杆体；6. 上壳体

中空转子螺杆钻具上接钻柱，下接钻头。启动泥浆泵并达到一定排量，高压钻井液流经旁通阀，推动阀芯向下运动，压缩弹簧，关闭旁通孔。小部分钻井液进入分流孔，其余流入马达，中空转子与定子形成的共轭密封腔沿轴向连续下移，钻井液循序向下推进。高压钻井液由马达入口向出口移动中，消耗自身水功率对中空转子做功，钻井液压力能转换为中空转子旋转机械能。万向轴将中空转子平面行星运动转换为旋转运动，并将中空转子的转矩和转速传递给传动轴。传动轴再传递给钻头，实现破岩钻进取心。

3.4.2　中空螺杆钻具特性分析及方法设计

对于中空螺杆钻具的液流系统，采用中孔分流，在较低的转子转速下获得较大的排量，以满足某些过程中的大排量要求，是中空螺杆钻具的基本设计思路。中空螺杆钻具简化为一个马达和一个液阻的并联系统。由于中孔的分流量和马达压降有关，当泵排量给定后，马达的过流量亦随之变化，即马达转速随负载(钻压)变化而变化。与实心转子螺杆钻具不同的是，处于理想状态(不计马达工作腔的漏失和各运动副的摩擦)的中空螺杆钻具，其理论效率一般情况下小于 1，因为理论分析中，中孔分流的能量损失是不能忽略的，这说明中空螺杆钻具实现的转速大排量是以损失水功率为代价的。做出中空螺杆钻具的外特性曲线，可以得到，当马达压降增大时，马达转速下降，理论效率下降，扭矩增加，直到马达压降达到某一最大值，马达停转，流体全部由中空部分流过。对于理想的中空螺杆钻具，在马达停转之前，马达的输出功率先随马达压降增大而增大，当压降增到某一临界值时，输出功率达到最大，而后随马达压降增大而减小，直到马达停转，输出功率为零。由于实际情况下螺杆马达各运动副之间存在摩擦和泄漏，理想状态下和实际情况下的螺杆钻具外特性有一定的差别。螺杆钻具各运动副间存在摩擦和泄漏，即使马达无泄漏，马达的压降也不能全部转化为扭矩。

对于泵排量与最大扭矩来说，正常工作时，其输出扭矩由负载决定，与泵排量无关。但是，马达能抵抗负载的最大能力，即最大输出扭矩，对于中空螺杆钻具而言，与泵排量有着密切的关系。中空螺杆钻具的工作是以水力能驱动的。

中空螺杆钻具的全部排量(泵排量)决定了中空螺杆钻具承载能力的大小，也就是最大驱动转矩。中空螺杆钻具的承载能力还受马达泄漏的影响，泄漏量大，承载能力小。

对于临界排量来说，中空螺杆钻具存在着临界排量，它与马达压降(负载)大小有关，是马达能输出转速所要求的最低排量，也是衡量中空螺杆钻具性能的一个重要指标。

3.4.3　等壁厚螺杆钻具及转子线型优化技术

常规螺杆钻具马达定子橡胶衬套为非等壁厚结构，定子橡胶衬套厚壁中心热聚集导致橡胶衬套物理性能减弱，从而发生失效。马达定子橡胶衬套结构的等壁厚设计改善了上述热聚集问题，但定子橡胶衬套的耐疲劳性能仍然不足，导致衬套掉胶现象发生。针对上述缺陷，设计了等应力螺杆马达定子橡胶衬套结构，采用流固耦合方法分析了等应力螺杆马达和等壁厚螺杆马达定子橡胶衬套最大承载点的应力缓，热聚集问题得到显著改善。高效的等壁厚超短螺杆钻具为钻头提供更加强劲的动力，使钻井效率最大化。图 3.4-2 为两种螺杆马达示意图。

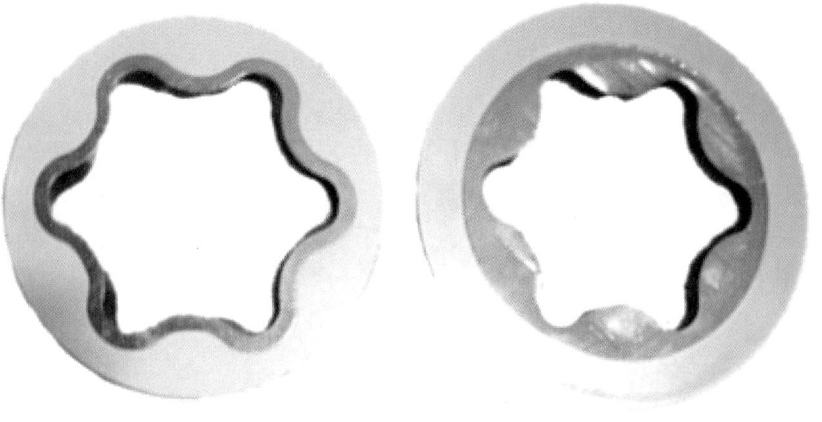

(a) 等壁厚螺杆马达截面图　　(b) 非等壁厚螺杆马达截面图

图 3.4-2　螺杆马达示意图

高效的等壁厚超短螺杆钻具为钻头提供更加强劲的动力，使钻井效率最大化。螺杆马达性能好，寿命长，耐高温。由于等壁厚螺杆马达注胶方式的革新，突破了普通螺杆马达注胶过程中的一些限制和瓶颈，马达橡胶薄厚一致、不易老化和掉胶、黏附性强，温度变化时橡胶的膨胀性能和收缩性能相同，马达不易失效，使用寿命明显延长。钻具弯曲半径小，造斜率大。与普通螺杆钻具相比，等壁厚螺杆马达扭矩大，钻具长度缩短，钻进造斜率高，在短半径水平井中应用具有明显的优势。

建立螺杆钻具马达线型方程，并构造其优化设计的数学模型，选用样条函数作为最佳拟合曲线，如图 3.4-3 所示。把螺杆钻具马达线型的分析方法扩展到以数值分析为基础的求离散的数值优化解的范围，最终实现螺杆钻具马达线型的优化设计效果。其设计研究在理论和实践上是可行的，避免了传统设计基于解析式求共轭线型难度大、调整不方便的缺点，可以更快、更通用地来完成设计，而且设计的线型经分析与实例验证发现精度很高，能够满足实际需求。

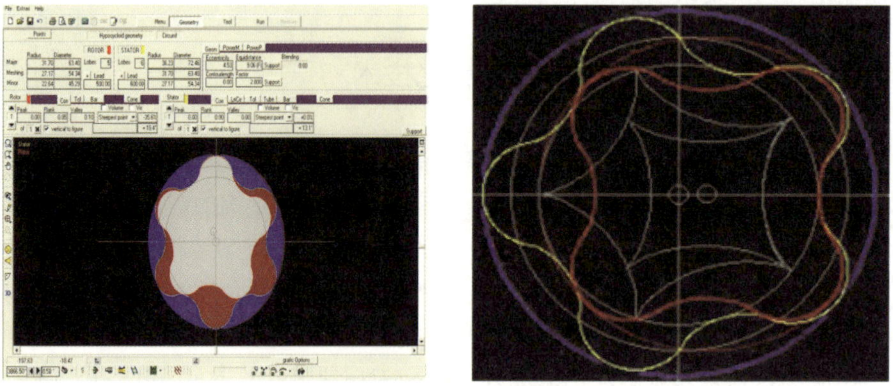

图 3.4-3　马达线性设计模拟仿真

根据螺杆钻具马达运动原理，通过对各种插值拟合方法的研究和实现，不仅可以将转子数据生成对应的定子线型数据，而且通过对称性原理能够求得全周期的线型曲线图，解决了由于线型不光滑所导致的干涉、打扣等现象的发生，满足实际工作要求，具有很大的实用价值。

完成螺杆钻具各总成的结构优选与设计。确定了螺杆钻具线型优化整体结构设计方案，主要包括旁通阀总成、防掉总成、螺杆马达总成、万向轴总成以及传动轴总成；完成了螺杆马达总成的定子、转子线型优化结构参数设计计算及整体结构设计。定转子线型优化模拟加工软件如图 3.4-4 所示。

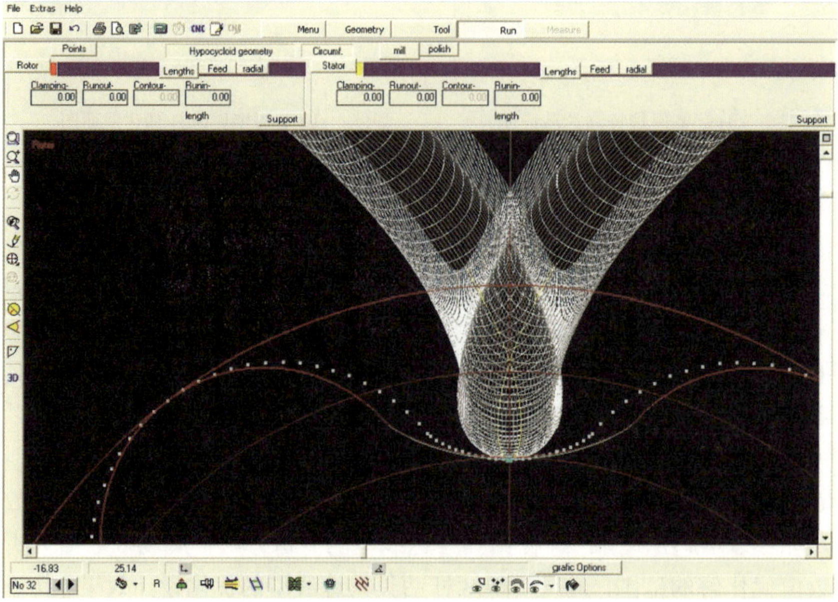

图 3.4-4　定转子线型优化模拟加工软件

综合曲率、过流面积以及相对滑动率属于描述螺杆马达共轭副的基本特征参数，设计期间，将综合曲率、相对滑动率以及过流面积作为目标函数，在满足无曲率干涉、具备足够齿形接触强度以及确保共轭线型光滑连续性的基础上建立优化模型。其中，无曲率干涉要求啮合转子与定子在任意啮合点邻近区域内的诱导曲率小于零，而具备足够齿形接触强度则是为了保证转子与定子共轭线型具备足够的抗疲劳与耐磨性。预先给出的转子齿顶光滑连续曲线虽然满足数学基本理论，但实际应用过程中经常出现干涉问题，此时还应进行几何修形，要求分界点满足二阶导数连续性特点，从而满足齿形的密封与啮合原理。

3.4.4　强造斜定向滑块伸缩定向系统

钻头的造斜角度由偏置组件的径向偏置力、偏置组件至悬臂轴承的距离和偏置组件至支点轴承的距离决定。在悬臂轴承和支点轴承的距离一定的情况下，偏置组件与支点轴承的距离越小，中心轴受到的最大截面弯矩越大，中心轴的寿命将受到影响，但是，偏置组件与支点轴承的距离增大，又会降低钻头的造斜角度。因此需根据具体结构，找到合适的偏置组件距离支点轴承、悬臂轴承的距离比，既保证钻头的造斜角度需求，也确保满足中心轴的寿命要求。

强造斜定向滑块伸缩定向系统的偏置组件包括外偏心套、扶正器、内偏心套、衬套、锁紧螺钉、中心轴和取心筒。钻头造斜前，外偏心套的径向最厚位置与内偏心套的径向最薄位置接触，通过锁紧螺钉保证外偏心套和内偏心套的相对旋转位置，两者偏心距一致，从而保证中心轴与外偏心套外圆同轴。旋转内偏心套，使得外偏心套的径向最厚位置与内偏心套的径向最厚位置接触，通过锁紧螺钉保证外偏心套和内偏心套的相对旋转位置，使得衬套和中心轴在偏置组件处发生径向位移，即中心轴发生挠曲，连接中心轴的钻头钻具满足造斜要求。

水平定向钻进取心前，在地面上将钻具调整至钻头偏斜状态。通过调整偏置组件给中心轴施加径向偏置力，使中心轴发生挠曲，经过支点轴承使连接中心轴的钻头发生偏斜。中心轴的挠曲程度决定钻头偏斜角度大小。

由于中心轴工作时处于旋转状态，外偏心套和内偏心套工作时处于不旋转状态，为了减小摩擦，内偏心套和中心轴之间设计了硬度较低的衬套作为易损件。取心筒属于内管总成的一部分，用于存储岩心。中心轴与取心筒之间应有一定间隙，保证中心轴处于挠曲状态时，不会使得取心筒发生较大挠曲，从而减少堵心现象的发生。

强造斜定向滑块伸缩定向系统不依赖偏移钻头进行转向，也不旋转外筒和旋转心轴，依靠中间的一组定向滑块的偏置旋转心轴，使钻头具有与钻进轨迹不一致的倾斜角，产生转向钻进的效果，实现了大角度(2°/10m)曲线定向钻进。定向原理及导向系统组成如图 3.4-5 所示。

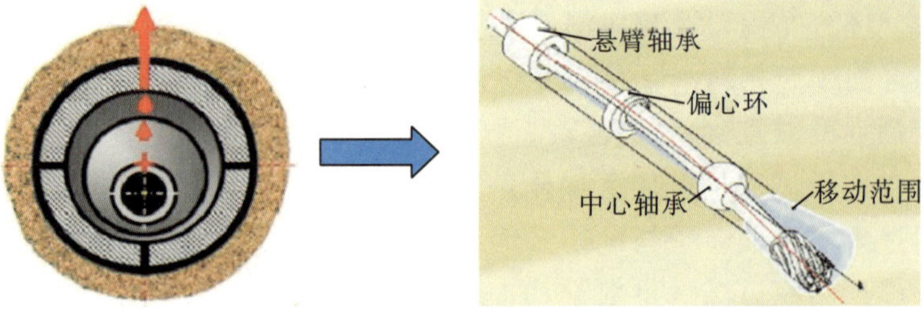

(a) 滑块定向原理　　(b) 系统组成

图 3.4-5　定向原理及导向系统组成

第 4 章　高能环境复杂地层成孔工艺

4.1　高地应力钻探成孔工艺

在高地应力、高地温、高水压地质条件下，缩径、垮塌、漏失、涌水等不良地质情况时有发生，导致钻进困难，严重影响钻进效率。在高地应力条件下，地层应力的释放，会造成孔壁上径向应力大于孔内液柱压力，导致钻孔缩径，提、下钻困难或下钻不到底，需要反复扫孔，钻孔钻进效率低，严重时会导致卡钻现象发生甚至损坏钻杆、钻具。

4.1.1　双级单动绳索取心钻具研制

工程钻探对岩心采取率、岩心品质要求较高，特别是结构及组成成分复杂的覆盖层、软弱夹层、硬脆碎地层等要求通过取心得到准确的地质信息，因此对高能环境复杂地层取心的质量要求高。

传统的绳索取心钻具未重视钻具内外管(即钻具外管和岩心管)之间的单动性能对取心质量的影响，因此通常仅采用单级的单动机构，导致钻具内外管之间的单动性能得不到保障，进而容易在钻具钻进过程中，由于对单动性的隔离效果不佳，直接影响取心质量；尤其对于结构及组成成分复杂的高能环境地层，其取心质量往往无法满足相关要求。

本书研究团队对绳索取心钻具内部结构进行了优化改进，将原单级单动机构设计成转轴和两个轴套组成的双级单动机构，钻具结构如图 4.1-1 所示。

绳索取心钻具外管的底端设置有钻头，在钻具外管内设置有从上至下依次连接的捞矛头、弹卡挡头、弹卡机构、连接管、单动机构、岩心管、卡簧和卡簧座；单动机构包括转轴、套在转轴一端的第一轴套和套在转轴另一端的第二轴套，第一轴套和第二轴套均可相对转轴转动；转轴与钻具外管同轴；第一轴套与连接管的端部固定连接，第二轴套与岩心管的端部固定连接。

钻具第一轴套通过轴承套接在转轴上，第二轴套通过轴承套接在转轴上。岩心管为半合管，并且在岩心管和钻具外管之间设置有扶正环。弹卡机构包括呈对称设置的上弹卡和下弹卡。第一轴套与连接管的端部之间的连接和/或第二轴套与岩心管的端部之间的连接为螺纹连接，从而形成了双级单动绳索取心钻具。

双级单动绳索取心钻具不仅可对钻具内外套之间的转动进行有效隔离，而且即使当其中一组转轴与轴套组成的单动副发生损坏时，也可由另外一组单动副确保内外套之间的单动效果，因此可确保钻具内外管之间的单动性能。而通过提高内外管之间的单动性能，有效保证了高能环境复杂地层的取心质量，见图 4.1-2。

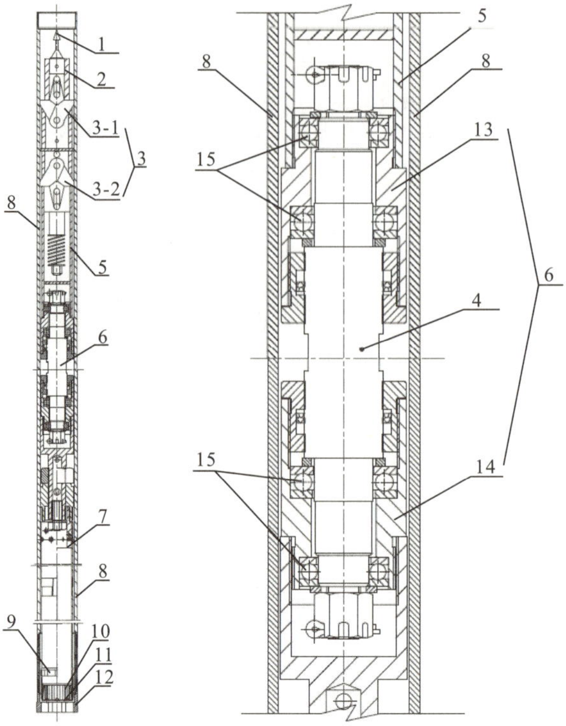

图 4.1-1　绳索取心钻具结构图

1. 捞矛头；2. 弹卡挡头；3. 弹卡机构；3-1. 上弹卡；3-2. 下弹卡；4. 单动连接轴；5. 连接管；6. 单动机构；7. 岩心管；8. 钻具外管；9. 扶正环；10. 卡簧；11. 卡簧座；12. 钻头；13. 第一轴套；14. 第二轴套；15. 轴承

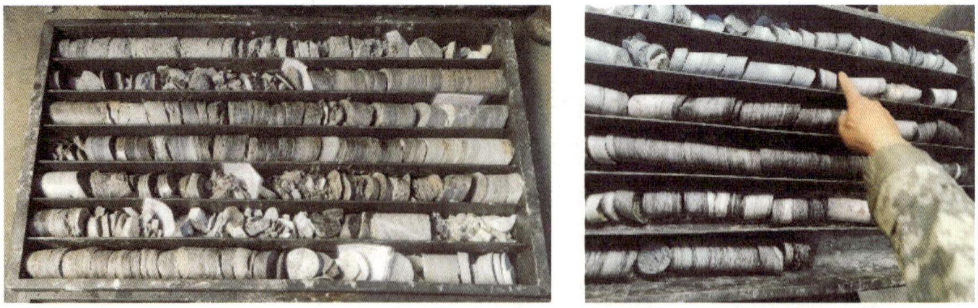

图 4.1-2　部分岩心照片

4.1.2　复杂地层同步跟管技术

在高地应力、高地温、高水压等高能环境复杂地层中，采用常规钻进方法施工，常因钻孔漏失、垮塌和缩径等情况导致频繁的钻故障(如孔内事故等)，给钻孔施工带来了极大的困难，不仅钻探效率低，而且钻孔质量也难以达到地质勘探要求，严重影响地质勘探工作。传统的跟管钻具由于技术落后，仅仅适用于松散的软地层和砂层，而在地层较硬的复杂地层中，当钻孔有漏失、垮塌和缩径等情况时，就不能进行长孔段跟管，另外不具有扩孔接力跟管能力，无法满足当前复杂地层钻进工艺要求。

因此，本书研究团队开展了复杂地层同步跟管技术研究。同步跟管技术基于伸缩原理，设计了合理的钻具结构，同步跟管钻具分为管靴总成与钻具总成，钻具结构类型属扩孔翼张敛式，钻具总成与管靴总成采用悬挂连接，同步跟管钻具有张开(钻进)和收敛(升降)两种工作状态。在张开状态下，钻具在同级套管下扩孔，成孔直径略比套管大，为套管延伸创造条件，实现套管同步跟进，避免套管下不到位的情况；起下钻情况下，钻具自动复位并保持稳定的收敛工作状态，可在同级套管内升降；钻进时，套管随着钻具向孔底延伸，钻进完成时，将钻具钻头收敛，当上提钻杆时，钻具就随之从套管内取出，实现同步跟管钻进。钻具采用以水力驱动张开为主，钻杆加压驱动张开为辅的双重保险技术措施，保证钻具张开的稳定性。钻具设有液压报信系统，主要由报信阀座和报信阀组成，用于显示孔内钻具的工作状态。

研究团队主要开展了 Φ146mm 及 Φ114mm 套管跟管钻具设计与研究。①设计可靠的张敛机构，以便扩孔钻头能够按指令灵活地张开或收敛，其中张开动作原则上不受孔内条件的影响；②设计限位机构，保证扩孔钻头钻进稳定性；③设计出具有足够强度和刚度的承压传扭系统，以满足复杂地层岩心钻探的工艺要求；④设计水力驱动张开报信系统，以实现对孔内钻具工作状态的地面观察和控制；⑤设计足够大的通水断面，满足导向钻头工作需要。

钻具采用楔形张敛原理，如图 4.1-3 所示，由张敛轴和装有扩孔钻头的钻头架组成张敛机构，两者可相对沿轴向移动一定位移，靠张敛轴的楔面的楔顶作用，控制扩孔钻头张开或收敛，实现钻具两种工作状态的转换。具体是：张敛轴总成相对向下移动一定位移，扩孔钻头张开，钻具呈钻进工作状态；提钻开始瞬间，与钻杆直接连接的张敛轴总成相对向上移动，扩孔钻头自动收敛，钻具呈收敛(升降)工作状态。具体实物如图 4.1-4 所示。

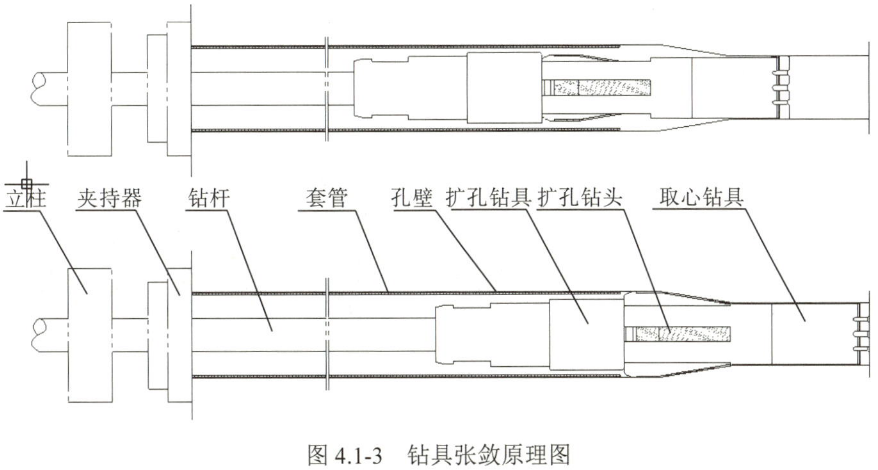

图 4.1-3　钻具张敛原理图

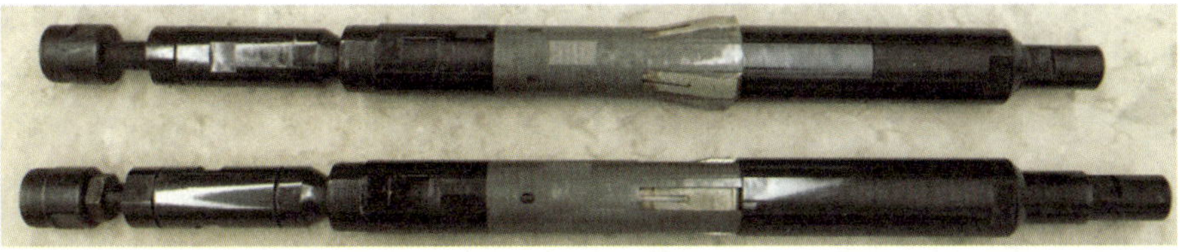

图 4.1-4　同步跟管钻具图

本书研究团队研发了一种有效且适合高能环境复杂地层的孔内钻进装置，用以在钻进过程中，依靠这种装置的特殊钻进功能，控制同级套管向孔底延伸，实现了同步跟管钻进，有效解决了因高地应力、高地温地质条件引发的缩径、垮孔、漏失等不良情况导致钻孔钻进困难。

4.2 强涌水地层钻进综合处置及监测技术

西藏某水电项目区域有丰富的降水，致使该区域地下水储量丰富，同时因断裂构造发育，地下埋藏多层承压水，因此，强涌水也成为该地区钻孔施工面临的一大难题。工程勘察钻探工艺以小口径金刚石绳索取心钻进为主，钻孔口径级配较小，当钻遇涌水、涌砂层位时，大量承压水从孔口喷出，导致钻探施工起下钻工作异常艰难，同时强涌水还会导致孔壁垮塌、内管总成及打捞器无法到位等实际难题，严重影响勘察任务实施。

在工程勘察钻探中，往往需要对钻孔内的地下水进行长期观测，通常观测的是压力较低的地下水的水温、水压等参数，其地下水不涌出钻孔的孔口，地下水的水温水压监测装置采用将监测仪器下入钻孔内实施长期监测。然而，在某些特殊部位或出现孔口压力大、涌水量大的区域，需要对该承压水的水温、水压进行监测时，监测仪器难以下入孔内，且钻孔内涌水不封闭时，只能监测孔口部位的水温、水压，监测的数据准确性较差，不能达到有效监测的目的。

为此，本书研究团队研发了水平绳索取心孔内涌水阻隔器具，见图 4.2-1，可实现绳索钻杆的涌水阻隔，将阻隔器具安装在扩孔器位置，取心钻进时，内管通过阻隔装置，正常取心钻进；打捞内管时，孔内涌水阻隔装置自动关闭，阻挡涌水从钻杆内涌出。同时，研发了孔口隔离分流装置，见图 4.2-2，在孔口实现涌水分流，实现高承压水地层快速钻进。

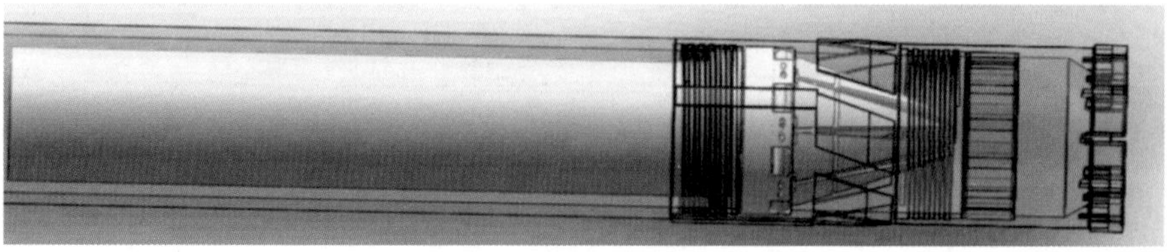

图 4.2-1 孔内涌水阻隔器具

针对冲洗液难以平衡含水层的较大涌水量和涌水压力，采用研发的孔口密封装置、孔内封隔器，以及早强、速凝特种水泥封堵材料，通过承压灌注工艺实现对孔内涌水裂隙地层承压水段快速封堵，减少地下水的侵入，保障钻探工作顺利开展。针对涌水量和涌水压力特别巨大，常规高密度冲洗液及承压封堵工作难以奏效的情况，采用顶涌钻进施工技术，同时孔口段采取涌水导流技术，实现对孔口涌水进行导流，在改善现场作业人员的作业环境的同时，还可避免地下水直接喷涌对作业人员造成伤害。

图 4.2-2　孔口隔离分流装置

本书针对强涌水地层研发了钻孔封闭监测结构，实现对孔口管端口涌水的封闭，并且能够在封堵的同时借助设置于内部的监测仪实现对钻孔内部承压水的长期监测，因此能够有效地对涌水钻孔的封堵及水温、水压进行监测，保证监测数据的有效性。

涌水钻孔封闭监测结构包括安装于钻孔孔口的孔口管、监测仪、橡胶垫板、限位压板和锚固件。橡胶垫板密封地盖设在孔口管的端口上；监测仪安装在橡胶垫板朝向孔口管的一侧上，并且伸入孔口管内，监测仪通过密封地从橡胶垫板内部穿过的导线与外部监测设备连接；限位压板压设在橡胶垫板上；锚固件设置有多个，多个锚固件沿钻孔的外周设置，每个锚固件的下端固定安装在钻孔外周的地层内，锚固件的上端与限位压板相连接。涌水钻孔封闭监测结构见图 4.2-3。

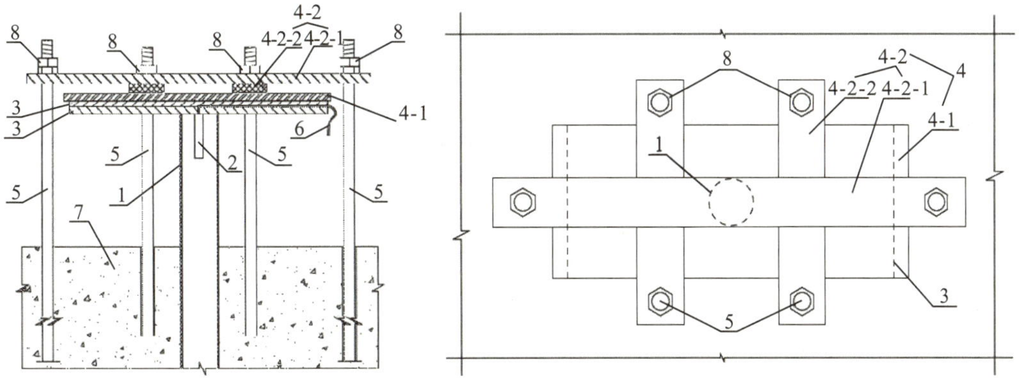

图 4.2-3　涌水钻孔封闭监测结构图

1. 孔口管；2. 监测仪；3. 橡胶垫板；4. 限位压板；4-1. 垫层压板；4-2. 施力压板；4-2-1. 横向施力压板；4-2-2. 纵向施力压板；5. 锚固件；6. 导线；7. 地层；8. 螺母

橡胶垫板设置有两层，监测仪安装在位于下层的橡胶垫板上，导线夹设在两层橡胶垫板之间。在至少一层橡胶垫板上设置有用于布置导线的夹槽。

限位压板包括垫层压板和施力压板，垫层压板直接压设在橡胶垫板上，施力压板压设在垫层压板上，并且施力压板的两端从垫层压板的侧方边沿突出后分别与设置在相应端的锚固件相连接。

强涌水地层钻进综合处置及监测技术，有效解决了强涌水地层钻进困难的问题，实现了对后期涌水的长期监测。

4.3 超硬岩体快速钻进工艺

4.3.1 复合基孕镶金刚石钻头

西藏某重大水电工程现场钻探作业过程中，钻遇长段变形体地层，其主要岩性为变质石英岩，该岩石坚硬致密、可钻性差，地层研磨性弱，属于典型的“打滑”地层。普通孕镶金刚石钻头钻进该地层时，钻进产生的岩屑颗粒细小，对钻头胎体的磨损作用较弱，导致胎体中的金刚石不易出刃，初始金刚石颗粒一直被磨损，新的金刚石颗粒无法及时出刃，钻头的钻进效率就逐渐降低，甚至不进尺，出现“打滑”现象。随着钻进深度的增加，对整体施工效率的影响也越来越显著，超深钻孔甚至无法施工，严重制约了勘察工程的整体进度。如2021～2022年8月在该区域完成钻探工作量为3153.16m，总台月数为53.03台月，台月效率仅为59.46m/台月。如何改进坚硬致密弱研磨性变质石英岩地层钻进方法或工艺，大幅提高金刚石钻进效率，成为影响整个工程勘探进度的关键环节。图4.3-1为现场岩心照片。

图4.3-1 现场岩心照片

针对坚硬致密弱研磨性地层，开展了孕镶金刚石钻头适应性研究。在研究过程中，针对性应用了各类钻头，包括环槽尖齿型孕镶金刚石钻头、滚齿型孕镶金刚石钻头、阶梯钻头、环槽钻头、电镀孕镶金刚石钻头、唇面硬质点孕镶金刚石钻头。各种钻头之间的使用效果有一定的差异，同一种类钻头因为生产厂家的不同，钻机操作人员的技术水平不同，使用也会产生较大的差异。除此之外，钻头的使用效果亦和钻进参数与冲洗液的种类有较大关系。以下列举了一些不同种类钻头的使用情况。

(1)滚齿型孕镶金刚石钻头。某机组使用的滚齿型孕镶金刚石钻头胎体硬度较低，常用转速为700r/min，若是采用植物胶进行钻进，使用寿命长达30～40m，钻进速度为100cm/h；若是采用清水钻进，钻头使用寿命只有10～15m，有时只有3～4m，且钻进速度极其缓慢。若孔底含有碎石颗粒，钻头就会被快速消耗。其余班组所用钻头为不同的厂家所生产，整体的使用效果不如该机组。滚齿型孕镶金刚石钻头使用情况见图 4.3-2。

图 4.3-2　滚齿型孕镶金刚石钻头使用情况

(2)阶梯钻头。某机组使用的阶梯钻头的胎体硬度较低，若是采用植物胶或聚丙烯酰胺进行钻进，使用寿命可达 30～40m，钻进速度为 70～80cm/h；若是采用清水钻进，使用寿命为 10～15m。若孔底含有碎石颗粒，钻头就会被快速消耗。部分钻孔使用该钻头钻进 60cm 以后，钻进速度就开始变得极为缓慢，甚至不进尺。其余机组因为钻头生产厂家的不同，钻进效果也有较大的差异，使用寿命大多在 20m 以下。阶梯钻头使用情况见图 4.3-3。

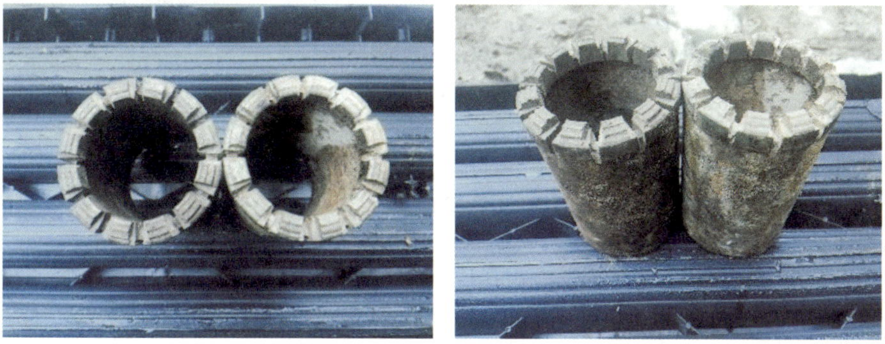

图 4.3-3　阶梯钻头使用情况

(3)环槽钻头。环槽型钻头在大多数班组中，使用效果都是很好的。某机组使用的同心环齿钻头的胎体硬度较低，一般转速为 500r/min，若是采用植物胶进行钻进，钻头使用寿命可达 70～80m，平均钻进速度为 100cm/h。该钻头也常出现不出刃的情况，若是干磨，一天只能钻进 80cm，对于这种情况，一般加入螺帽或其他硬质颗粒，以帮助钻头出刃；当使用清水钻进时，使用寿命可达 30m。部分钻孔应用对该类钻头需要添加额外的硬质颗粒，帮助其出刃。环槽钻头使用情况见图 4.3-4。

图 4.3-4　环槽钻头使用情况

(4) 电镀孕镶金钢石钻头。电镀孕镶金钢石钻头使用效果差别很大，部分钻孔的使用效果极差，甚至无法使用，部分钻孔使用寿命为 5～10m，钻进速度为 60～100cm/h。电镀孕镶金钢石钻头使用情况见图 4.3-5。

图 4.3-5　电镀孕镶金钢石钻头使用情况

(5) 唇面硬质点孕镶金刚石钻头。某班组使用的唇面硬质点孕镶金刚石钻头胎体硬度较低，使用效果总体一般。个别钻孔使用效果稍好，但磨损太快，需要增加硬质点的数量，该种类钻头的使用较少。部分机组认为硬质点的粒径更大些、更耐磨些，使用效果会更好。唇面硬质点孕镶金刚石钻头使用情况见图 4.3-6。

图 4.3-6　唇面硬质点孕镶金刚石钻头使用情况

针对各类钻头的应用情况，研究团队开展了孕镶金刚石钻头的胎体合金材料、唇面结构及金刚石参数等方面的研究，提高了胎体材料的摩擦系数和钻头对地层的适应能力，通过胎体材料的磨损，促使金刚石自磨出刃，改善单粒金刚石的碎岩能力，提高钻头的钻进效率。

1. 钻头胎体配方设计

首先针对硬脆碎地层特点，进行了孕镶金刚石钻头的配方设计。在钻头胎体配方的设计中，采用的配方体系为碳化钨(少量)+青铜粉末+G4 预合金粉末+其他性能调节材料，通过添加 G4 预合金粉末(铁基预合金粉末)，使组织合金化充分，提高胎体合金的强度及对金刚石颗粒的包镶程度，降低烧结温度，避免金刚石的热损伤，有利于提高钻头的钻进效率和寿命，并提高钻头对弱研磨性地层的适应性，设计胎体硬度为 20～25HRC。钻头的金刚石浓度为 75%～85%，金刚石粒度为 35～70 目。采用高品级、不同粒度的金刚石混镶形式。由于金刚石粒度大小不一，在钻进过程中，金刚石出刃高度不等，切削岩石时形成的微切削沟槽深度高低不同，形成许多自由面，有利于提高破岩效率。

同时，研究团队还开展烧结复合基孕镶金刚石钻头胎体性能测试试验，进行胎体合金材料性能(硬度、抗弯强度、耐磨性等)的测试，以有效提高钻头的性能。

2. 钻头结构设计

针对坚硬地层钻进特点、岩石特点和对钻头结构的要求，钻头的结构主要为同心环齿型和齿轮型结构。同心环齿结构的新钻头在孔底与岩石的接触面积小，金刚石易压入岩石，有利于金刚石破碎岩石，因为钻头唇面环槽的存在，同心环齿钻头钻进时，会形成岩脊，更易发生体积破碎，产生的岩屑颗粒较大，有利于钻头胎体的磨损，便于金刚石的出刃，保证了钻进效率；齿轮型唇面结构的钻头与岩石接触面积小于环状面积的 50%，与孔底岩石接触面积较小，单颗金刚石所受的压力增大，有益于岩石破碎，水口大有利于排除岩屑，具有较高的钻进效率和较长的使用寿命。

3. 钻头参数设计

结合实际硬岩地层钻探中孕镶金刚石钻头的使用性能需要，对金刚石参数(浓度、粒度、质量及分布等)进行设计如下。

金刚石粒度的设计原则是在较硬的岩层中钻进，为了使金刚石能够较易破碎岩石，采用粒径小的金刚石，并保证具有较好的耐磨性；在较软的岩层中钻进，采用粒径较大的金刚石，增大金刚石破碎岩石的体积，使之具有较快的钻进速度。在定位排布钻头中，要求钻头具有较好的普适性，且能充分发挥单粒金刚石的破岩能力，主要采用高品级 40/45 和 50/60 目金刚石。

在金刚石排布设计中，采用三环带的排布方式，将金刚石间距分为轴向间距、周向间距和径向间距。金刚石的轴向间距关系到钻头的寿命，间距小，可设计的金刚石层数多，则钻头寿命长。在设计中必须结合压制的胎体薄片进行综合考虑，若胎体薄片的厚度太小，在制作过程中容易出现断裂现象。40/45 目金刚石的粒径为 0.35～0.4mm，金刚石的轴向间距设计为 0.4mm；50/60 目金刚石的粒径为 0.25～0.3mm，金刚石的轴向间距为 0.3mm。金刚石周向间距和径向间距关系到钻头工作层面的平面密度大小。间距小，平面密度大，耐磨性好，有利于提高钻头的寿命，但同时可能降低钻头的钻进时效。表 4.3-1 为周向间距和径向间距表。

表 4.3-1　周向间距和径向间距表　（单位：mm）

金刚石粒度/目	排布区域	径向间距	周向间距
40/45	Φ68～Φ79	1.0	1.0
	Φ52～Φ68	1.0	1.2
	Φ44～Φ52	1.0	1.0
50/60	Φ62～Φ79	0.7	0.7
	Φ54～Φ62	0.7	1.0
	Φ44～Φ54	0.7	0.7

孕镶钻头中金刚石浓度是以每立方厘米中含 4.4 克拉（1 克拉 = 0.2 克）金刚石规定为 100% 浓度。在定位排布孕镶钻头中金刚石在胎体中是通过间距大小进行排列的，因此，应根据金刚石在胎体中的定位排布参数进行计算。

4. 钻头测试及优化

根据性能测试结果，优化配方参数，试制孕镶金刚石钻头，进行坚硬致密花岗岩的室内钻进试验。根据室内钻进结果，进一步优化各项参数，制作孕镶金刚石钻头进行野外钻进试验，分析、完善金刚石钻头的综合性能（图 4.3-7）。

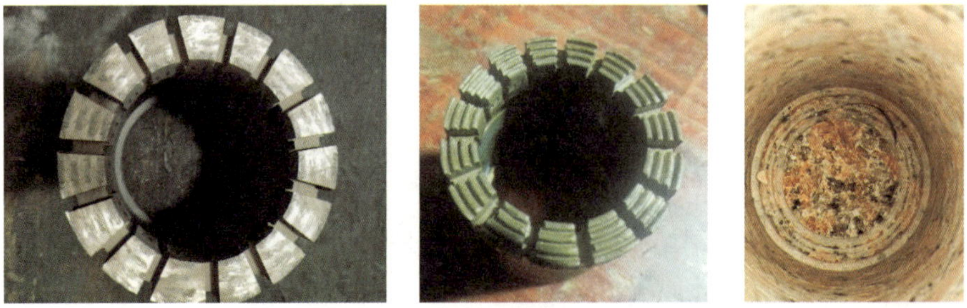

图 4.3-7　钻头试制及室内钻进试验

采用预合金胎体粉末技术与层叠式分层结构设计，研发了复合基孕镶金刚石钻头，有效改善了金刚石的出刃能力和使用寿命，钻进效率提升 1.8 倍，大幅提高了钻进效率。

4.3.2　打滑地层液动冲击回转钻进技术

液动冲击回转钻进是回转与冲击两种钻进方式组合而成的一种高效钻进方法，是近代钻探工程中与绳索取心钻进、金刚石钻进并列的新技术之一，可用于硬质合金钻进、金刚石钻进及牙轮钻头钻进。

1. 主要特点

液动冲击回转钻进广泛应用于固体矿产岩心钻探、水文水井钻进、油气井和地热井钻进、岩土工程施工、科学钻探等工程领域，其主要特点如下所示。

(1) 施加给钻头的冲击载荷作用时间极短，刃具与孔底的接触应力瞬间达最大值，使岩石脆性增加，有利于裂隙的扩展，产生体积破碎，钻进效率高。

(2) 高频脉动冲击有利于金刚石钻头的出刃，克服孕镶钻头“打滑”现象，提高钻速和钻头寿命。

(3) 浅孔锤产生的高频脉动使岩心进入岩心管更顺畅，有利于防止破碎地层中岩心堵塞，提高回次进尺，大幅度减少钻进辅助时间。

(4) 产生冲击荷载的液动锤组合在孔底钻具组合中，冲击能量传递损失少。

(5) 采用冲洗液作为驱动介质，有利于维护孔壁稳定，适合深孔和复杂地层钻进施工。

(6) 与纯回转钻进相比，冲击回转钻进可在小钻压条件下实现高效钻进，沿钻具轴向传递的冲击力可减小软硬地层钻进时的效率差，减小钻孔弯曲，提高钻孔质量。

(7) 冲击回转钻进钻压小、转速低、水量大，可减少孔内事故发生。

(8) 与气动潜孔锤相比，可明显降低噪声，无粉尘污染。

(9) 驱动介质条件恶劣，能量利用率低，难以实现大冲击功输出，连续工作寿命短。

针对存在“打滑”现象的坚硬致密弱研磨性地层，本书一方面从钻头入手，对钻头结构选型进行改进优化，提高坚硬打滑地层钻头的适应能力；另一方面在钻进工艺上在常规绳索取心钻进中引入冲击回转钻进方式，开展了基于绳索取心的液动潜孔锤钻进工艺研究，主要针对常规绳索取心在坚硬打滑地层钻进效率低的特点，充分利用液动冲击器的冲击功，提高钻头的碎岩效率。

2. 液动冲击回转钻进技术主要措施

(1) 泥浆泵是液动潜孔锤的工作动力源，配套泥浆泵的压力和泵量要充分满足液动潜孔锤的参数要求。现场选择的最大泵压在额定泵压值的 2/3 范围内；考虑液动潜孔锤与钻杆存在泄漏情况，将泥浆泵的排量提高了 20%～30%使用，在循环系统中采用分流或调速等方式调整排量。

(2) 为保证潜孔锤获得足够的泵量和压力，确保钻杆连接的螺纹副具有良好的密封和耐压性能。

(3) 考虑到泵压高且有脉动变化，选择了具有良好抗震性能的泵压表。

(4) 由于液动冲击回转钻进的泵量和泵压比普通回转钻进大，现场配备了一套高压管路系统，其中包括：大通孔主动钻杆水龙头，耐压 8MPa 以上的铠装高压胶管及其接头。

(5) 水泵输出管与高压胶管之间安装了一个稳压罐(耐压大于工作压力 10MPa 以上，容积大于 0.1m^3)，用以稳定液流，减少水击波对泥浆泵的影响。

(6) 采用了自主研究的无固相高性能环保泥浆，做好固相控制，加强泥浆中杂物的过滤，确保含砂量不大于 0.5%，从而减少冲洗液中坚硬固相颗粒对潜孔锤的零件的磨损，及阻卡运动副。

3. 冲击回转钻进金刚石取心钻头

在金刚石钻头上增加了高频、低冲击功的动载，改善金刚石钻头在孔底的工作状况，提高在坚硬岩层和“打滑”地层中的钻进速度。但考虑到冲击回转钻进工艺与纯回转钻进工艺的差异，冲击回转钻进用金刚石钻头在结构上应与普通回转钻头有所区别，优化了钻头设计和选择。

(1) 金刚石钻头仍以回转碎岩为主，冲击碎岩为辅。

(2) 由于钻进中金刚石要承受较大的冲击动载，选用了强度较大的金刚石。孕镶钻头采用了 60～80 目的 JR4 级金刚石。在镶嵌之前先对金刚石进行圆化和金属镀层处理，确保胎体与钻头体有较强的结合力，提高了金刚石的包镶和抗冲击能力。

(3) 根据现场岩石性质设计了胎体硬度，保证胎体具有足够的强度，从而提高钻头使用寿命。考虑到液动冲击回转钻进过程中钻头出刃条件较好，在原设计基础上将钻头胎体硬度提高了 3～5HRC。

(4) 由于冲击回转钻进所需冲洗液量大，通过增加钻头副水口的方式使钻头通水面积增大了 20%以上，提高了潜孔锤的使用效果。钻头底部采用环槽形设计，槽的顶端做成弧形，底唇不仅碎岩效率高，而且防斜，见图 4.3-8。

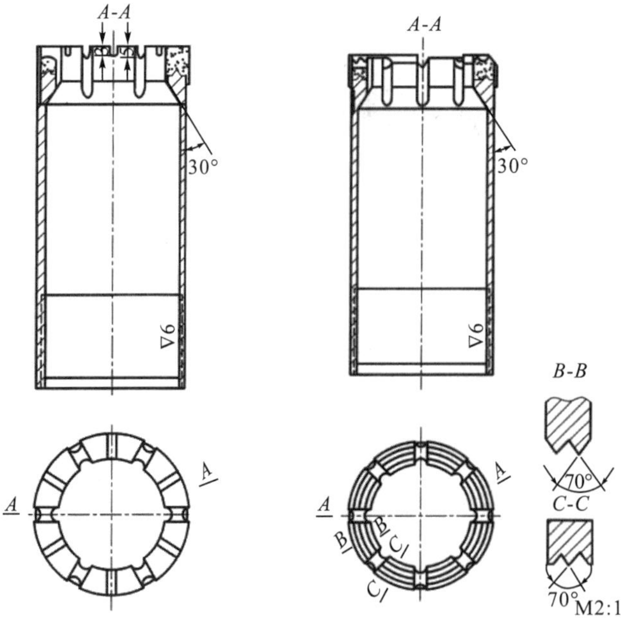

图 4.3-8　副水口及环槽形设计

4. 冲击回转钻进钻压

冲击回转钻进时，切削刃在轴向压力(静载)及冲击力(动载)作用下破碎岩石。现场试验发现，静、动载同时作用提高了岩石破碎效率，当冲击能量不变时，在一定范围内随着静载的增大，破碎的深度和体积相应增大。因为静载使岩石内部形成预应力，又克服潜孔锤的反弹力，切削工具与岩石良好接触，较少冲击能量传递损失。但是，随着轴向压力增大，切削刃的单位进尺磨损量增加。所以现场在钻压选择时，既考虑了克服潜孔锤的反弹力，保证了足够的预加力，提高了机械钻速，还考虑了降低钻头的单位损耗。

5. 冲击回转钻进转速

金刚石冲击回转钻进时，高频冲击有利于金刚石孕镶钻头的出刃，但总体没有改变磨削碎岩的机理。因此，钻进时应选取与常规金刚石钻进相近的转速。

6. 冲击回转钻进泵量

泵量是液动冲击回转钻进的一个重要参数。冲洗液不仅可以冷却钻头、携渣护壁，还担负着传递能量、驱动潜孔锤的功能。泵量和泵压对潜孔锤频率、冲击功以及工作性能有着决定性的影响。在条件(地层、泥浆泵及管路、钻孔环状间隙)允许时，选择潜孔锤推荐的泵量，并适当增大，以弥补钻具管路泄漏所造成的损失。一般情况下，潜孔锤在泵压达到 0.2～0.6MPa 时开始启动，达到 1.0～2.0MPa 时工作稳定。

液动潜孔锤冲击回转钻进参数见表 4.3-2。

表 4.3-2 液动潜孔锤冲击回转钻进参数

岩石级别	钻头类型	钻头直径/mm					
		钻压/kN		转速/(r/min)		泵量/(m^3/min)	
		75	91	75	91	75	91
Ⅴ～Ⅷ	金刚石	6～10	8～11	200～500	150～400	0.10～0.15	0.12～0.25
Ⅷ～Ⅻ		6～10	7～10	200～600	150～500	0.10～0.15	0.12～0.25

4.4 护壁堵漏特种材料研发

4.4.1 环保型防塌冲洗液体系

为满足工程勘察中连续取心定向钻进过程中孔壁易失稳坍塌、钻进摩阻大及携岩困难等复杂情况下的钻探需求，并符合钻探开发的环境保护要求，冲洗液必须具备更强的防塌抑制性、优良的流变性和润滑性。聚合醇冲洗液因其抑制性能良好、毒性低、生物降解性优越、添加量少且成本低，具有广泛的应用和推广价值。对聚合醇进行改性以提高其性能，具有广阔的前景。通过系统研究，对聚合醇进行改性，使其在满足连续取心定向钻探性能要求的同时，确保整个体系具备绿色环保的特点。

1. 聚合醇环保型防塌冲洗液研制

1）聚合醇类型优选

聚合醇包括聚乙二醇、聚丙三醇、乙二醇/丙三醇共聚物等多种形式的多元醇。为选出性能优异、经济适用的聚合醇类别，综合选择了几种常温下可冷溶的聚合醇类型［聚乙二醇（PEG）、聚丙二醇（PPG）、聚醚多元醇（POL）、聚氧化乙烯（PEO）、聚乙烯醇（PVA）］，并考虑其不同的分子量和聚合度。由于在相同浓度下聚合醇性能差异较大，直接比较会导致结果不可靠，因此采用苏氏漏斗黏度计测定的漏斗黏度作为第一评价指标，将其数值控制在 18～20s，以确定聚合醇加量并制备溶液。溶液在室温下静置 2h 后，使用 ZNN-D6 型六速旋转黏度计进行流变参数测试，具体试验数据见表 4.4-1。

表 4.4-1 不同种类聚合醇流变性能表

材料	加量/%	漏斗黏度 FV/s	表观黏度 AV/(mPa·s)	塑性黏度 PV/(mPa·s)	动切力 YP/Pa	动塑比 τ_0/μ_p	流变性指数 n
PEG-2k	5	16.0	1.3	0.7	0.56	0.80	0.48
PEG-1w	5	18.0	2.5	2.0	0.51	0.26	0.74
PEO-1	0.05	18.0	2.0	1.2	0.82	0.68	0.51
PVA-1799	2	16.5	2.5	1.5	1.02	0.68	0.52
PVA-1788	2	19.0	4.0	3.0	1.02	0.34	0.68

从表 4.4-1 的分析可以看出，不同类型聚合醇的流变性能差异明显。在一定浓度范围内，所有样品均表现为近牛顿的假塑性流体，其中 PEG、PEO 和 PVA 的性能相对较好。PEG 的黏度随分子量的增大而增大，具有较高的动塑性比和良好的剪切稀释性，但在 5%的浓度下 PEG-2000 的漏斗黏度才与 1%浓度的 PVA 相当，导致材料用量过大。PEO 在 0.05%的小加量下黏度已经十分显著，但由于其分子量过大，性能极不稳定，试验过程中爬杆现象明显，使得材料配制和试验较为困难。PVA 在相同聚合度下性能差异较小，虽然 PVA-1799 的动切力表现更优，但其高醇解度导致水溶性差，试验耗时较长。因此，综合对比选择醇解度较小且在水中较易溶解的 PVA-1788 作为改性研究的对象。

2）纤维素处理剂优选

考虑与 PVA 的适配性以及材料性能需求，选用无毒、易溶且稳定性强的聚合物：改性甲基纤维素（MC-9）、改性乙基纤维素（OC-7）、纤维素羟烷基醚（LE-5），进行流变性及抑制性能的试验研究。这些聚合物的性能变化趋势如图 4.4-1 所示。

通过上述试验与分析，常用的纤维素聚合物材料均能有效改善基础溶液的流变性能，但也可能对复合溶液的抑制性能带来一定的负面影响。溶液体系的黏度随加量增大而持续上升，其中 LE-5 的黏度值及变化幅度最为显著；MC-9 与 LE-5 的加入使体系的动塑比总体呈增长趋势，抑制性能有所提升。为了便于井筒内部压力控制且不影响冲洗液循环，动塑比应控制在 0.4 以下。因此，MC-9 的适宜加量范围不应超过 1.5‰，而 LE-5 的适宜加量范围为 1.0‰～1.5‰；OC-7 的线性膨胀率随加量增大而增大，从而显著降低其抑制性能，故予以排除。

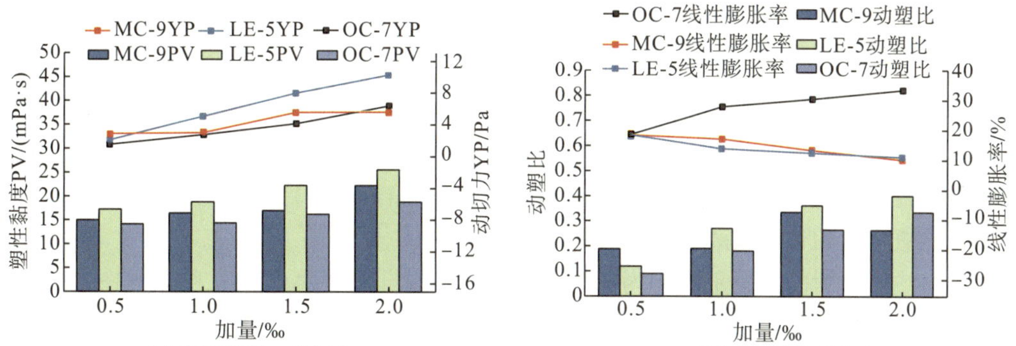

(a) 塑性黏度、动切力　(b) 动塑比、线性膨胀率

图 4.4-1　纤维素聚合物对 PVA 溶液性能影响

3) 纤维素处理剂复配试验研究

为便于冲洗液性能的后续调控，结合纤维素处理剂优选试验确定 LE-5 的最佳加量为 0.5‰和 1.0‰。以 0.2‰梯度将 MC-9 由 0.3‰增至 0.9‰，通过对比试验确定两者的最佳配比。性能变化趋势见图 4.4-2。

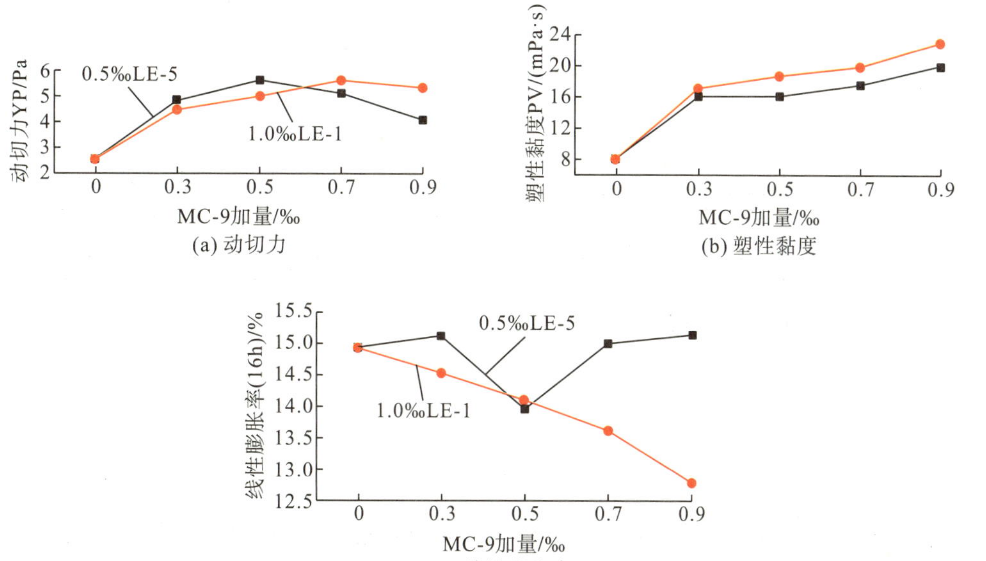

(c) 线性膨胀率

图 4.4-2　纤维素聚合物复配性能参数变化趋势

通过对比 LE-5 在两种不同加量下 PVA 复合溶液随 MC-9 加量变化的性能差异，发现当 LE-5 加量为 1‰且 MC-9 加量为 0.7‰时，动切力达到峰值，抑制性能也显著下降，线

性膨胀率为 13.64%，这一数值优于另一浓度 LE-5 下任意梯度的抑制性能。然而，其黏度过高，在高剪切速率下体系黏滞性强，阻力大；在低剪切速率下则不利于悬浮并携带岩屑。综合考虑，确定 MC-9 与 LE-5 加量均为 0.5‰，对 PVA 溶液体系性能的改善最佳。

4) 纳米材料优选及加量优化

纳米材料粒径小、活性高，可有效提升冲洗液的流变、滤失、封堵及稳定性能。同时，由于纳米材料大多具有无毒特性，适用于环保型冲洗液的研制。综合考虑使用便捷程度、成本以及在冲洗液中的应用可行性，选用纳米二氧化硅(SiO_2)、纳米三氧化二铝(Al_2O_3)及纳米二氧化钛(TiO_2)来改善冲洗液的各项性能。

三种纳米材料的加量范围均为 0.05%～0.5%，加量梯度为 0.1%。结果见图 4.4-3。分析图 4.4-3 可知，三种纳米材料均能在一定程度上降低体系的线性膨胀率，从而有效提升抑制性能，但也存在以下问题：随纳米 SiO_2 加量增大，体系黏度总体持续增长，动塑比先增后减；纳米 Al_2O_3 的加入使原体系溶液的黏度和动切力均有所降低；纳米 TiO_2 的线性膨胀率数值持续减小，性能优异，可有效抑制页岩水化。综合实验结果分析，纳米 SiO_2 的最优加量为 0.1%，纳米 TiO_2 的最优加量为 0.4%。在最优加量下，二者性能差异不大，因此选择加量较少的纳米 SiO_2 作为防塌冲洗液体系的组成部分，可形成性能优异的 PVA/缔合纳米共聚复合材料。

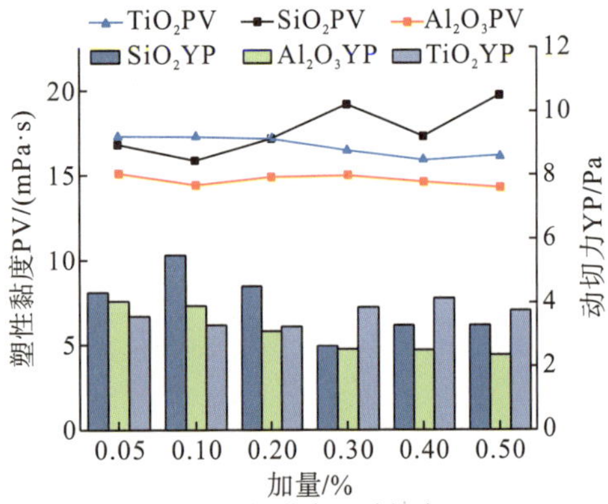

(a) 塑性黏度、动切力

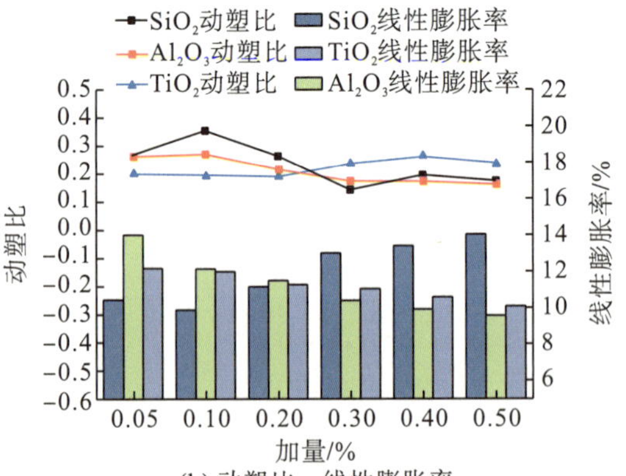

(b) 动塑比、线性膨胀率

图 4.4-3 纳米材料复配后性能参数变化趋势

5) 环保型防塌冲洗液优化配方

尽管聚合醇及纳米共聚复合材料的流变和抑制性能已达到预期改善效果，但仍存在以下问题：搅拌时易产生大量气泡、黏度较高以及滤失量略大。针对这些问题，同时考虑环保需求，选用绿色、无毒的处理剂对相关性能进行调整。具体方法是，以 DD-1 作为降滤失剂，DS-957 作为消泡剂，KCl 作为防塌抑制剂，设计三因素三水平正交试验。正交试验因素水平设计及试验结果见表 4.4-2、表 4.4-3。

表 4.4-2 正交试验因素水平表

水平	因素		
	DD-1(A)/‰	DS-957(B)/%	KCl(C)/%
1	0.1	0.15	0.8
2	0.2	0.20	1.0
3	0.3	0.25	1.2

表 4.4-3 正交试验数据

序号	性能指标			
	塑性黏度 PV/(mPa·s)	动切力 YP/Pa	滤失量 FL/mL	线性膨胀率/%
1	17.2	3.47	24	6.46
2	14.9	4.27	27	6.23
3	15.5	3.73	22	6.15
4	16.4	3.96	22	5.24
5	16.9	3.07	19	5.64
6	13.3	4.10	29	6.17
7	15.2	2.43	22	6.04
8	14.5	4.89	16	4.68
9	15.1	2.76	32	6.39

通过对试验结果的置信度分析，最终得出水平绳索取心聚合醇环保型防塌冲洗液体系LY-W的优化配方为：2%PVA+0.5‰MC-9+0.5‰LE-5+0.1%SiO_2+0.3‰DD-1+0.2%DS-957+0.8%KCl。

2. 环保型防塌冲洗液性能评价

1）冲洗液环保性能

为测试 LY-W 冲洗液体系优化配方对环境的影响，参考《水质 急性毒性的测定 发光细菌法》(GB/T 15441—1995)评估其生物毒性。测试结果表明，LY-W 配方的 EC50(半数效应浓度)值大于 10000mg/L，表明其无毒。

2）冲洗液流变性能

根据对环保冲洗液体系的设计，参考常规测试条件，对 LY-W 冲洗液在 80℃下热滚16h 前后的黏度等流变性能指标进行试验，进而讨论其流变性，具体试验数据见表 4.4-4。由表 4.4-4 可知，冲洗液在老化前后表观黏度稍有差异，为 18.2～20.6mPa·s，而塑性黏度满足冲洗液性能要求，动切力在老化后仍维持在 4.61Pa，动塑比为 0.34，携岩能力较好，冲洗液流变性能并未受到严重影响。综合流变参数数据，表明 LY-W 优化配方流变性能优异。

表 4.4-4　LY-W 冲洗液体系流变性能测试数据

LY-W	密度 ρ/(g·cm^{-3})	漏斗黏度 FV/s	表观黏度 AV/(mPa·s)	塑性黏度 PV/(mPa·s)	动切力 YP/Pa	动塑比 τ_0/μ_p
老化前	1.10	41.2	20.6	14.3	5.02	0.35
老化后	1.10	39.6	18.2	13.5	4.61	0.34

3) 冲洗液滤失性能

冲洗液的防塌性能要求其具备良好的抑制黏土水化膨胀、封堵水分子向孔壁渗透以及平衡孔内地层压力的能力。为了改善冲洗液的滤失性能和滤饼质量，使其具备抑制水敏性地层水化膨胀的能力，并加强井壁稳定，要求其失水量应≤20mL/(30min)[可接受范围为≤30mL/(30min)]，16h 线性膨胀率≤8%，岩心回收率≥75%。

采用 API 滤失仪对冲洗液体系在 80℃下热滚 16h 老化前后的滤失量进行了测试，测试结果见表 4.4-5。

表 4.4-5　LY-W 冲洗液体系滤失性能测试数据

LY-W	滤失量 FL_{API}/mL	滤饼质量/g
老化前	24	1.856
老化后	21	1.403

从表 4.4-5 可以看出，LY-W 体系在热滚前的滤失量为 24mL，经过 80℃高温 16h 后滤失量降低至 21mL，基本满足水基冲洗液的性能要求。这一现象的出现是因为老化温度接近于体系中聚合醇的浊点，部分聚合醇分子会逐渐析出，在滤失试验过程中填充滤纸孔隙，同时聚集形成的塑性膜在部分区域形成封堵，从而表现为滤失量的减少。此外，单位体积内聚合醇塑性膜的密度小于水，导致滤饼质量明显减轻，由 1.856g 减小至 1.403g。综合而言，LY-W 冲洗液体系具备优秀的降滤失能力，基本满足取心钻进施工的需要。

4) 冲洗液防塌性能

为了测试冲洗液的抑制性能，对岩心试样及页岩岩屑进行适当处理后，进行了线性膨胀和岩心回收率试验。试验数据见表 4.4-6。

表 4.4-6　LY-W 冲洗液体系抑制性能测试数据

试样	线性膨胀率/%		岩心回收率 R/%		
	2h	16h	R_1	R_2	R_3
清水	14.69	47.92	37.30	37.22	36.94
LY-W	1.07	7.03	85.21	85.54	84.60

分析表 4.4-6 可知，LY-W 冲洗液体系的 2h 线性膨胀率为 1.07%，16h 线性膨胀率稳定在 7.03%，远小于清水的膨胀率，说明该体系具有较强的防塌抑制性能。此外，通过三次连续岩心滚动回收试验的数据分析，第一次岩屑回收率达到 85.21%，且可以观察到体系在岩屑表面均匀附着包被，回收的岩屑完整；第三次回收率为 84.60%，表明该冲洗液体系能够较好地维持井壁稳定，具有较强的抑制性，有助于预防井下复杂事故的发生。

综合 LY-W 冲洗液体系的性能评价结果，该体系表现出优异的流变性能，动塑比等参数符合要求，防塌抑制能力强，且体系无毒，环保性能优异。

4.4.2　深孔纳米复合水泥基护壁堵漏材料

在钻探孔深小于 3000m 时，孔底温度通常不超过 100℃。在此温度环境下，护壁堵漏材料浆液易发生稠化，导致其流动度迅速降低，失去可泵性，无法顺利压入地层裂隙，严重影响护壁堵漏质量。此外，浆液内各物相受热体积变化，导致摩擦加剧，产生较大内应力，循环阻力增大，大量孔洞及裂缝的形成也会降低水泥基材料的力学性能。尤其在深部破碎地层中，材料漏失严重，难以保证护壁堵漏材料的正常应用。因此，结合连续取心定向钻探和深孔钻探的工程特点及实际需要，水泥基护壁堵漏材料应具备以下特性：初始流动度良好，确保材料在施工过程中的可泵性；具有足够高的强度及韧性，以较好地减轻温度带来的影响；外加剂在 100℃环境下具备稳定性，以免性能突变影响护壁堵漏效果。

1. 水泥类型的选择

针对连续取心定向钻探和深孔钻探对护壁堵漏材料的性能要求，首先对比了强度等级为 32.5 的普通硅酸盐水泥(P.O32.5R 水泥)和 G 级油井水泥在 100℃环境下的基本性能，其基本性能如表 4.4-7 所示。

表 4.4-7　P.O32.5R 水泥与 G 级油井水泥净浆基本性能

水泥类型	水灰比	初始流动度/cm	可泵期/min	残余抗压强度/MPa
P.O32.5R 水泥	0.50	20.0	20	9.5
	0.55	23.5	37	7.2
	0.60	26.5	48	6.3
G 级油井水泥	0.50	22.0	40	9.4
	0.55	23.0	55	8.7
	0.60	28.0	85	7.9

从表 4.4-7 可知，在 100℃环境温度下，随着水灰比的增大，P.O32.5R 水泥和 G 级油井水泥的初始流动度和可泵期均明显提高，但残余抗压强度显著降低。然而，G 级油井水泥的基本性能显然优于 P.O32.5R 水泥。G 级油井水泥的初始流动度较大，可泵期长达 85min，72h 的残余抗压强度下降趋势缓慢，损失率仅为 15.96%，相较于 P.O32.5R 水泥有一定优势。因此，在后续试验研究中，采用 G 级油井水泥作为基本胶凝材料，并适当加

入粉煤灰作为外掺料以降低水泥基浆液密度，调节凝结时间。经过试验研究，确定其适宜加量为20%。

2. 特种纤维的选择

以水固比为0.6，固相比为8∶2的水泥-粉煤灰复合浆液作为基础液，通过掺入长度分别为6mm、9mm、20mm且直径相同的特种纤维，研究其在100℃条件下掺量对复合水泥基材料力学性能的影响。特种纤维性能参数见表4.4-8，试验结果见表4.4-9。

表4.4-8 特种纤维的性能参数

直径/μm	长度/mm	密度/($g\cdot cm^{-3}$)	弹性模量/GPa	抗拉强度/MPa	断裂伸长率/%	最高温度/℃
13	6、9、20	2.65	93.1～110	3800～4840	3.1	650

表4.4-9 特种纤维对复合水泥基材料性能影响

纤维长度/mm	纤维掺量/%	初始流动度/cm	可泵期/min	残余抗压强度/MPa	抗折强度/MPa	劈裂抗拉强度/MPa
—	0	27.0	105	8.1	1.01	0.2
6	0.3	27.5	105	6.8	1.32	0.3
	0.5	28.0	138	7.1	1.42	0.3
	0.7	29.0	107	7.6	1.82	0.5
	1.0	28.0	131	7.7	1.63	0.4
9	0.3	27.0	116	7.2	1.62	0.3
	0.5	27.5	125	7.4	1.78	0.4
	0.7	28.0	121	8.7	1.92	0.6
	1.0	26.0	135	7.3	1.67	0.5
20	0.3	24.0	109	6.4	1.92	0.5
	0.5	22.0	113	5.6	2.21	0.7
	0.7	21.0	90	7.2	4.30	0.8
	1.0	20.0	112	6.8	3.50	0.6

可以看出，掺入纤维后，水泥石的强度相对于基础配方均有所提高。这主要是因为特种纤维在浆液中不规则地分散，能够有效起到桥接和联结作用，减少水泥试件裂缝的产生和发展，从而改善水泥基材料的力学性能。分析试验数据发现，当纤维掺量相同时，长度为20mm的纤维掺入后浆液的初始流动度明显降低，但对材料强度的提升较为显著；在0.7%掺量时，其抗折强度提高了3.26%，劈裂抗压强度提高了3%。这主要是纤维长度过长时在水泥浆液中容易发生团聚，导致部分自由水被包裹，浆液流动性减弱。

当纤维长度一定时，随着纤维掺量的增加，固结体的抗折强度和劈裂抗拉强度均呈现先增大后减小的趋势，最佳体积掺量为0.7%。纤维掺入后，由于其无序分布的特点，能够在浆液内部构建三维乱向支撑体系，使得水泥水化产物间的黏结力增强，浆体密实度提高，减少裂缝的产生并阻碍其在材料内部的发展；与此同时，纤维自身较大的弹性模量和抗拉强度有利于减弱水泥石所承受的拉应力荷载，相应地，材料的抗折强度和劈裂抗拉强度均得到显著提升。

然而，当纤维掺量超过最佳配比时，单位体积内纤维占比较大，分布不均，固结体内部结构紊乱，孔隙增多，进而导致材料强度下降。适量特种纤维的加入能够有效提升复合水泥基材料的变形性能，使其在受压时不会直接发生脆性破坏，表现出一定的延性破坏特征。综合不同长度纤维的性能表现，选用 9mm 长度、0.7%掺量的纤维最为合适。

3. 纳米材料的选择

经过上述试验研究发现，在 100℃条件下，复合水泥浆液在掺入纤维后，其固结体的残余抗压强度会受到一定影响。为此，通过加入纳米材料对复合水泥基材料进行改性。纳米材料粒径小、比表面积大，具有高火山灰活性，能够填充水泥颗粒间的细小孔隙并催化水化反应，生成强度较高的水化硅酸钙凝胶，从而提高基体的密实度与力学性能。当基体受荷载时，这些纳米材料能够与纤维在固结体内部形成支撑体系协同作用，更好地改善水泥石的力学性能。

以 G 级油井水泥、20%粉煤灰、0.7%特种纤维（水灰比为 0.6）为复合浆液，试验对比了三种纳米材料（纳米 SiO_2、纳米 MgO 及纳米 Al_2O_3）在 100℃条件下对护壁堵漏材料抗压强度的影响，其影响规律如图 4.4-4 所示。

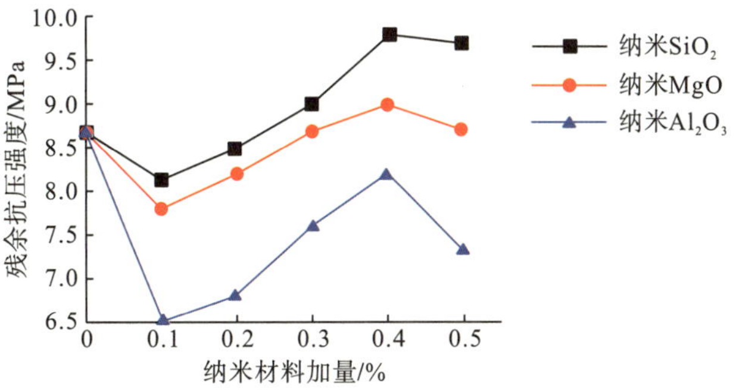

图 4.4-4　不同纳米材料作用下浆体残余抗压强度变化

由图 4.4-4 可以看出，随着纳米材料掺量的增加，浆体的抗压强度呈现出先减小后增大再减小的趋势。当纳米材料掺量小于 0.1%时，水泥基复合材料的抗压强度随掺量增加而减弱，尤其是纳米 Al_2O_3 的增加导致材料抗压强度下降最快；当纳米材料掺量为 0.1%～0.4%时，残余抗压强度整体显著提升；但当纳米材料掺量超过 0.4%时，强度逐渐下降。

分析试验数据发现，纳米 MgO 和纳米 Al_2O_3 掺入后，抗压强度相较于基础材料固结体并没有显著提升，而纳米 SiO_2 对抗压强度的影响较大。当掺量为 0.4%时，固结体的残余抗压强度提升了 12.6%，达到 9.8MPa 的峰值。继续增大纳米 SiO_2 掺量，残余抗压强度开始持续下降。因此，优选纳米 SiO_2 加入复合水泥浆液，以优化其在 100℃环境下的性能。

4. 优化配方及性能表征

在复合水泥浆液性能测试中，由于浆体早期强度特性表现不明显，稳定性不高，因此通过添加早强剂ZQ(加量3%～5%)和减水剂GB(加量0.3%～0.5%)进一步提高复合水泥基护壁堵漏材料的性能。同时，为了满足深孔钻探对水泥基材料的综合性能要求，在上述研究基础上，设计了四因素三水平的正交试验(表4.4-10)。

表4.4-10 正交试验因素水平

因素水平	特种纤维(A)/%	纳米材料(B)/%	GB(C)/%	ZQ(D)/%
L1	0.50	0.30	0.30	3
L2	0.70	0.40	0.40	4
L3	1.00	0.50	0.50	5

根据正交试验设计配方对试样进行流动性及力学性能等测试，采用极差分析法分析试验结果，观察不同因素水平对材料性能的影响程度，综合分析得出最优配方比(表4.4-11)。单因素不同水平试验的平均值为K，R表示试验结果的极差值。R值越大，表示该因素对材料性能的影响程度越高。复合材料性能影响趋势如图4.4-5所示。

表4.4-11 正交试验及极差计算结果

性能		A	B	C	D
初始流动度	K_1	27.8	29.8	29.8	28.8
	K_2	31.0	26.3	30.0	32.0
	K_3	28.3	31.0	27.3	26.3
	R	3.2	4.7	2.7	5.7
可泵期	K_1	95.5	101.0	101.0	98.5
	K_2	102.5	73.0	100.0	116.5
	K_3	90.0	114.0	87.0	73.0
	R	12.5	41.0	14.0	43.5
残余抗压强度	K_1	7.55	7.30	7.30	6.95
	K_2	8.90	10.55	8.55	7.55
	K_3	8.60	7.20	9.20	10.55
	R	1.35	3.35	1.90	3.60
抗折强度	K_1	2.69	2.45	2.45	2.35
	K_2	2.14	3.34	2.04	1.71
	K_3	2.56	1.61	2.90	3.34
	R	0.55	1.73	0.86	1.63
劈裂抗拉强度	K_1	0.60	0.55	0.55	0.50
	K_2	0.45	0.65	0.40	0.35
	K_3	0.45	0.30	0.55	0.65
	R	0.15	0.35	0.15	0.30

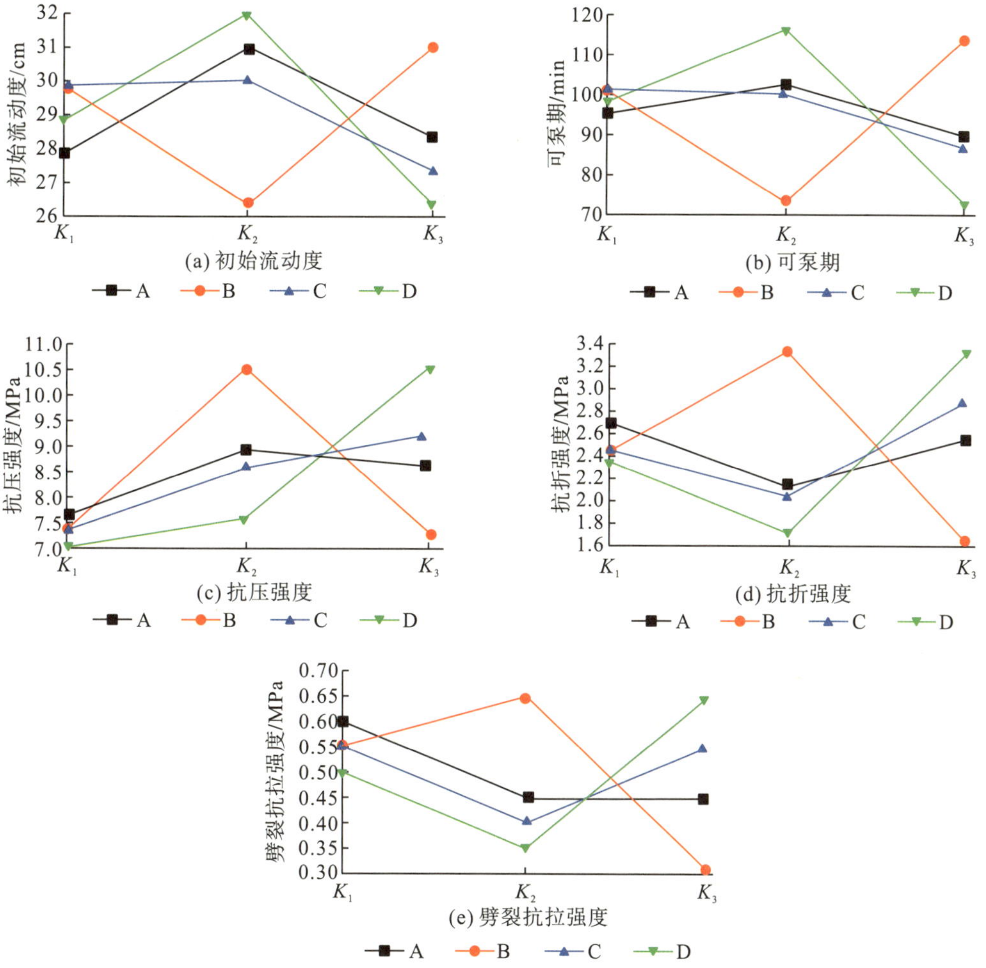

图 4.4-5　各因素水平对材料性能的影响趋势

根据图 4.4-5(a)、(b)分析可知，浆液流动性能主要受因素 B(纳米材料掺量)和因素 D(早强剂掺量)影响，其初始流动度与可泵期试验的极差值 R 分别为 4.7 和 5.7。这主要是由于纳米材料和早强剂均对水泥水化有促进作用，掺入这些材料后，使浆液中的自由水发生变化，进而影响其流动性能。为确保浆液具备良好的流动性，因素 D 选择 L2 水平。

通过观察图 4.4-5(c)、(d)、(e)可知，纳米材料的加入对固结体强度有显著影响。在 L2 水平下，材料的抗压强度和抗折强度均达到最大值，满足材料性能要求，这与前文中掺入纳米材料改性的目的相符。因此，因素 B 选择 L2 水平较为合适。

为保证复合水泥基材料变形性能的提升，因素 A(特种纤维掺量)选择 L1 水平。结合材料流动性、强度及韧性试验结果，综合考虑，因素 C(减水剂掺量)选择 L2 水平为最佳。

综上分析，可得出适用于深孔的纳米复合水泥基护壁堵漏材料的优化配方为：G 级油井水泥+20%粉煤灰+0.5%特种纤维+0.4%纳米 SiO_2+0.5%减水剂 GB+4%早强剂 ZQ(水灰比为 0.6)。

1）流动度与可泵期

将优化配方置于100℃条件下测试其流动度随时间的变化趋势，如图4.4-6所示，并测得其可泵期为120min，相较于前文中G级油井水泥的性能有显著提升。结合图4.4-5可知，研制的材料在100℃环境下初始流动度可达28cm，且前期流动度衰减较为平缓，具有良好的稳定性，能够满足护壁堵漏过程中对水泥浆液的泵送要求。

2）残余抗压强度

在100℃条件下，不同养护龄期（12h、24h、48h、72h）的固结体试样残余抗压强度测试结果如图4.4-7所示。由图4.4-7可以看出，优化配方的残余抗压强度随着龄期的增加逐渐增大，在养护龄期达到36h左右时，已满足护壁堵漏水泥材料的要求。72h后的残余抗压强度达到11.3MPa，而相同条件下G级油井水泥的72h残余抗压强度仅为7.9MPa。这表明，该优化配方相比常规护壁堵漏材料具备更优越的抵抗深部地层压力性能。

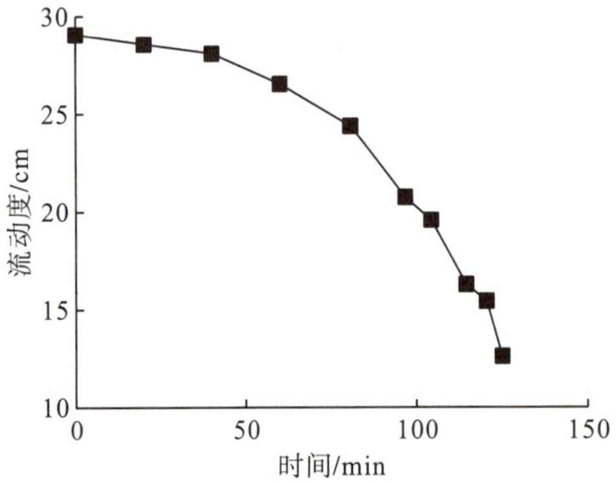

图4.4-6 流动度变化趋势

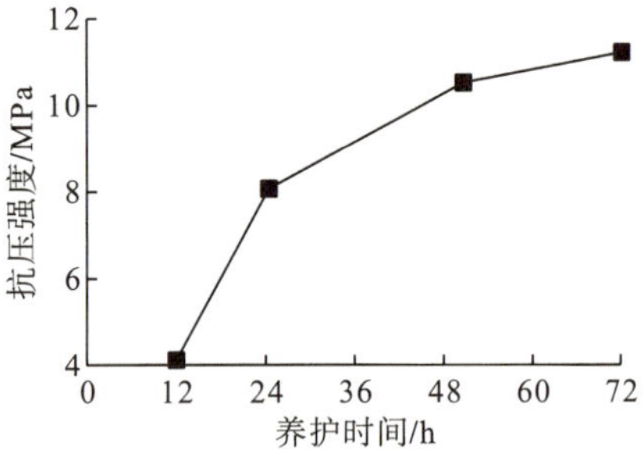

图4.4-7 残余抗压强度变化趋势

3）抗折强度与劈裂抗拉强度

在100℃条件下，对不同养护龄期（12h、24h、48h、72h）的固结体试样进行抗折和劈裂抗拉强度测试，以分析优化配方的变形性能。测试结果如图4.4-8所示。

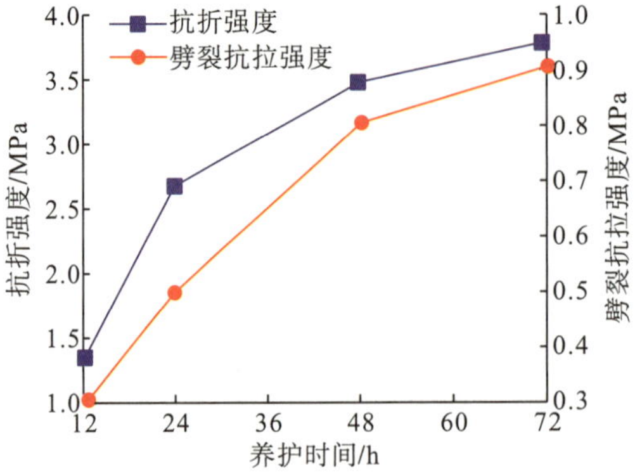

图4.4-8 抗折强度与劈裂抗拉强度变化趋势

根据图4.4-8的分析结果可知，随着养护龄期的增长，材料的劈裂抗拉强度和抗折强度逐渐增大。在养护龄期为24h时，水泥固结体的劈裂抗拉强度已经达到了0.5MPa；当龄期延长至48h时，材料的抗折强度达到了3.5MPa，劈裂抗拉强度为0.8MPa，均已满足护壁堵漏材料性能的要求。尽管后续水泥固结体强度增长趋势放缓，但在72h时，其抗拉强度达到了3.8MPa，劈裂抗拉强度为0.9MPa，说明材料具有良好的变形性能。这也证明了在100℃环境下，纳米材料与早强剂促进水泥充分水化生成水化产物，并与纤维体系协同作用，从而有效提升了材料的机械性能。综合分析可得，纳米复合水泥基护壁堵漏材料满足深孔钻探中对材料强度的要求。

4.4.3　凝胶堵漏材料

在工程勘察连续取心定向钻探中，对成本较低、配伍简便、性能指标满足要求的凝胶堵漏材料的研究至关重要。

1. 试验材料与方法

1) 试验材料

为满足富水地层堵漏凝胶的性能要求，选择更易获得、交联过程更简便易控制的材料，具体如下：成胶剂为阴离子型，1200万分子量；增强剂；交联剂，纯度为分析纯；黏土。

2) 试验方法

(1) 胶凝时间。胶凝时间对材料的堵漏效果至关重要。胶凝时间过短，材料流动距离有限，先胶凝的材料堵塞后续材料流通路径，最终导致堵漏范围有限；胶凝时间过长，投入堵漏材料量加大的同时，材料本身性质易受环境影响。常用的胶凝时间的测试方法为挑挂法，即用玻璃棒挑挂凝胶，观察其凝胶状态，当其能被挑挂时即视为已胶凝。该方法简便、快捷，但仍颇具主观性。本书采用气泡法结合挑挂法测试，减少主观因素的影响。气泡法即用针筒向胶凝材料内注入空气，当气泡能够在内部悬浮时，视为已胶凝。

(2) 黏度。胶凝材料浆液的黏度过高会阻碍其在地层孔隙中的流动。采用旋转黏度计测试浆液黏度。

(3) 胶凝强度。聚合物胶凝材料由于其本身的特性，难以使用常规岩石强度的测试方法，因而选择突破真空度法。使用装置如图4.4-9所示，通过调节活塞玻管的开合调节抽吸力，当管道中出现凝胶体匀速缓慢上升时，真空泵显示压力稳定，记录此时压力为突破压力。每个试样测试三次，确保数值的有效性。

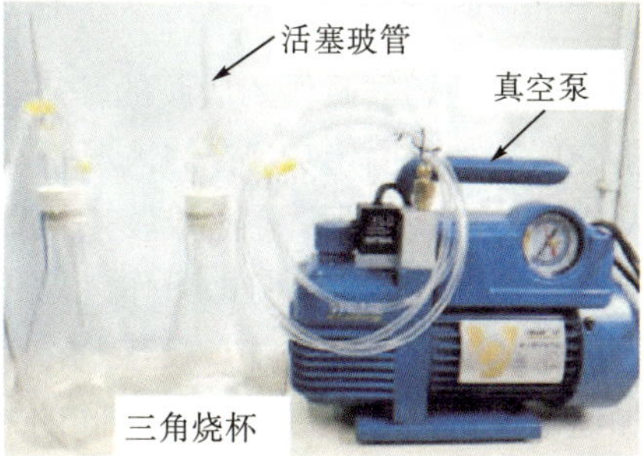

图4.4-9　突破压力测试装置

(4) 稳定性。胶凝材料应用于富水的环境中，如果其在短时间内便与水相互作用，失去原来性质而收缩、水解，便无法堵漏。试验所采用的方法为选择水中放置 5d 后凝胶体质量变化率来衡量其稳定性。

2. 交联剂加量对凝胶体性能的影响

在试验前期，通过对比不同种类的交联剂对凝胶体性能的影响，进而选择了铬交联剂进行单因素试验。交联剂作为引起成胶物质发生交联、形成三维网状结构的反应物，直接影响着凝胶体的性质。铬交联剂的作用效果相对更加可控，能够实现胶凝更加均匀的效果。试验中，调整成胶剂加量为 2%(注：成胶剂与黏土加量均为水的质量分数，而交联剂与增强剂的加量为成胶剂的质量分数)，以研究不同加量铬交联剂对凝胶体性能的影响。试验结果如图 4.4-10 所示。

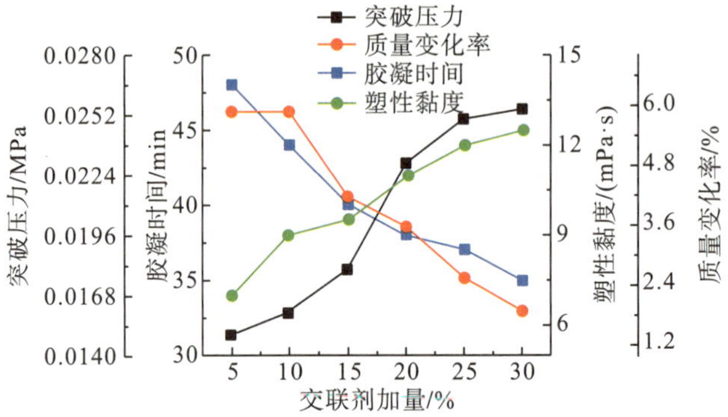

图 4.4-10　交联剂加量试验结果

根据图 4.4-10 的结果可以观察到，随着交联剂的增加，胶凝时间逐渐减少。这是因为随着交联剂的增加，单位时间内能够结合的成胶剂数量增加，从而导致交联时间缩短。同时，交联程度的提高也导致了黏度的增大。增加交联剂的同时也增强了成胶剂交联形成的三维网状结构的强度。然而，已有相关研究表明，交联剂的过量加入可能会导致凝胶体中液体的析出。综合分析认为，尽管存在着溶胀效应，但交联剂的增加导致了凝胶体强度的提高，这部分强度的提高抵消了溶胀效应，从而使得质量变化率逐渐减小。

3. 成胶剂加量对凝胶体性能的影响

以聚丙烯酰胺作为成胶的基础，其加量对凝胶体性能的影响十分显著。在试验中，保持交联剂加量固定(10%)的情况下，单独调整成胶剂加量，得到如图 4.4-11 所示的结果。从图中可以观察到，随着成胶剂加量的增加，塑性黏度呈上升趋势，而胶凝时间则呈下降趋势。聚丙烯酰胺本身即可作为增黏剂，因此其加量增加会导致黏度的上升。同时，随着聚丙烯酰胺加量的增加，反应物浓度也随之提高，从而为交联剂提供了更多的活性位点，加速了交联反应，导致胶凝时间的缩短。在成胶剂加量超过 4%后，凝胶体的突破压力显著提升。

在质量变化率方面，随着成胶剂加量的增加，在 6%处出现了一个拐点。低于此加量时，成胶剂形成的三维网状结构对水的束缚能力逐渐增强，导致溶胀程度减小；而高于此加量时，由于成胶剂加量过高，形成的三维网状结构处于一种“欠饱和”的状态，结构间水含量不足，空隙较多，因此吸水程度增加。综合分析可得，6%的成胶剂加量是一个平衡点，其前后成胶剂的性能表现有所不同。在该点之前，成胶剂形成的三维网状结构束缚水的能力逐渐增强，溶胀程度减小；在该点之后，由于成胶剂加量过高，形成的三维网状结构总体上处于一种“欠饱和”的状态，结构间水含量不足，空隙较多，吸水增加。

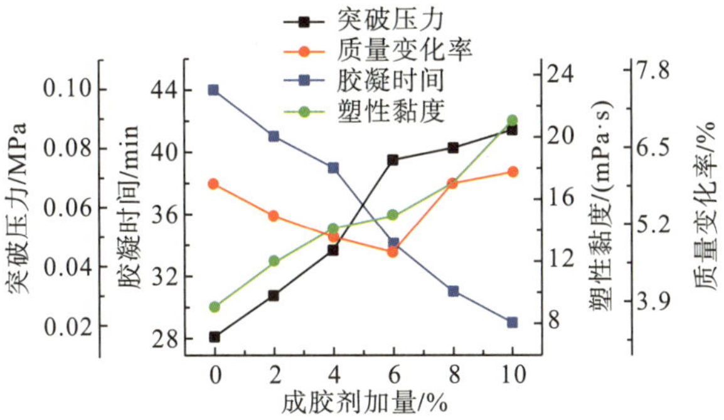

图 4.4-11　成胶剂加量试验结果

4. 增强剂加量对凝胶体性能的影响

在确定了交联剂与成胶剂加量对凝胶体性能的影响后，发现单独增加交联剂与成胶剂的量并不能很好地调整凝胶体性能以适应实际工程需要。例如，交联剂对凝胶体强度的影响不及成胶剂，但成胶剂的增加对黏度的影响同样大，这可能会不利于堵漏材料在地层裂隙中的流动。因此，基于这一原因，选择增强剂来对凝胶体性能进行调整。在固定交联剂加量(10%)和成胶剂加量(2%)下进行试验，得到的试验结果如图 4.4-12 所示。

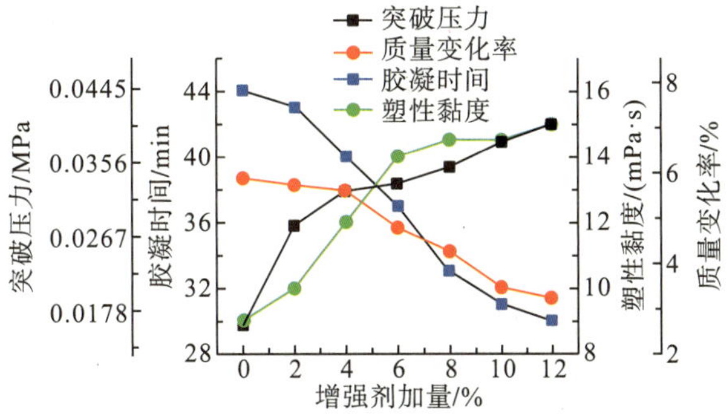

图 4.4-12　增强剂加量试验结果

从图 4.4-12 可以观察到，增强剂同样对凝胶体的四项性能产生影响，其中对胶凝时间和凝胶体强度的影响最为显著。增强剂能够参与交联反应，从而对成胶剂形成的凝胶进行增强。因此，增强剂的添加相当于提高了反应物的含量，导致胶凝时间缩短。从突破压力曲线可以看出，在 0%～2%增强剂加量范围内，曲线的斜率较大，说明增强剂对凝胶体强度的影响非常显著。随后，曲线的斜率逐渐稳定，呈现出较强的规律性，这使得调整增强剂加量来控制凝胶体强度变得更加方便。

5. 黏土加量对凝胶体性能的影响

在实际施工中，土壤是一种不可忽视的因素，忽略土壤在堵漏过程中的作用必然会对堵漏效果产生影响。一些相近的研究表明，向三维网状结构固结体中添加少量小粒径材料能够增加固结体的强度。例如，利用蒙脱石粉、淀粉等物质合成复合纳米水凝胶体系，使用蒙脱石和超细水泥制备堵漏材料，以及在水泥研究中添加玻璃粉、硅灰等超细材料以改善固结体性能。因此，研究黏土对凝胶堵漏材料的影响显得十分必要。在试验过程中发现，当黏土加量超过 15%时，凝胶材料会出现严重的分层现象，无法作为堵漏材料使用。因此，将重点放在黏土加量小于 15%的范围内进行探讨。试验结果如图 4.4-13 所示。

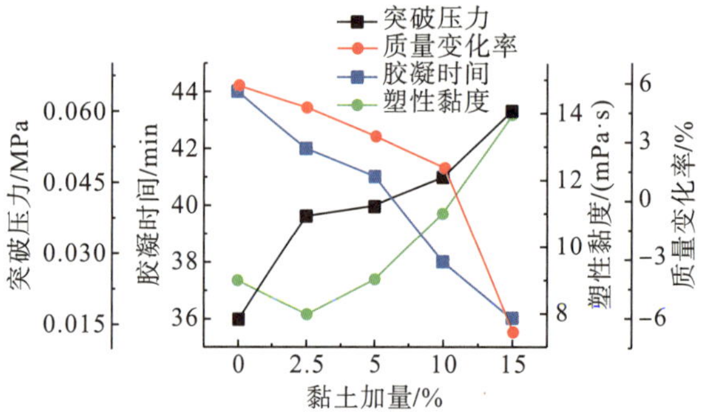

图 4.4-13 黏土加量试验结果

从图 4.4-13 可以观察到胶凝时间呈现缩短的趋势。聚丙烯酰胺作为一种污水处理试剂，具有在土颗粒间形成絮体并产生表面吸附作用的特性。这在凝胶体系中形成了聚丙烯酰胺浓度局部升高的现象，从而加快了交联反应，导致胶凝时间缩短。另外，在黏土加量较少(2.5%)时，凝胶体系的黏度低于未添加黏土的试样。这可能是因为黏土本身不参与交联反应，而聚丙烯酰胺具有絮凝作用。因此，黏土的不均匀聚集在反应的早期阶段可能破坏了胶凝浆液的整体性，导致了黏度的下降。

随着黏土加量的增加，聚丙烯酰胺与黏土更多聚集，整体分散也更加均匀。从突破压力曲线可以看出，适量的黏土添加起到了增强作用。在稳定性方面，凝胶体呈现出两种趋势，即在加量 10%之前出现溶胀，而在加量 10%之后则出现收缩(析水)。这可能是因为黏土颗粒占据了凝胶体三维网状结构中的空隙，压缩了水分子的存在空间，导致质量变化率的降低。随着黏土加量的增加，凝胶体无法稳定地容纳更多的黏土，因此在交联过程中会出现黏土凝胶体系的分层现象，进而导致凝胶体的收缩和稳定性下降。

6. 优化配方选取

设计四因素三水平的正交试验(表 4.4-12)，通过该试验探究各因素对四项性能指标的影响程度，并得出优化配方。正交试验结果如图 4.4-14 所示。

表 4.4-12　试验设计

水平	影响因素			
	A 交联剂/%	B 成胶剂/%	C 增强剂/%	D 黏土/%
1	12.5	4	6	5
2	15	5	8	7.5
3	17.5	6	10	10

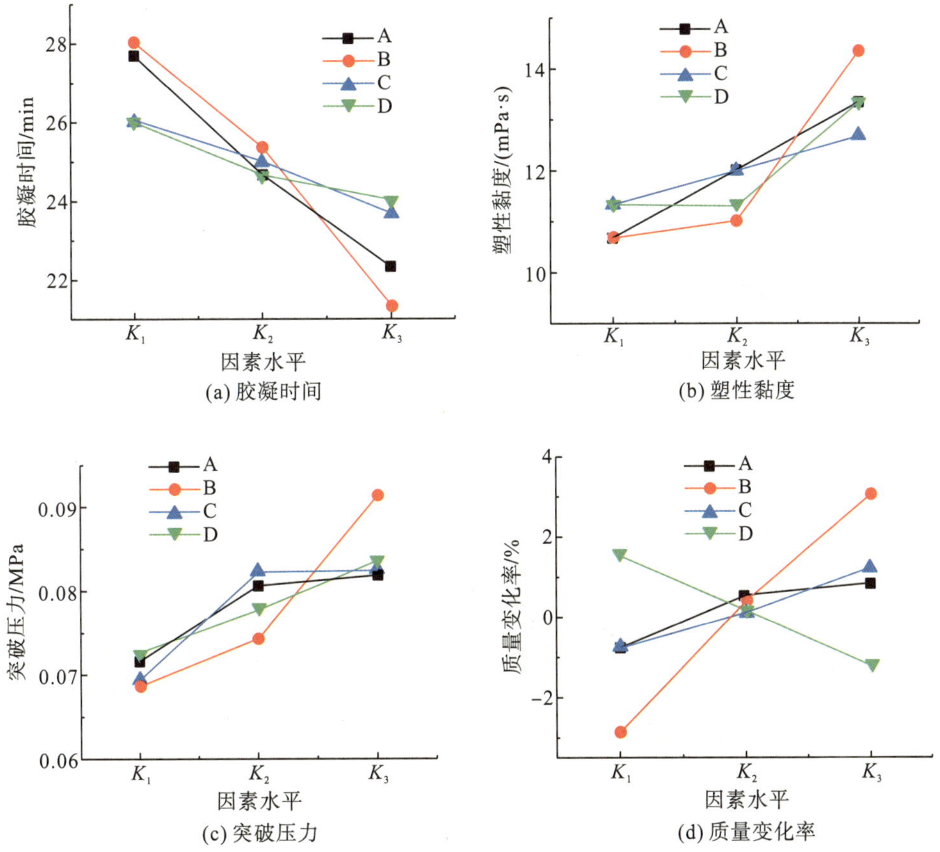

(a) 胶凝时间　(b) 塑性黏度　(c) 突破压力　(d) 质量变化率

图 4.4-14　正交试验因素分析结果

从图 4.4-14 可以看出，各因素对胶凝时间的影响依次为：成胶剂＞交联剂＞增强剂＞黏土。成胶剂和交联剂作为主要反应物，直接影响交联反应进程，而增强剂作为辅助试剂也参与交联反应，促进三维网状结构的形成。黏土通过影响成胶剂的局部浓度间接影响交联反应进程。

各因素对塑性黏度的影响依次为：成胶剂＞交联剂＞黏土＞增强剂。除交联反应的进程外，材料本身的性质也影响黏度。成胶剂具有增黏作用，黏土能吸收一定的自由水，使其影响程度高于增强剂。

各因素对凝胶体强度的影响依次为：成胶剂＞增强剂＞黏土＞交联剂。除成胶剂外，其余三者的极差相差不大，表明在当前加量梯度下三者对凝胶体强度的增强效果相似。

各因素对稳定性的影响依次为：成胶剂＞黏土＞增强剂＞交联剂。成胶剂聚丙烯酰胺本身促进黏土颗粒沉淀，但在凝胶体系中，交联反应的进行，能够悬浮、稳定部分黏土，使其参与三维网状结构的搭建。但过量则会引起浆液的分层，破坏体系的稳定性。这也是黏土曲线与其他三者趋势相反的原因。

为了满足应用要求，胶凝时间应不小于 25min，初期黏度较低便于流通扩散。根据工程经验，突破真空度应大于 0.04MPa，以确保堵漏效果。稳定性方面应控制在不发生收缩，允许轻微溶胀。基于上述要求，得出的优化配方为：15%交联剂+5%聚丙烯酰胺+8%增强剂+7.5%黏土。经测试，其基本性能指标如表 4.4-13 所示。

表 4.4-13　优化配方性能测试结果

胶凝时间/min	塑性黏度/(mPa·s)	动塑比(τ_0/μ_p)	突破压力/MPa	稳定性/%
27	11	0.33	0.078	0.75

4.4.4　微生物护壁技术

微生物诱导碳酸钙沉积技术是一种常见的生物诱导矿化反应过程，其实质是利用自然界中某类细菌，其新陈代谢可产生分解尿素的脲酶，尿素分解后产生的碳酸根离子与自然界中游离的金属阳离子结合生成胶凝晶体。微生物无固相冲洗液作用机理如图 4.4-15 所示。

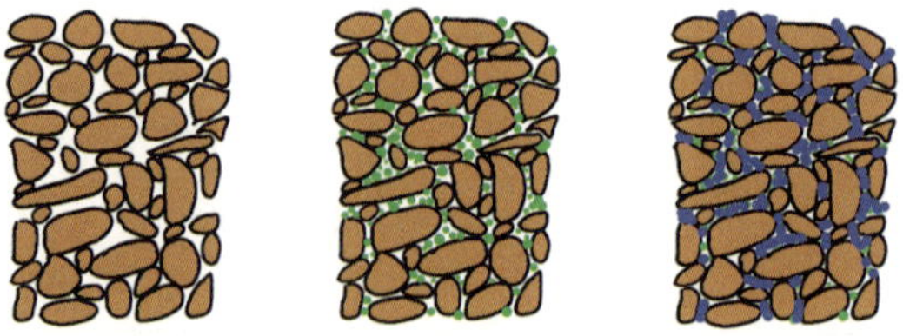

(a)　(b)　(c)

图 4.4-15　微生物无固相冲洗液作用机理示意图

现有的生物矿化技术多基于一种高产脲酶的巴氏芽孢杆菌，巴氏芽孢杆菌反应机理明确，生成碳酸钙效率较高，反应条件容易控制，反应过程中所用原料价格相对较为低廉，同时该细菌在低氧、高温、高压、高污染等条件下仍具有较高的碳酸钙生成能力。

本书研究基于微生物诱导碳酸钙沉积技术，采用地质钻探常用的无固相冲洗液材料高黏度羧甲基纤维素钠 CMC，结合巴氏芽孢杆菌，通过合理配置形成了微生物-CMC 无固相冲洗液体系。微生物-CMC 无固相冲洗液中生成碳酸钙的微观形貌见图 4.4-16。

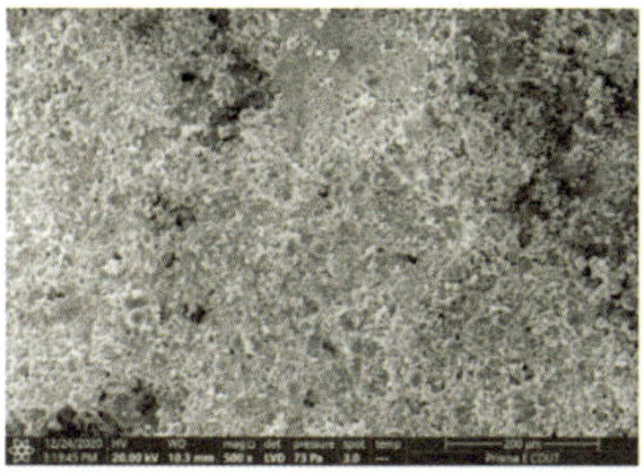

(a)

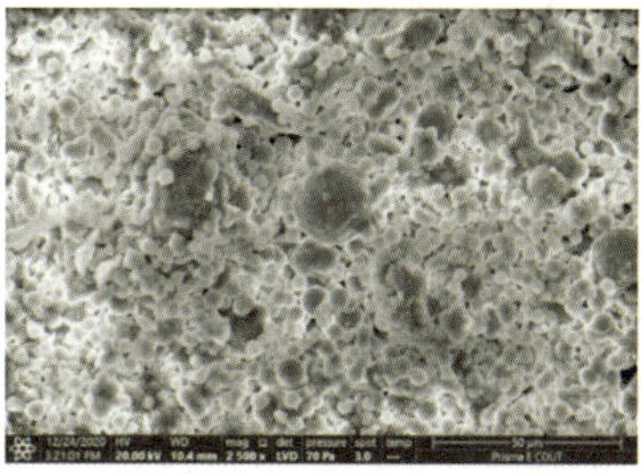

(b)

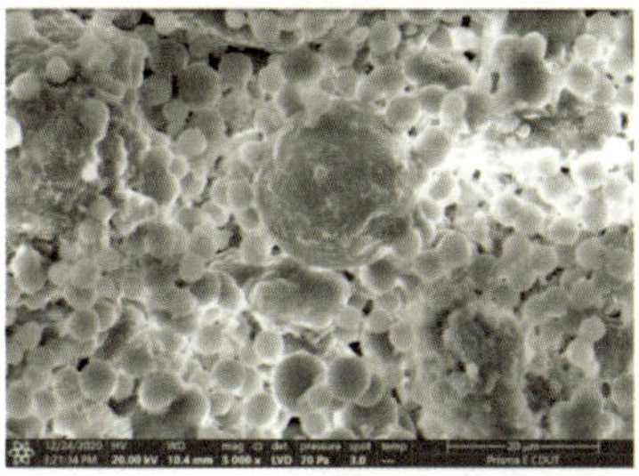

(c)

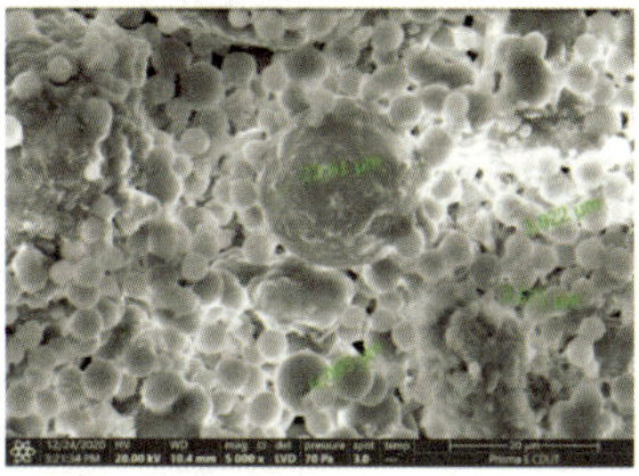

(d)

图 4.4-16　微生物-CMC 无固相冲洗液中生成碳酸钙的微观形貌

为研究巴氏芽孢杆菌在高黏 CMC 无固相冲洗液体系中的生长情况，配置了不同类型的 CMC 无固相冲洗液体系，其基本性能参数如表 4.4-14 所示。加入适量的菌种数量，在同一条件下进行培养，每隔 2h 测一次冲洗液溶液的 OD_{600}(使用分光光度计在 600nm 波长下测量的样品光密度)值和电导率，以确定菌种数量和脲酶活性，进而反映出巴氏芽孢杆菌在不同类型冲洗液中的生长情况。24h 内巴氏芽孢杆菌在无固相冲洗液体系中的生长曲线和脲酶活性曲线如图 4.4-17 所示，分析表明巴氏芽孢杆菌在 0.4%浓度的高黏 CMC 无固相钻井液体系中的适应性最好，生长繁殖快且具有较强的新陈代谢生命活动。

表 4.4-14　CMC 无固相冲洗液基本性能

加量/%	密度/(g/cm^3)	漏斗黏度/s	表观黏度/(mPa·s)	塑性黏度/(mPa·s)	动切力/Pa
0.3	1.00	25.1	11.50	9.0	2.5550
0.4	1.00	27.5	14.25	10.5	3.8325
0.5	1.00	31.1	18.25	13.0	5.3655
0.6	1.01	39.0	23.75	17.0	6.8985

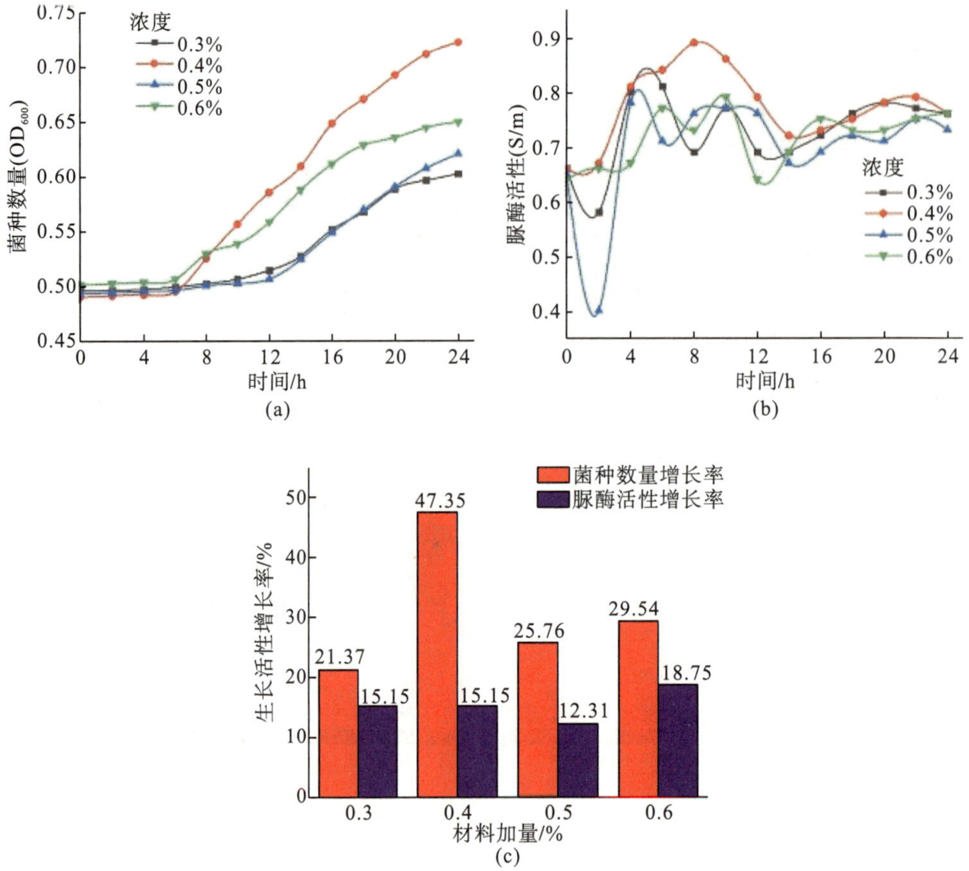

图 4.4-17 24h 内微生物-CMC 无固相钻井液的生长情况

第 5 章　随钻地质信息智能感知与综合测井技术

5.1　基于声振特征信号的岩性智能识别

5.1.1　基于声音与振动特征的岩性智能实时识别试验

传统的岩性识别以钻井取心、钻井曲线和岩石图像等方法为主，这些识别方法对地质条件要求较高，且不能满足随钻实时识别。通过资料收集可知在钻机钻井过程中，钻柱由于受钻头与岩石的相互作用力、转盘的驱动力以及自身重力等作用产生振动和声音，振动信号与音频信号在钻井过程中始终存在，相互联系，并且钻柱振动信号与音频信号携带着大量反映钻头、钻柱和地层的信息，这就使得钻井过程中振动和音频信号的利用成为可能。并且随着计算机的发展，将人工智能技术应用于钻探领域也日益成熟。

本书研究团队在室内开展了岩石微钻试验(图 5.1-1)，在数控钻机上利用声音和振动传感器对七类典型岩样(大理岩、石英砂岩、泥灰岩、页岩、长石砂岩、花岗岩和石灰岩)进行了钻进过程声音与振动信号的采集，对获取的原始信号特征(时域)与经过傅里叶变换

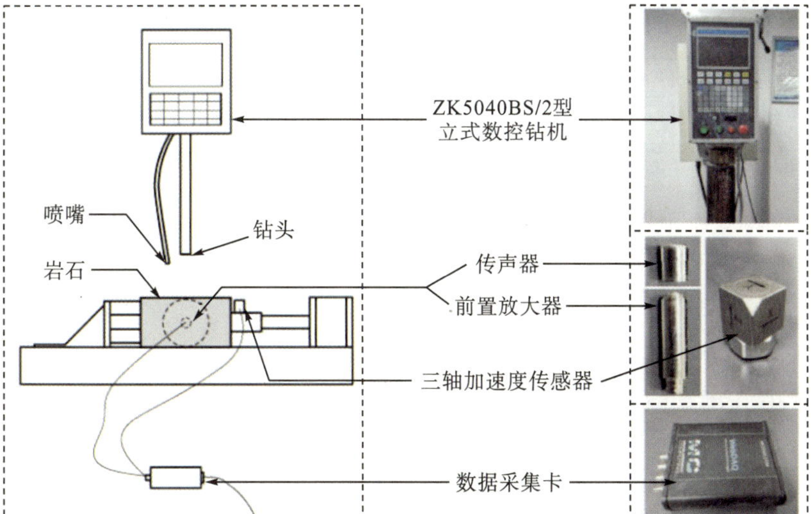

图 5.1-1　钻进碎岩声振信号采集系统

及滤波清除噪声后得到的频谱特征(频域)进行分析。利用深度神经网络对数据中的拓扑结构信息和属性特征信息进行整合，研究声音和振动信号的特征量和特征提取方法，对提取到的声音和振动信号特征进行高效特征融合形成特征向量，开展多模态数据融合算法模型研究，提高融合信息能力和岩性识别准确率，为复杂地层智能实时识别系统研究打下了良好基础。

5.1.2　声振信号的特征分析

1. 信号波形分析

在采样率 f_s=51200Hz 的条件下采集的声振信号为高频宽带信号，每个采样点表示间隔时间 Δt=1.953×10^{-5}s 时的声压和三轴振动。故以采集时间和信号幅值分别为横、纵坐标绘制信号波形图，可直观反映钻进岩石时声振信号的波动过程。

以转速 400r/min、钻速 3mm/min、钻头直径 30mm 的钻进条件为例，分析钻进七类岩石的声振信号波形图，基于对声振信号的预处理，声音信号显示为 100～20000Hz 的时域波形，振动信号显示为 3000～10000Hz 的时域波形，如图 5.1-2 所示。

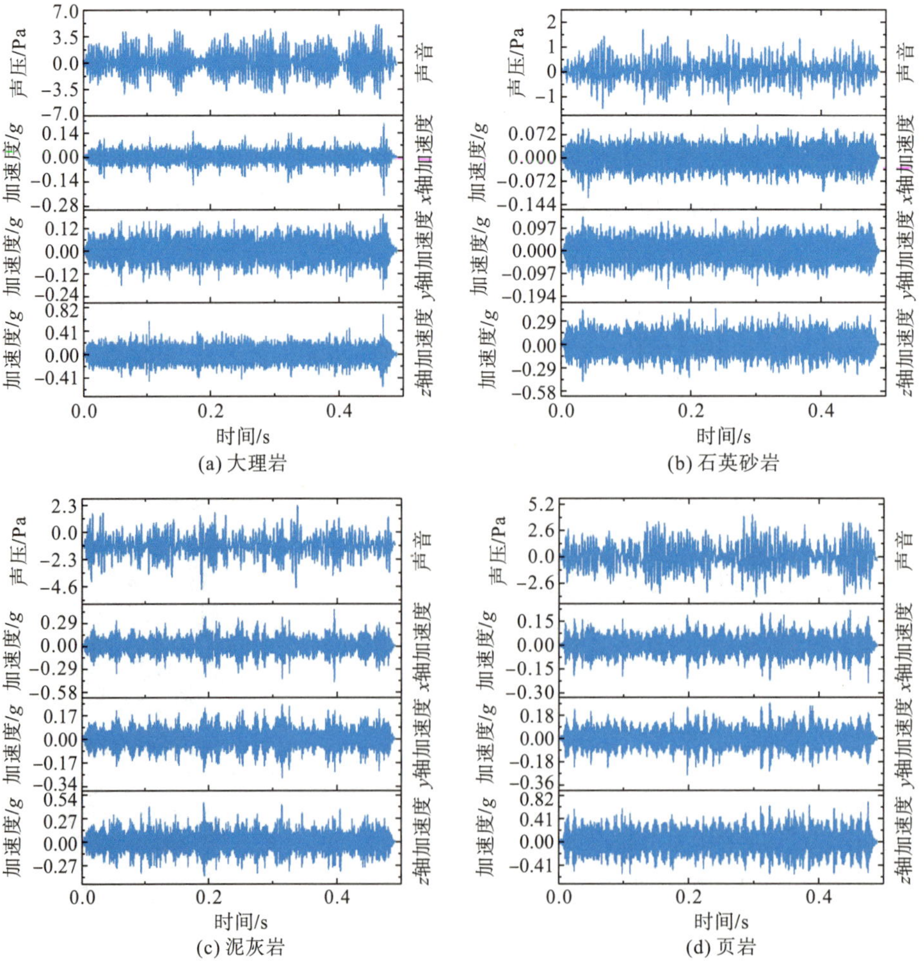

(a) 大理岩　(b) 石英砂岩

(c) 泥灰岩　(d) 页岩

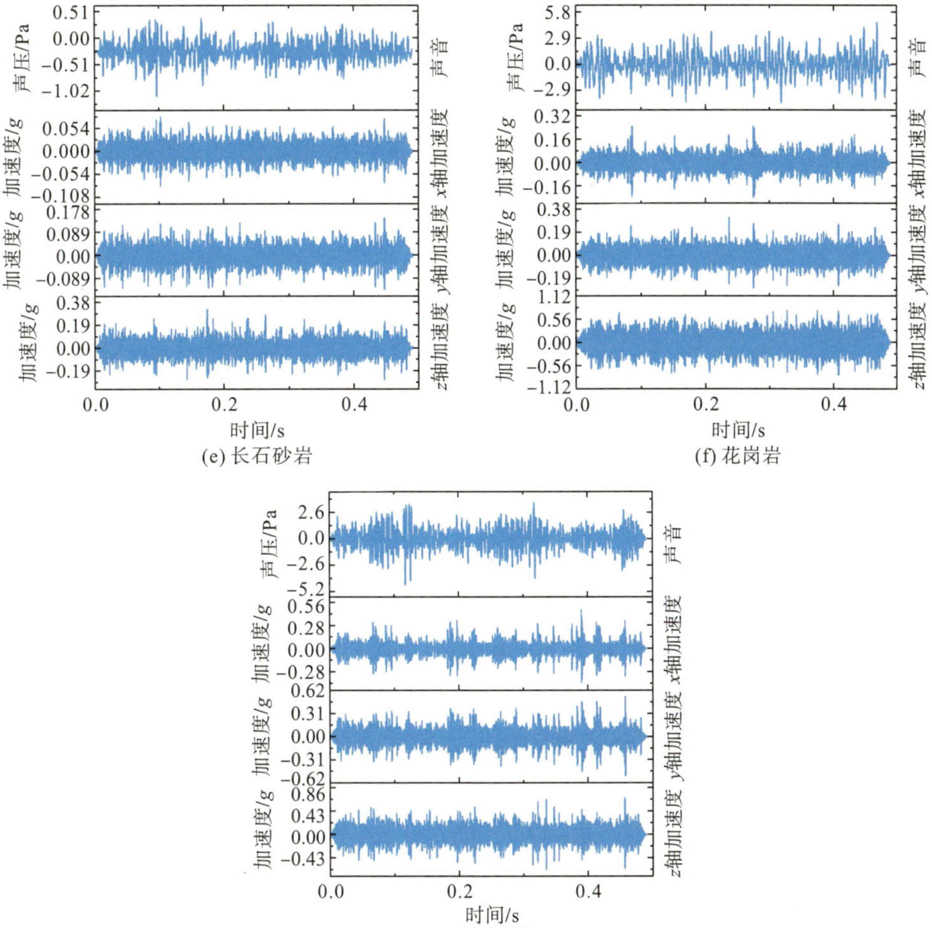

(e) 长石砂岩　(f) 花岗岩　(g) 石灰岩

图 5.1-2　七类岩石的声振信号波形图

从图中总体来看，七类岩性的振动信号幅度均呈现 z 轴＞y 轴≈x 轴的规律，钻进时 z 轴为钻杆给进方向，而 x 轴和 y 轴为钻头回转方向，因此相较于钻头回转，钻杆的给进在岩石上产生了更大的能量。

在每类岩性的波形特征上，页岩、泥灰岩和石灰岩的信号波形存在较小的波动，而三者在七类岩性中具有最大的岩石力学参数，因此坚硬的岩石与钻头相互作用产生了振荡；而长石砂岩和石英砂岩的波形稳定，且振幅明显低于其余五类岩性，因为二者的岩石力学参数较小，岩石相对较软。但岩石力学参数大小居中的花岗岩，波形相对稳定，其信号振幅在所有类型岩石中具有最大值。此外，虽然花岗岩和大理岩的岩石力学参数大小相近，但二者信号振幅却表现出较大的差异。因此，声振信号的波形特征不仅与岩性自身的岩石力学参数相关，而且还受岩石结构等因素影响，仅依据信号波形很难有效区分各类岩性，故还需分析信号的时域特征与频域特征。

智能钻机可以实现钻台无人化，通过钻台控制中心对井下工况进行实时监控，调整钻机各项工作参数，自动完成多种作业过程。美国 Schramm 公司研发的 T500XD 智能钻机具有智能一体化司钻控制室，无须技术人员参与，通过卫星或互联网将井下实时数据传输到多个地方进行远程连接控制。挪威 RDS 钻井公司开发的智能钻机具有自主学习、记忆和判断功能，能够使用不同的管柱操作工具，精确高效完成钻台作业。由美国 West Group 公司研制的连续运动钻机(continuous motion rig，CMR)采用了连续不间断循环钻井系统、液缸直推式无绞车提升系统、双提升机械手系统、独立立根系统等全新设计理念，使得钻机性能得到大幅提升。

2. 时频域分析及声振信号时频图像

时间、频率与幅值(功率)是信号的三个重要物理量，基于此三类物理量可分别从时域、频域和时频域的角度描述信号。时域分析描述了信号幅值随时间变化的关系，并由有量纲特征参数和无量纲特征参数衡量信号的能量大小与冲击特性，但时域分析最为基础，不能完整提取声振信号中的复杂信息；频域分析基于修正平均周期图法计算出每处频率对应的功率能量，表征了频率与功率之间的关系，并可进一步提取功率谱密度主频与频域特征指标用于反映钻进状态与岩石类型。

时域分析与频域分析以时间-幅值和频率-功率的方式反映了信号搭载的复杂信息。但当岩石破碎情况复杂、产生的声振信号平稳性很差时，单一的时域分析或频域分析不能全面反映信号的特征，因此需要以时间-频率-功率三个物理量结合的方式描述信号，即时频分析。

在岩性识别任务中，对声振信号的分析效率要求较高，故在时频分析时分析效率低与自适应性差的小波变换和希尔伯特-黄变换并不满足条件，因此选择短时傅里叶变换进行时频分析。

通过参数设置，时频图上对应频率和时间下的功率谱密度显示清晰，其时间分辨率和频率分辨率具有较好的综合表现，时频分析过程如图 5.1-3 所示。

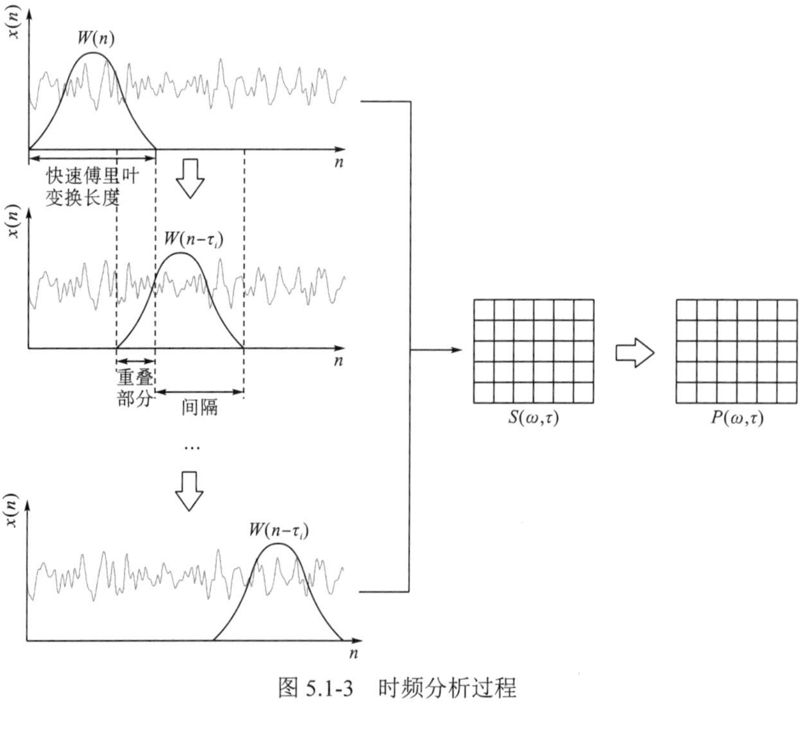

图 5.1-3 时频分析过程

时频图本质为三维空间(时间、频率、功率谱密度)映射在水平面上的投影，并由颜色深浅代表功率谱密度数值大小，如图 5.1-4 所示。时频图从信号时频域的角度表现了频率随时间变化的关系，同时展现了对应频率和时间下的功率谱密度，故同时含有时域和频域的信息。由图可知，时频图沿频率方向的颜色变化与频域分析所得功率谱密度(power spectral density，PSD)的曲线变化完全一致，且沿时间方向的颜色变化与时域信号波形的走势高度相关。

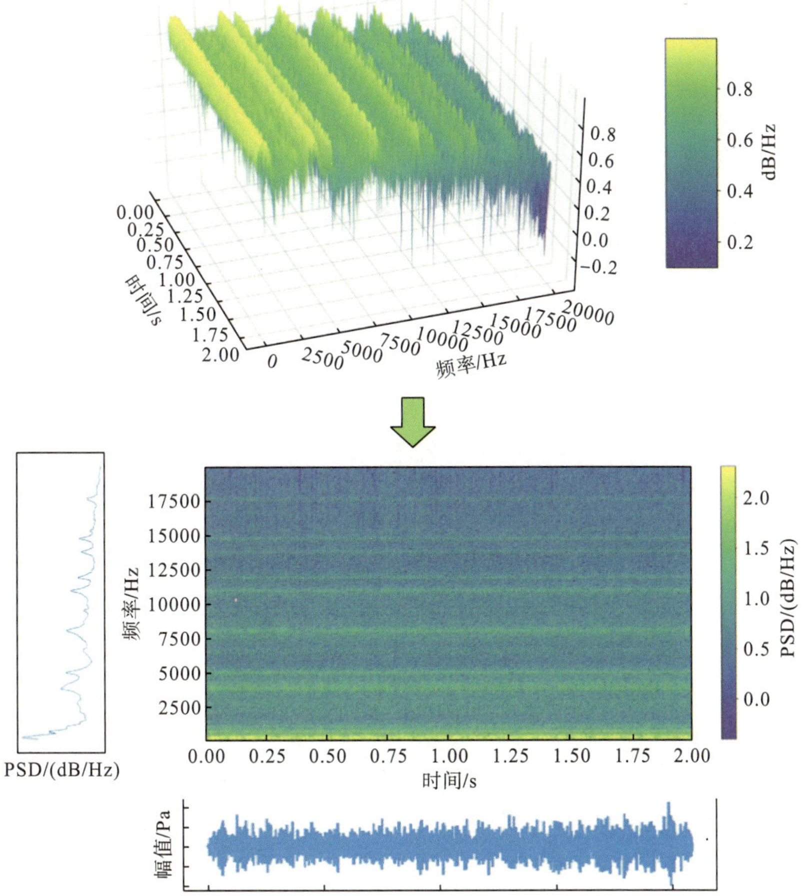

图 5.1-4　三维与二维时频图像

图 5.1-5 展示了花岗岩在钻头直径 40mm、转速 400r/min、钻速 3mm/min 的钻进条件下，钻孔深度 20mm 的声振信号时频图。由图可知，钻进花岗岩时除了含有声振信号的主频分布和功率大小等直接信息，还包含丰富且复杂的其他深层信息，这些信息通过人工提取将会为岩石种类的判断增加主观性，并且会降低岩性识别的效率。由于时频图像具有数据样本大、信息复杂多样的特点，应选择具有图像特征提取优势的卷积神经网络提取声振信号中的钻进状态特征与岩石类型特征。

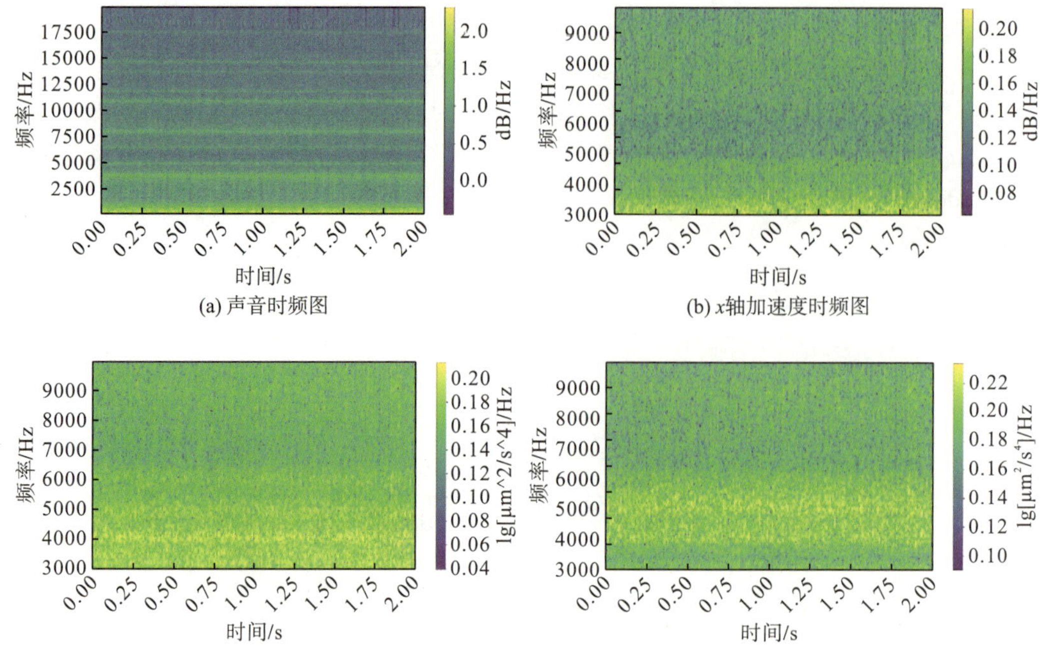

(a) 声音时频图 (b) *x*轴加速度时频图
(c) *y*轴加速度时频图 (d) *z*轴加速度时频图

图 5.1-5 花岗岩声振信号时频图

5.1.3 基于深度学习的岩性识别模型研究

1. 数据集及模型构建

声振信号经过滤波降噪和时频分析后，在声音、*x* 轴振动、*y* 轴振动和 *z* 轴振动四类数据上分别获取七类岩石时频图像。

与摄影图像不同，时频图像由数字信号处理得到，不易发生图像内容翻转、偏移等情况，而图像色彩分布等可能会受到检测方式、仪器性能和分析手段等影响，故应以像素变换的方式进行数据增强。

声振信号的时频图像以色彩抖动、噪声扰动和模糊处理三种方式分别进行数据增强，数据增强前后的效果如图 5.1-6 所示。

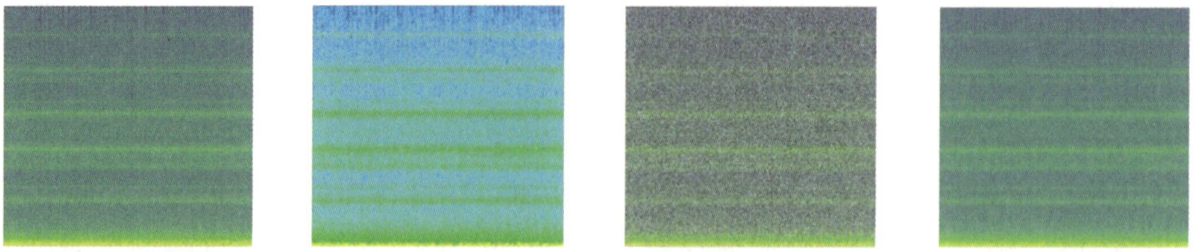
(a) 花岗岩声音时频图像 (b) 色彩抖动 (c) 噪声扰动 (d) 模糊处理

图 5.1-6 时频图像增强

岩性识别模型的构建基于深度学习框架 Tensorflow，其包括数据生成、数据集构建、模型训练、模型评估四个流程，详细过程如图 5.1-7 所示。

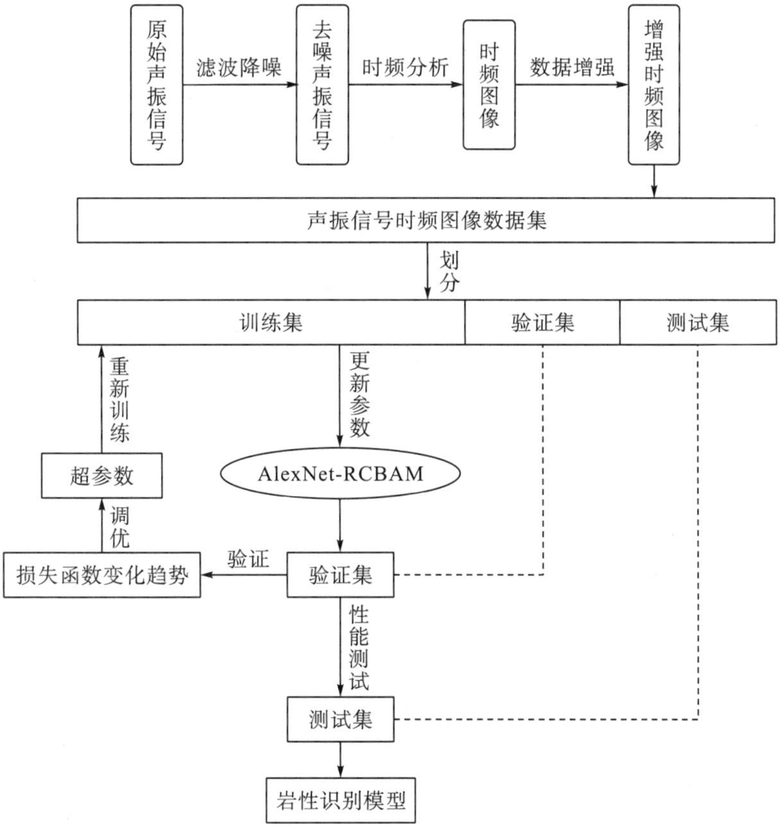

图 5.1-7 岩性识别模型构建流程

2. 模型训练调优

模型训练是更新调整参数与超参数使模型性能至最优的过程，模型的参数通过迭代自动更新，而超参数则需在模型训练前由人工设置。因此，在模型训练的过程中，调优超参数是优化模型表现的必要步骤。超参数的调整对象主要包括权重初始化方式、批处理量(Batch_size)、训练周期(epoch)、学习率、迭代次数、学习率衰减策略、学习率衰减因子。

根据前期研究经验与数据集规模，epoch 选择为 50 次；学习率分别为 1×10^{-4}、5×10^{-5}；Batch_size 分别为 64、128、256，超参数 6 种组合下在声音数据集上的损失值与准确率变化如图 5.1-8 所示。

由图可知，在相同学习率下，随着 Batch_size 减小，模型收敛速度加快，且验证集准确率明显提升；在相同 Batch_size 下，随着学习率减小，模型收敛速度变慢，且验证集准确率降低。通过对比不同图像的损失值和准确率变化趋势，选择 1×10^{-4} 为最优学习率、64 为最优 Batch_size。同时，为使模型在此组超参数设置下训练至最优，选择 20 为最优 epoch。

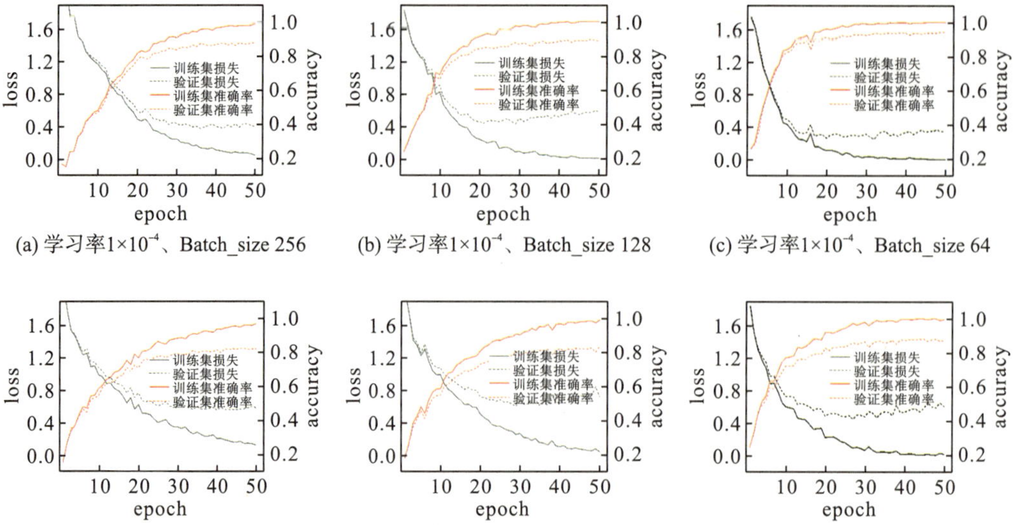

(a) 学习率1×10^{-4}、Batch_size 256　(b) 学习率1×10^{-4}、Batch_size 128　(c) 学习率1×10^{-4}、Batch_size 64

(d) 学习率5×10^{-5}、Batch_size 256　(e) 学习率5×10^{-5}、Batch_size 128　(f) 学习率5×10^{-5}、Batch_size 64

图 5.1-8　超参数不同指标下的损失值(loss)与准确率(accuracy)变化

由于振动数据集与声音数据集规模相同，且数据形式相似，故在最优学习率和最优 Batch_size 的设置下，继续分别基于 x 轴振动数据集、y 轴振动数据集和 z 轴振动数据集训练其余模型，损失值与准确率变化如图 5.1-9 所示。

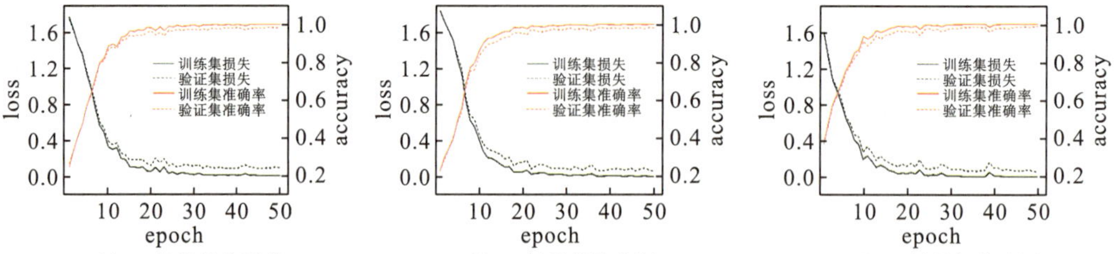

(a) 基于x轴数据集训练　(b) 基于y轴数据集训练　(c) 基于z轴数据集训练

图 5.1-9　振动数据集上训练时的损失值与准确率变化

3. 模型性能评估

模型的评估基于测试集，作为基模型的四个最优岩性识别模型分别用于预测各自的基模型测试集以评价模型的准确率与泛化性，测试结果经归一化后所得混淆矩阵如图 5.1-10 所示。

由图可知，四类模型整体上对各类岩性具有良好的识别效果，但大理岩、泥灰岩、石灰岩和页岩在四个模型上的识别效果相比于其他岩性较低。其中，大理岩在基于声音信号的模型上被识别的效果最差，分别有 16%和 9%的大理岩时频图像被识别为泥灰岩和石灰岩；泥灰岩和石灰岩在基于声音信号的模型上识别时相互混淆的比例较大，分别为 10%和 7%；在四类模型中，页岩的识别效果总体来看相对一般，在四类模型上分别有 28%、

8%、7%和 7%的页岩时频图像被识别到大理岩、泥灰岩和石灰岩三者之中。从岩石性质来看，此四类岩石均具有方解石成分，可能因此产生的声振信号其特征具有一定相似性，导致模型识别结果产生偏差。

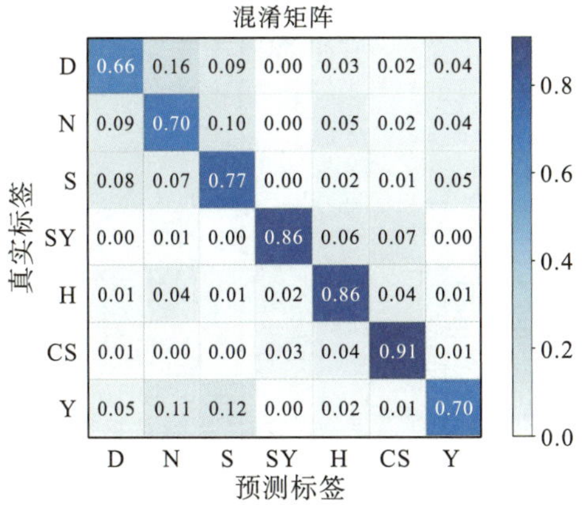

(a) 基于声音信号的模型识别效果

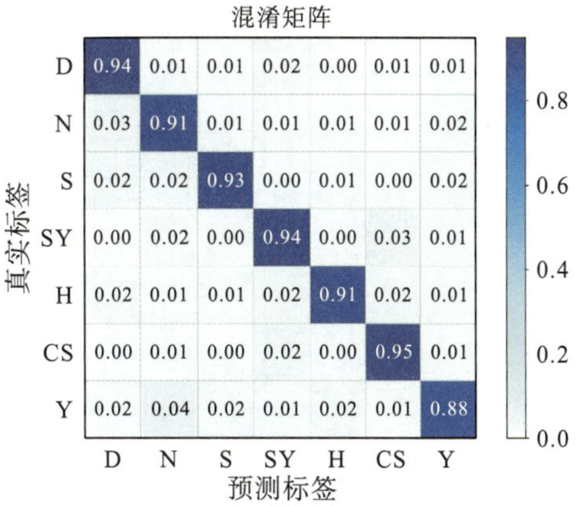

(b) 基于x轴振动信号的模型识别效果

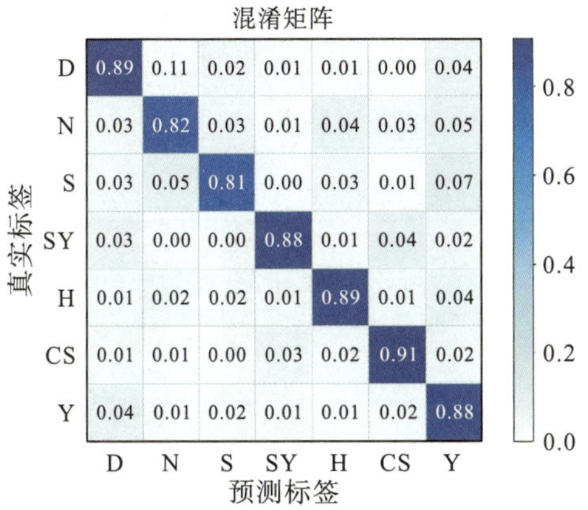

(c) 基于y轴振动信号的模型识别效果

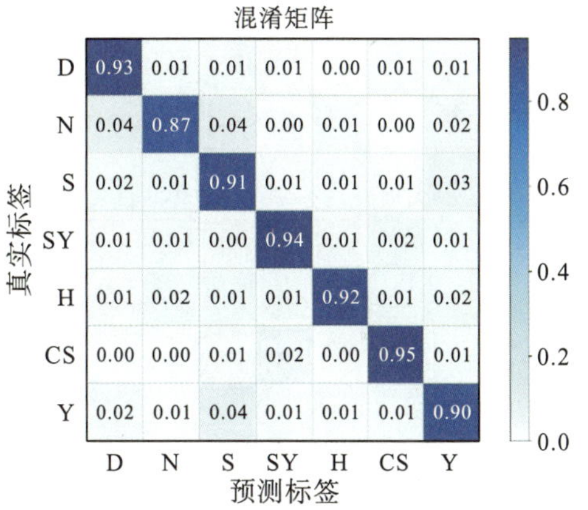

(d) 基于z轴振动信号的模型识别效果

图 5.1-10　测试集在对应模型上预测情况

D. 大理岩；N. 泥灰岩；S. 石灰岩；SY. 石英砂岩；H. 花岗石；CS. 长石砂岩；Y. 页岩

5.1.4　集成学习下的岩性智能识别及性能评估

为进一步提高适用于复杂地质岩性的识别模型的准确性、鲁棒性和可解释性等，对上述四个模型采用融合概率加权机制的集成学习，集成模型如图 5.1-11 所示。

集成模型在测试集上表现出了极佳的性能(在测试集识别精度达到 97.43%)，满足识别岩性的基本需求，为进一步分析模型在未知钻进状态下识别岩性的能力，更换新的孕镶金刚石钻头，并以未设置过的转速与钻速重新钻进七类岩石试样，除此之外，二次试验选择了更大的钻孔深度，钻进参数如下：钻头直径 32mm，转速 350r/min，钻速 4mm/min，深度 40mm；声振信号经过处理转换为时频图像输入集成模型的四个通道，识别结果按对应孔深有序排列，形成的钻孔岩性预测如图 5.1-12 所示。

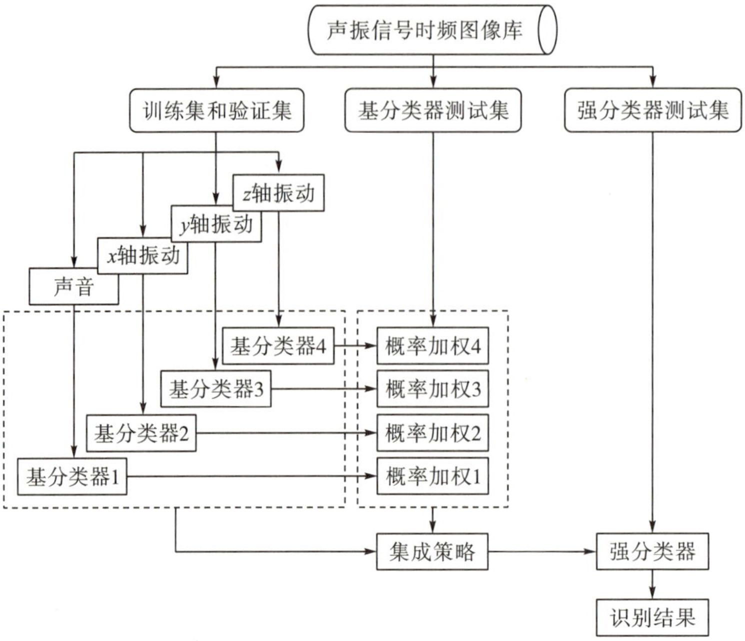

图 5.1-11　融合概率加权机制的岩性智能识别模型

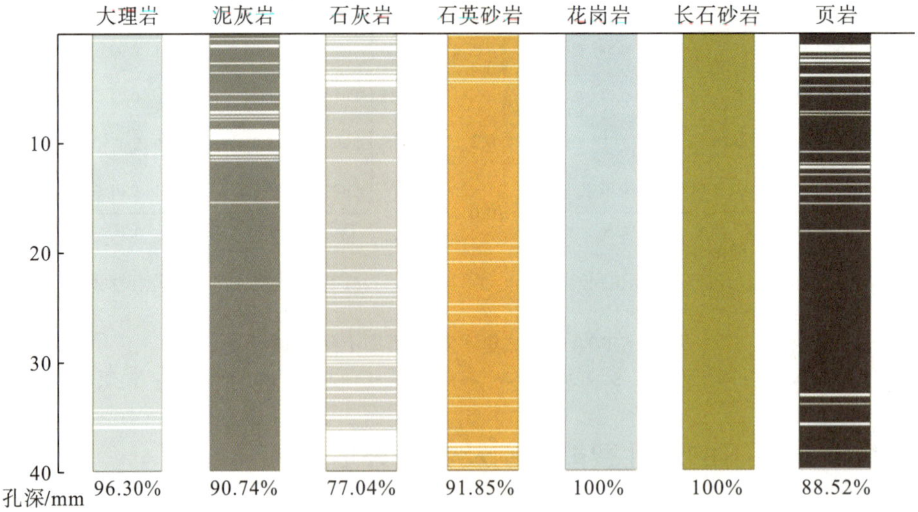

图 5.1-12　钻孔岩性预测情况

图 5.1-12 中每个钻孔的白色部分代表在该位置时模型预测错误，同时图中给出了对应钻孔的岩性识别准确率。由图可知，在大理岩、花岗岩和长石砂岩的钻孔上模型的准确率极高，但在石灰岩的钻孔上表现相对较差，因此可知钻进状态的改变对模型识别岩性具有一定的影响，且各类岩性带来的影响程度不同。整体上来看，模型在新的钻进状态下识别岩性的表现依旧良好，整体准确率达 92.06%，具有较强的泛化性。

5.2 岩体随钻响应特征

5.2.1 内聚力模型细观参数标定方法

有限元方法(FEM)是将介质作为连续的有限元形式进行模拟,常用于岩石力学仿真分析。在宏观尺度上,岩石具有有限元的连续介质特点,而在微观尺度上,岩石由微小岩石颗粒聚合而成,具有离散介质的特点。采用何种方法理论来模拟岩石的动态破坏过程,是建立岩石力学仿真模型的关键。基于弹塑性断裂力学的内聚力模型(cohesive zone model, CZM),是耦合有限-离散元方法的一种,在弹性实体单元的公共节点中插入零厚度内聚力单元(cohesive element),将连续整体转变为弹性实体单元的连接整体,同时具有有限元方法和离散元方法的优势,被视为岩石材料破坏模拟的理想方法。

使用内聚力模型模拟岩石材料,内聚力模型的细观参数与岩石材料的宏观参数不存在直接对应关系,为获得理想的宏观参数,需对内聚力模型的细观参数进行标定。为标定出理想的岩石宏观参数,常采用“试错法”进行标定模拟试验,而精细的数值模型对计算资源有较高的要求,同时内聚力模型包含多种细观参数,这导致标定过程费时费力。因此,本章提出了一种内聚力模型细观参数标定方法。

5.2.2 内聚力模型

在传统有限元方法中模拟材料开裂与断裂行为较为困难,研究人员提出的 FEM 模型、内聚力模型等方法,与其他模型相比,内聚力模型在有限元中可以更高效地模拟裂纹扩展,如图 5.2-1 所示。

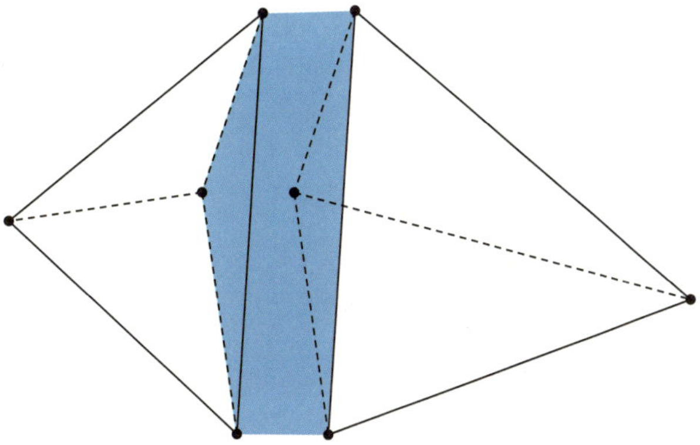

图 5.2-1 内聚力模型图

在内聚力模型中,裂纹分为两部分,分别是开裂区与内聚区。在开裂区,裂纹两侧区域互相分离,不存在牵引力,两侧区域均为自由面。在内聚区,裂纹还未完全分离,存在牵引力。当裂纹宽度逐渐增大，牵引力逐渐增大，裂纹宽度超过某一临界值时，材料出现损伤，牵引力逐渐降低至零。牵引力与裂纹张开位移的关系可用牵引力位移曲线表示。目前广泛使用的内聚力准则包括双线性型、指数型、梯形型、多项式型。

1. 双线性型

双线性型牵引力位移准则如图 5.2-2 所示。

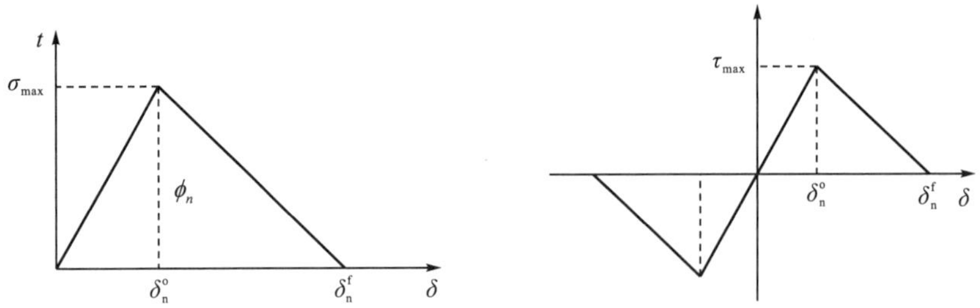

图 5.2-2 双线性型牵引力位移准则

注：t 为牵引力；δ 为位移；ϕ_n 为法向断裂能

牵引力控制方程为

$$\sigma=\begin{cases}\dfrac{\sigma_{max}}{\delta_n^0}\delta, & \delta\leqslant\delta_n^0\\[2ex] \sigma_{max}\dfrac{\delta_n^f-\delta}{\delta_n^f-\delta_n^0} & \delta>\delta_n^0\end{cases}\tag{5.2-1}$$

式中，σ 为法向应力；τ 为切向应力；τ_{max} 为法向最大应力；σ_{max} 为切向最大应力；δ_n^0 为裂纹区域分离时的法向位移；δ_n^f 为裂纹区域互相分离时的位移。裂纹区域互相分离前曲线斜率为内聚力刚度 K。

内聚力单元在牵引力作用下，位移达到最大值后，裂纹出现，此时应力开始减小。当应力减小至零时，裂纹开裂完成。曲线与坐标轴围成区域的面积为断裂能临界值，可分为法向断裂能 ϕ_n^c 和切向断裂能 ϕ_t^c，计算公式为

$$\phi_n^c=\frac{1}{2}\sigma_{max}\delta_n^f\tag{5.2-2}$$

$$\phi_t^c=\frac{1}{2}\tau_{max}\delta_t^f\tag{5.2-3}$$

式中，δ_t^f 为裂纹区域互相分离时的切向位移。

2. 梯形型

梯形（三线性）型牵引力位移法则（trapezoidal traction separate law），也被称为逐段线性牵引力位移法则（piecewise linear cohesive zone law），于 1992 年由特维加德（Tvergaard）与哈钦森（Hutchinson）在研究弹塑性固体的开裂中提出。

梯形型牵引力位移法则如图 5.2-3 所示。

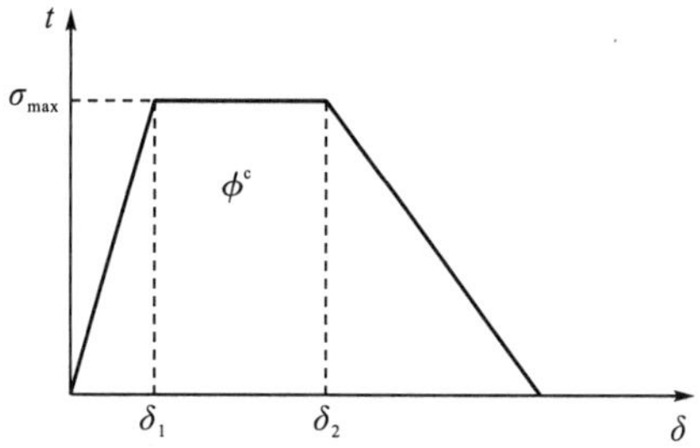

图 5.2-3　梯形型牵引力位移法则

注：ϕ^c 为断裂能；δ_1 为牵引力刚达到最大值的张开位移；δ_2 为应力减小前的最大引开位移

牵引力控制方程为

$$\sigma=\begin{cases}\dfrac{\sigma_{max}}{\delta_1}\delta, & \delta<\delta_1\\ \sigma_{max}, & \delta_1\leqslant\delta\leqslant\delta_2\\ \dfrac{\sigma_{max}}{\delta^f-\delta_2}(\delta^f-\delta), & \delta_2\leqslant\delta\leqslant\delta^f\\ 0, & \delta>\delta^f\end{cases} \tag{5.2-4}$$

式中，δ^f 为裂纹区相互分离时的位移。

临界断裂能为

$$\phi^c=\frac{1}{2}\sigma_{max}(\delta^f+\delta_2-\delta_1) \tag{5.2-5}$$

3. 多项式型

多项式型牵引力位移法则，采用了高次多项式的函数，揭示了界面层的最大允许相对位移的韧性与脆性的关系，见图 5.2-4。

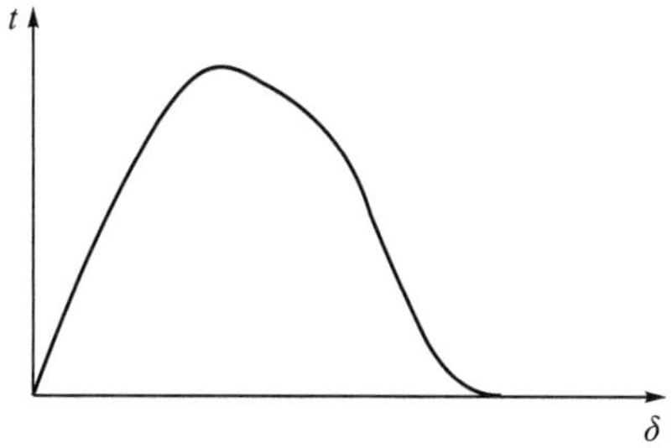

图 5.2-4　最大允许相对位移的韧性与脆性关系图

断裂能的控制方程为

$$\phi=\frac{27}{4}T_0\delta_0\left\{\frac{1}{2}\left(\frac{\delta_n}{\delta_0}\right)^2\left[1-\frac{4}{3}\left(\frac{\delta_n}{\delta_0}\right)+\frac{1}{2}\left(\frac{\delta_n}{\delta_0}\right)^2\right]+\frac{1}{2}\alpha\left(\frac{\delta_t}{\delta_0}\right)^2\left[1-\frac{4}{3}\left(\frac{\delta_t}{\delta_0}\right)+\frac{1}{2}\left(\frac{\delta_n}{\delta_0}\right)^2\right]\right\} \tag{5.2-6}$$

式中，ϕ 为法向与切向刚度的比例系数；T_0 为纯法向时的最大内聚力；δ_0 为最大张开量。

4. 指数型

指数内聚力模型最早由 Needlenan 提出，最初被用于金属材料粒子剥落、粒子与基体的裂纹生成等研究领域。目前指数内聚力模型应用广泛，可用于复合材料开裂、脆性材料裂纹扩展等研究领域。

指数内聚力模型被广泛地应用于计算复合材料界面开裂、脆性材料中的动态裂纹扩展、韧性基体上薄膜涂层之间的开裂裂纹萌生等过程。指数内聚力模型具有连续性的张力位移关系，同时其断裂能的值也为连续变化。与双线性以及梯形法则相比，指数法则的张力位移关系是非线性连续变化的，更符合实际界面开裂的状态，如图 5.2-5 所示。

图 5.2-5　指数法则的张力位移关系图

指数内聚力模型在开裂过程中的断裂能控制方程为

$$\phi(\Delta)=\phi_n+\phi_n e^{\left(-\frac{\Delta_n}{\delta_n}\right)}\left\{\left(1-r+\frac{\Delta_n}{\delta_n}\right)\frac{1-q}{r-1}-\left[q+\left(\frac{r-q}{r-1}\right)\frac{\Delta_n}{\delta_n}\right]e^{\left(-\frac{\Delta_t^2}{\delta_t^2}\right)}\right\} \tag{5.2-7}$$

式中，Δ_n、Δ_t 分别为界面上的法向与切向位移值；ϕ_n 为纯法向开裂状态下界面完全开裂时的界面断裂能；δ_n、δ_t 为法向与切向界面开裂特征位移，即应力最大值点对应的位移值。

参数 q、r 分别为

$$q=\frac{\phi_t}{\phi_n} \tag{5.2-8}$$

$$r=\frac{\Delta_n^*}{\delta_n} \tag{5.2-9}$$

式中，ϕ_t 为纯切向开裂状态下界面完全开裂时的界面断裂能；Δ_n^* 为在法向应力为零时，切向完全开裂时的法向位移值。

界面上的各向应力为

$$T = \frac{\partial \phi}{\partial \Delta} \tag{5.2-10}$$

将断裂能控制方程对各向位移值进行偏导得到各向应力与位移的关系式为

$$T_{\mathrm{n}} = -\frac{\phi_{\mathrm{n}}}{\delta_{\mathrm{n}}} \mathrm{e}^{-\frac{\Delta_{\mathrm{n}}}{\delta_{\mathrm{n}}}} \left\{ \frac{\Delta_{\mathrm{n}}}{\delta_{\mathrm{n}}} \mathrm{e}^{-\frac{\Delta_{\mathrm{t}}^2}{\delta_{\mathrm{t}}^2}} + \frac{1-q}{r-1} \left[1 - \mathrm{e}^{-\frac{\Delta_{\mathrm{t}}^2}{\delta_{\mathrm{t}}^2}} \right] \left(r - \frac{\Delta_{\mathrm{n}}}{\delta_{\mathrm{n}}} \right)^2 \right\} \tag{5.2-11}$$

$$T_{\mathrm{t}} = -\frac{\phi_{\mathrm{n}}}{\delta_{\mathrm{n}}} \left(\frac{2\delta_{\mathrm{n}}}{\delta_{\mathrm{t}}} \right) \frac{\Delta_{\mathrm{t}}}{\delta_{\mathrm{t}}} \left\{ q + \left(\frac{r-q}{r-1} \right) \frac{\Delta_{\mathrm{n}}}{\delta_{\mathrm{n}}} \right\} \mathrm{e}^{-\frac{\Delta_{\mathrm{n}}}{\delta_{\mathrm{n}}}} \mathrm{e}^{-\frac{\Delta_{\mathrm{t}}^2}{\delta_{\mathrm{t}}^2}} \tag{5.2-12}$$

$\tau_{\max}$、$\sigma_{\max}$ 分别为内聚力界面上法向与切向强度，则指数内聚力模型中参数之间的关系为

$$\phi_{\mathrm{n}} = \mathrm{e} \cdot \sigma_{\max} \cdot \delta_{\mathrm{n}} \tag{5.2-13}$$

$$\phi_{\mathrm{t}} = \sqrt{\frac{\mathrm{e}}{2}} \cdot \tau_{\max} \cdot \delta_{\mathrm{t}} \tag{5.2-14}$$

与双线性、梯形法则相比，指数型法则的牵引力位移关系为连续变化的，更符合实际界面开裂状况。

内聚力单元的裂纹形成可分为三个阶段，分别为线弹性牵引分离、损伤起始阶段、损伤演化阶段。在线弹性牵引分离阶段，力学行为可用弹性本构矩阵表示：

$$\boldsymbol{t} = \begin{Bmatrix} t_{\mathrm{n}} \\ t_{\mathrm{s}} \\ t_{\mathrm{t}} \end{Bmatrix} = \begin{bmatrix} E_{\mathrm{nn}} & E_{\mathrm{ns}} & E_{\mathrm{nt}} \\ E_{\mathrm{ns}} & E_{\mathrm{ss}} & E_{\mathrm{st}} \\ E_{\mathrm{nt}} & E_{\mathrm{st}} & E_{\mathrm{tt}} \end{bmatrix} \begin{Bmatrix} \varepsilon_{\mathrm{n}} \\ \varepsilon_{\mathrm{s}} \\ \varepsilon_{\mathrm{t}} \end{Bmatrix} = \boldsymbol{E\varepsilon} \tag{5.2-15}$$

式中，t 为牵引应力；t_{n} 为法向应力分量；t_{s}、t_{t} 为切向应力分量；$\boldsymbol{E}$ 为弹性矩阵；$\boldsymbol{\varepsilon}$ 为应变；ε_{n} 为法向应变分量；ε_{s}、ε_{t} 为切向应变分量。

损伤起始阶段，力学行为可用损伤起始准则定义。常用的损伤起始准则包括最大名义应力准则(maximum nominal stress criterion)、最大名义应变准则(maximum nominal strain criterion)、二次名义应力准则(quadratic nominal stress criterion)、二次名义应变准则(quadratic nominal strain criterion)等，控制方程如下。

最大名义应力准则：

$$\max \left\{ \frac{\langle t_{\mathrm{n}} \rangle}{t_{\mathrm{n}}^{\mathrm{o}}}, \frac{t_{\mathrm{s}}}{t_{\mathrm{s}}^{\mathrm{o}}}, \frac{t_{\mathrm{t}}}{t_{\mathrm{t}}^{\mathrm{o}}} \right\} = 1 \tag{5.2-16}$$

最大名义应变准则：

$$\max \left\{ \frac{\langle \varepsilon_{\mathrm{n}} \rangle}{\varepsilon_{\mathrm{n}}^{\mathrm{o}}}, \frac{\varepsilon_{\mathrm{s}}}{\varepsilon_{\mathrm{s}}^{\mathrm{o}}}, \frac{\varepsilon_{\mathrm{t}}}{\varepsilon_{\mathrm{t}}^{\mathrm{o}}} \right\} = 1 \tag{5.2-17}$$

二次名义应力准则：

$$\left\{ \frac{\langle t_{\mathrm{n}} \rangle}{t_{\mathrm{n}}^{\mathrm{o}}} \right\}^2 + \left\{ \frac{t_{\mathrm{s}}}{t_{\mathrm{s}}^{\mathrm{o}}} \right\}^2 + \left\{ \frac{t_{\mathrm{t}}}{t_{\mathrm{t}}^{\mathrm{o}}} \right\}^2 = 1 \tag{5.2-18}$$

二次名义应变准则：

$$\left\{\frac{\langle\varepsilon_{\mathrm{n}}\rangle}{\varepsilon_{\mathrm{n}}^{\mathrm{o}}}\right\}^2+\left\{\frac{\varepsilon_{\mathrm{s}}}{\varepsilon_{\mathrm{s}}^{\mathrm{o}}}\right\}^2+\left\{\frac{\varepsilon_{\mathrm{t}}}{\varepsilon_{\mathrm{t}}^{\mathrm{o}}}\right\}^2=1 \tag{5.2-19}$$

最大名义应力准则中，当三向应力中的一向应力与最大名义应力相等时，损伤开始；最大名义应变准则中，当三向应变中的一向应变与最大名义应变相等时，损伤开始；二次名义应力准则中，当三向应力与最大名义应力比值的平方和达到 1 时，损伤开始；二次名义应变准则中，当三向应变与最大名义应变比值的平方和达到 1 时，损伤开始。

当材料达到损伤起始阶段的判定条件时，进入损伤演化阶段。损伤演化规律描述了内聚力单元牵引力下降的速率。牵引力位移模型的应力分量受到损伤的影响，具体表现为

$$t_n=\begin{cases}(1-D)\overline{t}_{\mathrm{n}}, & t_{\mathrm{n}}\geqslant 0\\ \overline{t}_{\mathrm{n}}, & t_{\mathrm{n}}<0\end{cases} \tag{5.2-20}$$

$$t_{\mathrm{s}}=(1-D)\overline{t}_{\mathrm{s}} \tag{5.2-21}$$

$$t_{\mathrm{t}}=(1-D)\overline{t}_{\mathrm{t}} \tag{5.2-22}$$

式中，D 为材料的总体损伤量，其初始值为 0，在损伤演化模型中，D 在损伤启动后随着进一步加载单调变化从 0 逐渐增至 1；$\overline{t}_{\mathrm{s}}$ 、$\overline{t}_{\mathrm{t}}$ 、$\overline{t}_{\mathrm{n}}$ 分别为无损伤应变时，由弹性牵引分离定律计算的应力分量。引入有效位移，描述裂隙拉伸形变与剪切形变的损伤演化：

$$\delta_{\mathrm{m}}=\sqrt{\langle\delta_{\mathrm{n}}\rangle^2+\delta_{\mathrm{s}}^2+\delta_{\mathrm{t}}^2} \tag{5.2-23}$$

名义等效应变为

$$\varepsilon_{\mathrm{m}}=\frac{\delta_{\mathrm{m}}}{T_0}=\sqrt{\varepsilon_{\mathrm{n}}^2+\varepsilon_{\mathrm{s}}^2+\varepsilon_{\mathrm{t}}^2} \tag{5.2-24}$$

Abaqus 支持两种损伤演化定义方式，分别为：基于有效位移的损伤演化与基于能量的损伤演化，本研究采用基于能量的损伤演化定义方式。基于能量的损伤演化可分为指数型损伤演化与线性损伤演化。线性损伤演化(图 5.2-6)中，总损伤量 D 定义为

$$D=\frac{\delta_{\mathrm{m}}^{\mathrm{f}}(\delta_{\mathrm{m}}^{\max}-\delta_{\mathrm{m}}^{\mathrm{o}})}{\delta_{\mathrm{m}}^{\max}(\delta_{\mathrm{m}}^{\mathrm{f}}-\delta_{\mathrm{m}}^{\mathrm{o}})} \tag{5.2-25}$$

指数型损伤演化(图 5.2-7)中，总损伤量 D 定义为

$$D=1-\left\{\frac{\delta_{\mathrm{m}}^{\mathrm{o}}}{\delta_{\mathrm{m}}^{\max}}\right\}\left\{1-\frac{1-\mathrm{e}^{\left[-\alpha\left(\frac{\delta_{\mathrm{m}}^{\max}-\delta_{\mathrm{m}}^{\mathrm{o}}}{\delta_{\mathrm{m}}^{\mathrm{f}}-\delta_{\mathrm{m}}^{\mathrm{o}}}\right)\right]}}{1-\mathrm{e}^{-\alpha}}\right\} \tag{5.2-26}$$

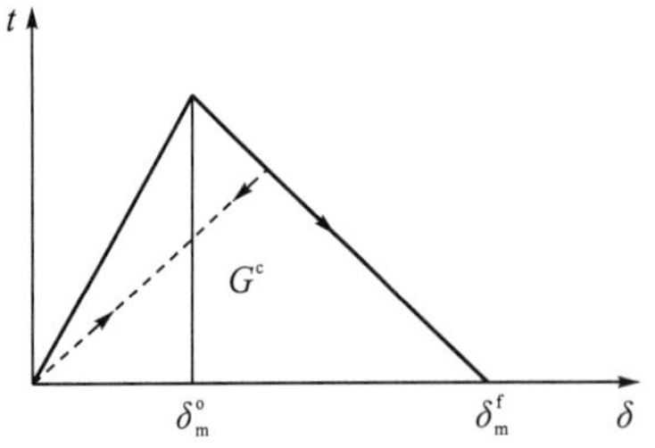

图 5.2-6 能量线性损伤演化图

注：G^{c} 为断裂能

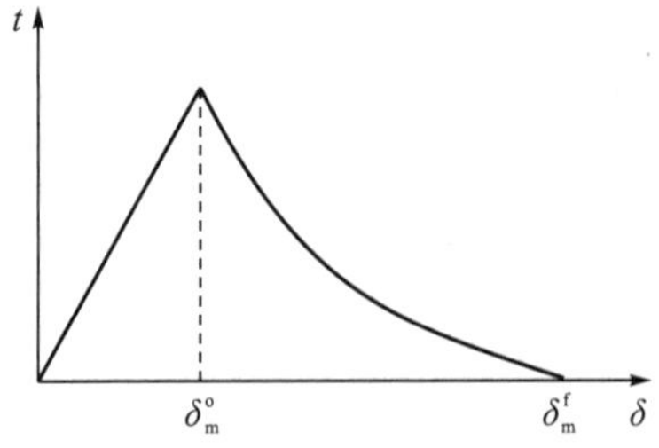

图 5.2-7 能量指数型损伤演化图

5.2.3　单轴压缩模型建模思想

复杂有限元网格模型中全局内聚力单元的批量嵌入过程可以分为以下四个步骤：①读取模型数据文件中的模型数据信息(单元信息和节点坐标信息)；②为单元节点重新编号，使模型网格离散化；③搜索相邻单元的共用边界面，并在该位置嵌入内聚力单元；④数据输出，重构模型数据文件。内聚力单元的嵌入思路是，首先进行有限元网格的离散化，然后在实体单元之间嵌入内聚力单元。下面将以 Abaqus 数值模拟平台导出的 INP 文件为例，基于 C 语言给出全局内聚力单元的通用嵌入算法。

常规有限元网格在相邻实体单元边界处共用一套节点，模型网格离散化的目标是让每一个实体单元都独立拥有自己的节点，如此整个模型像是用六面体单元搭成的积木，单元之间不再有联系。可以说模型网格离散化本质上就是对单元节点重新编号的过程。

内聚力单元的嵌入位置位于相邻单元界面处，原来共用网格节点的位置。内聚力单元可以将离散化后的有限元网格“黏结”在一起，通过赋予内聚力单元恰当的本构关系来描述有限元间的滑动分离现象，以此来模拟裂纹萌生、扩展以及演化的全过程。

通过对岩石材料进行网格划分(图 5.2-8)，将其划分为连续的有限元实体单元。在相邻的有限元实体单元之间引入零厚度的内聚力模型，模拟岩石中的断裂和裂纹行为。

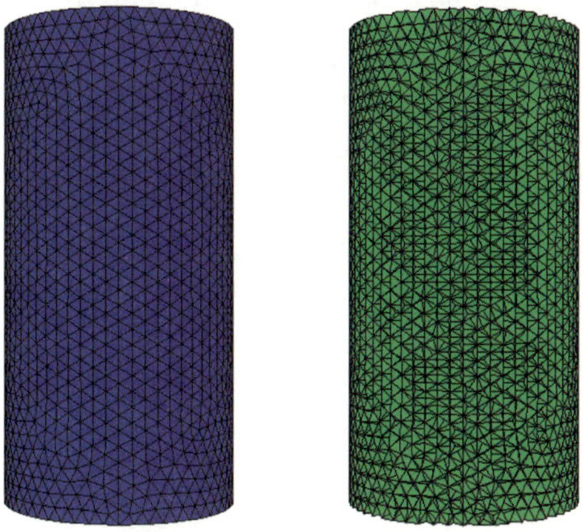

图 5.2-8　网格划分示意图

为了探究特性，需对初始有限元模型进行一定的处理：首先收集单元及节点信息，并将模型单元之间进行离散化，使其没有公共接触部分，这时两个实体单元之间失去联系。三维单元一般会有八个实体单元公共分享这个点，用八个子节点来代替原有的父节点。此时新的子节点会形成新的面，通过在相邻单元之间进行程序匹配搜索，找出两个相同的面，两个面分别属于两个新的实体单元，将两个单元的八个节点连接起来，并赋予其新的单元类型及编号，即可形成一个三维零厚度内聚力单元。

如图 5.2-8 所示，以两个六面体单元为例，详细阐述零厚度内聚力单元原理：沿公共面将相邻两单元分开，在原公共面上同一位置的父节点被两个子节点代替，两者之间的相互作用由零厚度内聚力单元代替。传统的单个插入内聚力单元的方法效率低下，无法应对本次层间模型中复杂的情况及庞大的有限单元数，故本书采用有限元软件二次开发工具插入零厚度内聚力单元到实体单元之间完成模型建立。

5.2.4 CZM-FEM 参数标定

在基于内聚力模型的岩石材料模拟中，岩石的宏观力学特征主要受零厚度内聚力模型参数的影响，因此明确内聚力模型力学参数与岩石宏观力学参数的关系是进行数值仿真的关键。本研究中，岩石材料为各向同性的线弹性材料，主要参数有弹性模量 E，岩石内部的内聚力单元采用指数型内聚力单元，损伤演化使用幂律准则，最大名义应力准则作为内聚力单位损伤起始阶段的判定条件。内聚力模型主要参数有刚度 K、断裂能 G、黏结强度 T，由于岩石设为各向同性材料，上述参数在法向与切向上的大小相同。

单轴压缩试验是建立细观本构关系与材料的宏观本构关系的重要手段，获取岩体的弹性模量和单轴抗压强度是其主要功能。对于宏观各向同性岩体的单轴压缩数值试验，使用 Abaqus 建模。圆柱形岩体试件高 100mm，直径为 50mm，如图 5.2-9 所示。

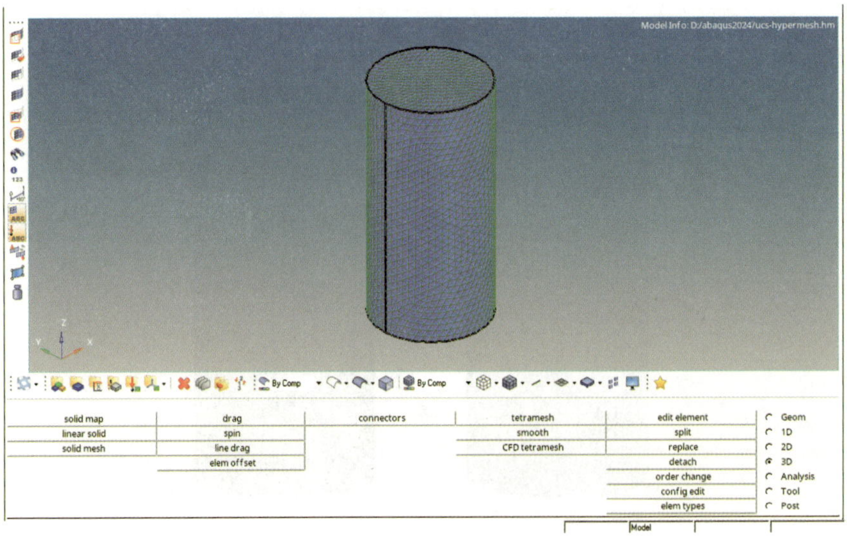

图 5.2-9　圆柱形模型

细观参数采用前文中标定参数指标体系，为进行敏感性分析，需要对模型赋予一组粗略估计的细观参数基准值，在后文中采用控制变量的方式进行数值试验。将细观参数基准值输入数值模型，在保证加载条件和边界条件相同的情况下获得宏观力学响应。

模型外观尺寸相同条件下，网格剖分的大小决定了模型中的节点、单元数量。对于把内聚力单元嵌入材料单元中以模拟结构开裂破坏的问题而言，这意味着裂纹的拓展路径只能沿着划分的单元边界进行，网格尺寸决定着在外荷载作用下能否精确捕捉结构中裂纹萌生位置，能否准确描述裂纹拓展演化的方向以及能否合理表达结构受力性态。接下来为验证网格尺寸对数值计算结果的影响，采用三维有限元网格生成软件设计了三种不同网格尺寸的数值计算模型，且为保证岩石裂纹的随机性，使用 HyperMesh 软件对岩石进行网格划分，一种是 Tet 型规整网格，另一种是非规整网格，如图 5.2-10 所示。不同网格类型破坏方式示意图如图 5.2-11 所示，三种网格类型应力-应变曲线如图 5.2-12 所示。

图 5.2-10　三种网格类型划分

注：RP 为绕固定轴旋转的旋转矩阵

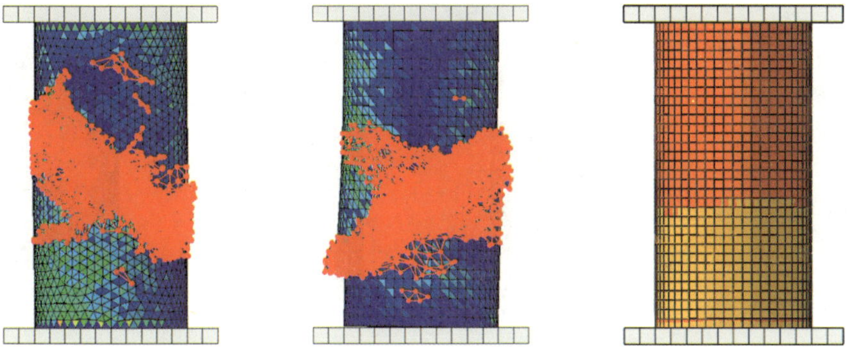

图 5.2-11　不同网格类型破坏方式示意图

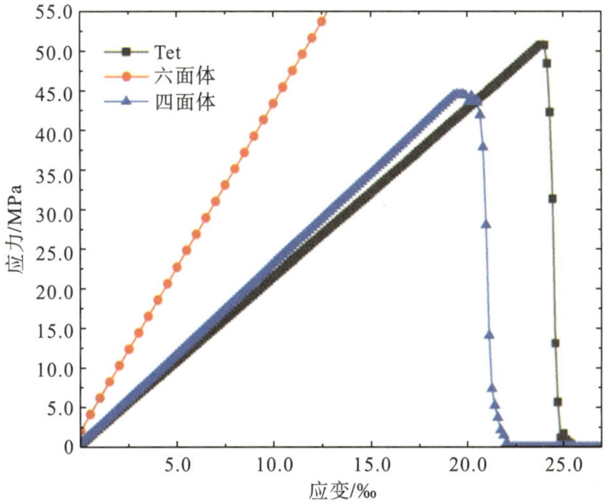

图 5.2-12　三种网格类型应力-应变曲线

内聚力单元插入是沿着网格的节点上插入的，所以画网格的方式决定了 cohesive(内聚力)单元的数量、位置及姿态。在 Tet 这种规整网格中，部分 cohesive 单元垂直或平行于加载方向，这些单元在加载中受压不会破坏，只有那些与加载方向存在夹角的 cohesive 单元才会被破坏，所以在破坏中，抗压强度较大。

模型外观尺寸相同条件下，网格剖分的大小决定了模型中的节点、单元数量。对于把内聚力单元嵌入材料单元中以模拟结构开裂破坏的问题而言，这意味着裂纹的拓展路径只能沿着划分的单元边界进行，网格尺寸决定着在外荷载作用下能否精确捕捉结构中裂纹萌生位置，能否准确描述裂纹拓展演化的方向以及能否合理表达结构受力性态。接下来为验证网格尺寸对数值计算结果的影响，采用三维有限元网格生成软件 HyperMesh 设计了四种不同网格尺寸的数值计算模型，模型均为直径 50mm、高度 100mm 的圆柱体，从宏观破坏形态和力学形态两个方面着手，研究基于内聚力模型的网格尺寸变化对裂纹拓展演化仿真结果的影响。

单轴压缩试验是建立细观本构关系与材料的宏观本构关系的重要手段，获取岩体的弹性模量和单轴抗压强度是其主要功能。对于宏观各向同性岩体的单轴压缩数值试验，使用 Abaqus 建模，单轴压缩试验模型如图 5.2-13 所示。

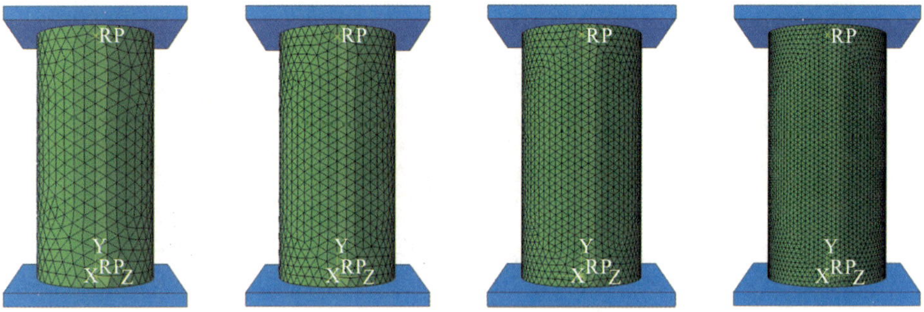

图 5.2-13 各种网格尺寸对应的模型图

不同网格尺寸划分的节点数量和单元数量如表 5.2-1 所示。

表 5.2-1 不同网格尺寸的节点数量和单元数量 (单位：个)

网格尺寸/mm	节点数量	单元数量	内聚力单元数量	有限单元数量
2	412908	304588	201361	103227
3	133340	97795	64460	33335
4	69516	50889	33510	17379
5	37092	27020	17747	9273

由图 5.2-14 可知，不同网格尺寸模型的裂纹延伸拓展的路径各不相同，其原因在于内聚力单元嵌入有限元网格中以模拟潜在的裂纹拓展路径的方式决定了裂纹的萌生发展只能沿着单元边界进行，网格尺寸大就意味着潜在的可供裂纹拓展的选择更少，这种逐渐累积的偏差最终造成裂纹拓展路径的不同。

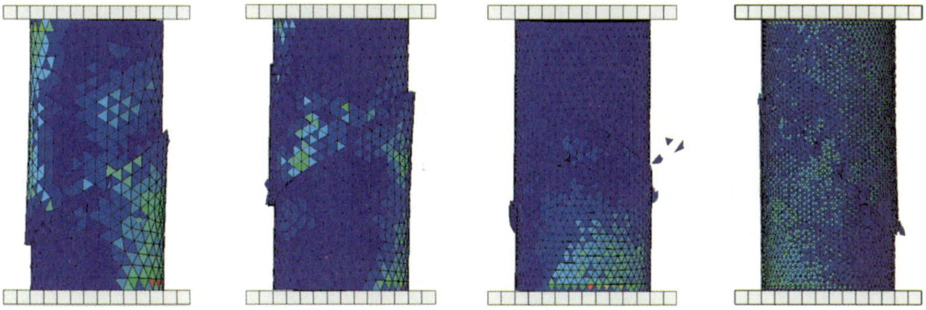

图 5.2-14　各种网格尺寸的破坏方式

由图 5.2-15 分析可知，四条曲线所呈现出的趋势都是随着加载过程的进行，应力逐渐增大至峰值然后迅速下降为零，预示模型中裂纹彻底贯通，失去承载力，这体现出了材料“硬脆”的特性。在达到峰值应力以前，应力-应变关系曲线都近似为一条直线，这一阶段内聚力单元还未损伤，变形以实体单元的弹性变形为主，随着网格尺寸的减小，峰值应力之前的曲线段的斜率降低，这意味着网格尺寸的减小可以降低模型的弹性模量。同时也注意到峰值应力随着网格尺寸的减小而增大。

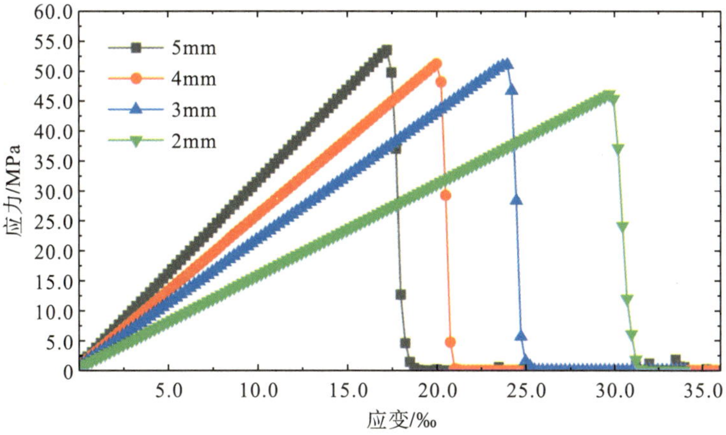

图 5.2-15　各种网格尺寸对应的应力-应变模型

保持原始刚度 K、损伤起始强度 T 等参数不变，内聚力模型的断裂能 G 取多组不同数值，以研究试件在单轴压缩作用下的物理力学响应对内聚力模型的断裂能 G 的敏感性。

由不同断裂能对应的应力-应变关系曲线(图 5.2-16)分析可知，材料的力学形态对断裂能 G 的改变具有较高的敏感度。试件受力初期内聚力单元还未达到损伤条件，试件变形以实体单元的弹性变形为主，而实体单元的力学参数是相同的，因此曲线在前面部分基本重合。随着加载的继续，内聚力单元开始达到损伤起始准则并进入损伤演化阶段，正是在这一阶段由于断裂能的不同，应力-应变关系曲线开始出现差异。

保持损伤起始强度 T、断裂能 G 等参数不变，内聚力模型的刚度 K 取多组不同数值，以研究试件在单轴压缩作用下的物理力学响应对内聚力模型刚度 K 的敏感性。

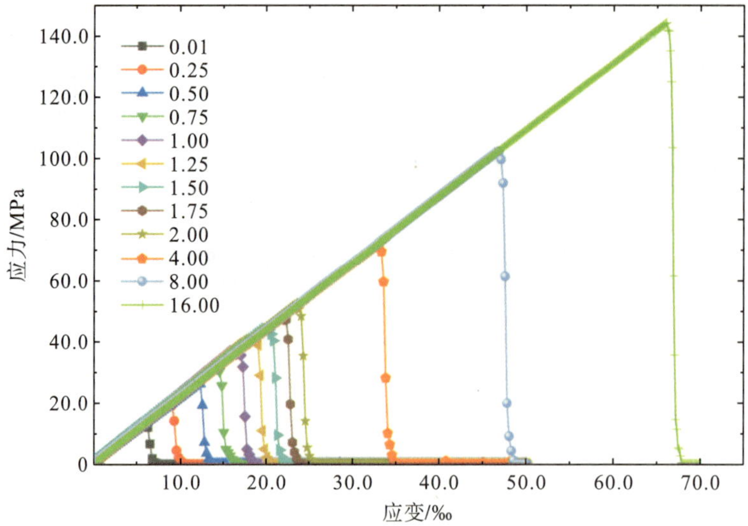

图 5.2-16　不同断裂能 G 对应的应力-应变关系

从应力-应变关系曲线(图 5.2-17)来看，弹性模量对刚度 K 具有较高的敏感性，随着刚度 K 提高，弹性模量变大。结合曲线骤降段采样点的数量发现，K 提高后材料性质变得更加硬脆。峰值荷载随刚度 K 的改变有一定浮动，但浮动的幅度不大且与刚度 K 并未表现出线性关系，说明峰值荷载对刚度 K 的敏感程度不高。

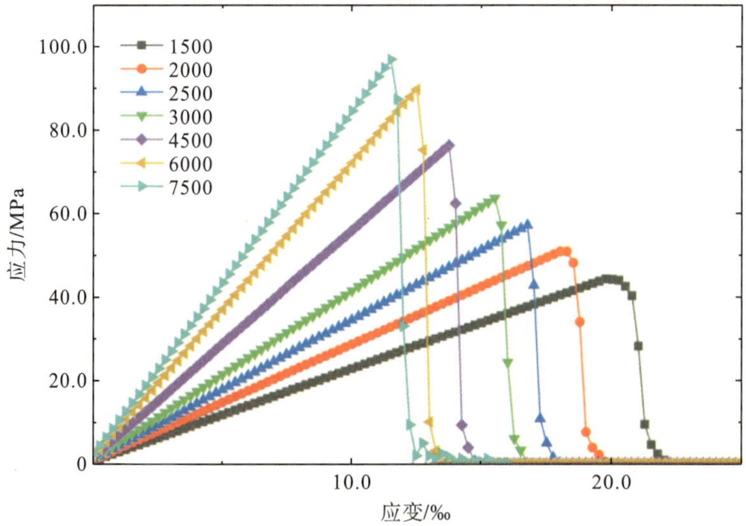

图 5.2-17　不同刚度对应的应力-应变关系

由弹性模量与网格尺寸、刚度标定数据表(表 5.2-2)和弹性模量与网格尺寸、刚度关系图(图 5.2-18)可知，弹性模量对损伤起始强度 T 具有一定的敏感性，随着损伤起始强度 T 提高，弹性模量有所变大，但其敏感程度与对刚度 K 的敏感程度相比并不显著。峰值荷

载随损伤起始强度 T 的增大逐渐增大，但变化的幅度很小，说明峰值荷载对损伤起始强度 T 的敏感程度不高。

表 5.2-2　弹性模量与网格尺寸、刚度标定数据

网格尺寸/mm	刚度 K/(Pa/mm)	弹性模量/GPa
5	0.5	1.177
5	1.0	2.224
5	1.5	3.151
5	2.0	3.974
4	0.5	0.951
4	1.0	1.800
4	1.5	2.585
4	2.0	3.335
3	0.5	0.780
3	1.0	1.505
3	1.5	2.165
3	2.0	2.754
2	0.5	0.582
2	1.0	1.074
2	1.5	1.556
2	2.0	2.053

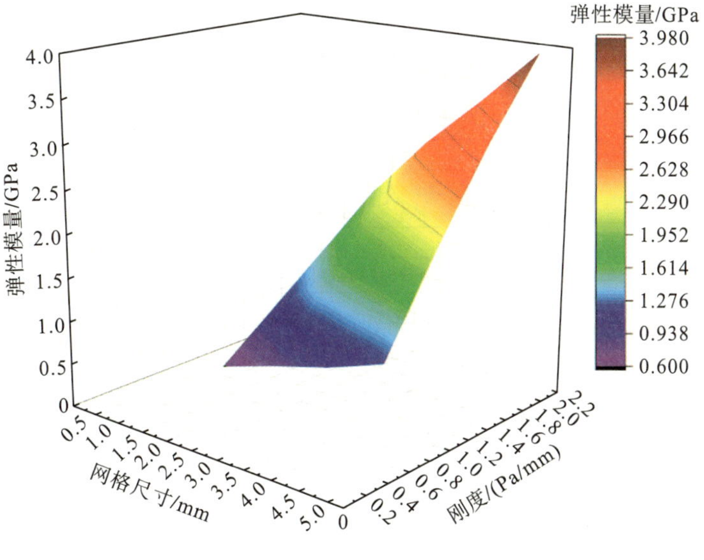

图 5.2-18　弹性模量与网格尺寸、刚度关系图

经前文研究，在嵌入全局幂律损伤演化的 CZM 单轴压缩模型中，弹性模量与网格尺寸、刚度相关，抗压强度与刚度、断裂能相关。目标弹性模量、抗压强度可以通过对真实岩样进行单轴压缩试验获得，网格尺寸为自定义参数。刚度同时影响弹性模量与抗压强度，

断裂能只与弹性模量相关，所以进行标定的顺序为：先标定弹性模量，通过调整断裂能大小标定岩石抗压强度。

弹性模量与网格尺寸、刚度相关，为快速标定岩石弹性模量，设置多组数值模拟模型。通过 Poly2D 函数拟合，拟合曲面方程为

$$z = z_0 + ax + by + cx^2 + dy^2 + fxy \tag{5.2-27}$$

解得各个系数如表 5.2-3 所示。

表 5.2-3 曲面方程系数的取值

系数	值
z_0	−0.24485
a	0.10191
b	0.69617
c	−0.00520
d	−0.11349
f	0.29260

注：相关性系数 R^2 为 0.9984。

前文对双模型的细观参数进行敏感性分析，得到宏观参数的显著影响细观参数，随后划分了细观参数标定优先级，构建了宏细观参数函数表征体系，将标定的每一步骤简化为单变量函数关系。

弹性模量标定流程如图 5.2-19 所示。

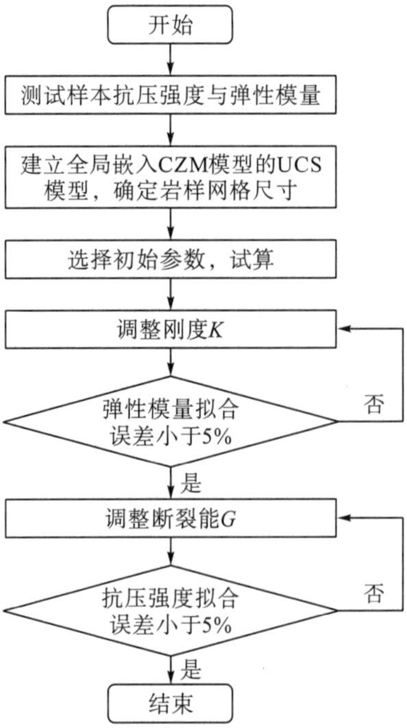

图 5.2-19 弹性模量标定流程图

对三种岩石进行强度拟合，岩石采用灰岩、花岗岩、大理岩，分别使用万能试验机进行测试，不同岩样的试验数据曲线与数值模拟数据曲线如图 5.2-20～图 5.2-23 所示。由图分析可知，试验数据曲线与数值模拟数据曲线大体上相互吻合，但在弹性变形阶段，灰岩、花岗岩和砂岩在相同应力条件下，试验应变值大于模拟应变值，而大理岩在应力值为 17.4MPa 之前，试验应变值大于模拟应变值，在 17.4MPa 之后，则是模拟应变值大于试验应变值；在弹性破坏阶段，灰岩与花岗岩的模拟数据和试验数据整体相一致，而砂岩与大理岩则差距较大，出现以上情况，是因为数值模型尚不完善，不同岩样之间，存在着不同大小的误差，需要对数值模型进行进一步完善。

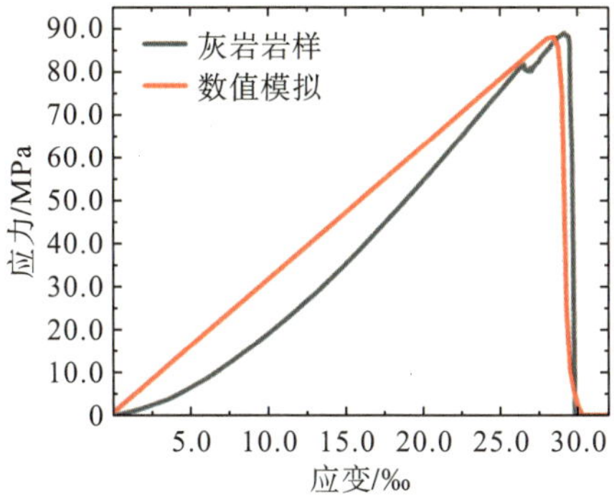

图 5.2-20　灰岩岩样应力-应变数值模拟

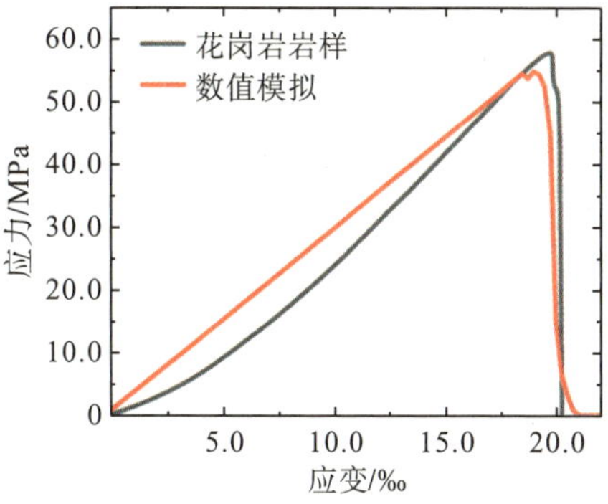

图 5.2-21　花岗岩岩样应力-应变数值模拟

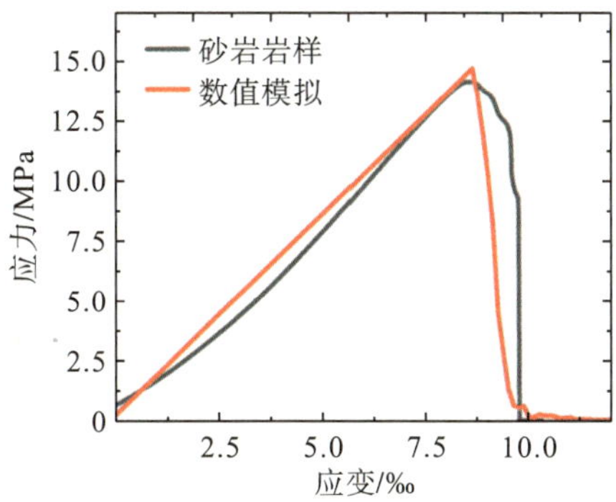

图 5.2-22　砂岩岩样应力-应变数值模拟

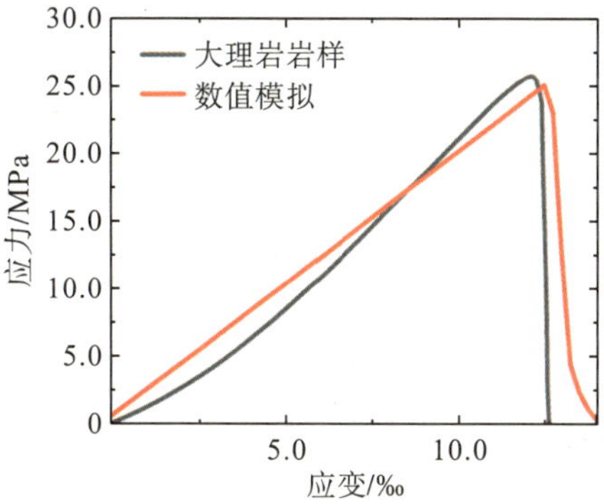

图 5.2-23　大理岩岩样应力-应变数值模拟

5.3　岩体可钻性评价方法

5.3.1　单齿破岩钻进响应变化规律研究

复合定向钻进技术可实现钻进轨迹自主控制，广泛应用于石油、天然气开采领域。为控制钻进轨迹、减少扭矩在钻杆中的损耗，常选用井底动力钻具。由于长距离定向钻井涉及较大的水平和垂直方向的变化，钻孔取心过程变得异常复杂，难以确定钻头处的地质条件。当钻头在不同强度、岩体结构中钻进时，钻进响应会有不同的表现。目前井底测量工具不断发展，大庆钻探工程公司、中国石油集团西部钻探工程有限公司工程技术研究院等机构相继研发近钻头随钻参数测量系统，可实现钻进过程动力参数(钻进压力、扭矩、转动速度等参数)的实时监测，为长距离定向钻岩石力学参数随钻感知提供支持。本章分析了聚晶金刚石复合片(polycrystalline diamond compact，PDC)钻头破岩过程的受力特征，为岩石力学参数随钻感知提供了理论依据。

PDC 钻头破岩主要为剪切破坏形式，具有高耐磨性、高硬度等特点，将人工金刚石镶嵌于钻头基底，与岩石接触，可在实际工程中提高钻头破岩速度、降低钻头磨损速度。由于具有破岩效率高、耐用性好等特点，PDC 钻头广泛用于煤矿钻孔注浆工程、石油天然气钻井工程与地质勘探钻井工程。

PDC 钻头破岩过程可简化为轴向破岩与旋切破岩。在轴向钻压的持续作用下，钻齿与岩石保持接触，钻齿压入岩石，产生应力接触，当 PDC 钻齿产生的应力达到岩石的承受能力时，岩石处于弹性形变与塑性形变的临界点；当应力超过临界应力时，岩石发生塑性形变、断裂。在扭矩的作用下，钻齿沿旋转方向挤压表层岩石，表层岩石在剪应力的作用下剥离原岩，发生剪切破坏，表层岩石在钻齿的剪切作用下破坏成小块岩石或碎屑，在钻头的旋转与高压钻井液的冲洗作用下，岩石碎屑被冲刷出钻孔，并被输送至地表。

在超长距离钻进中，为降低扭矩在钻杆中的损耗，常使用井底动力钻具。螺杆马达别称孔底马达、正排量马达(positive displacement motor，PDM)，是一种容积式井下动力钻具，转动速度与单位时间内流经螺杆马达的钻井液体积成正相关。钻井液由地面的泥浆泵提供动力，连接螺杆马达的电机以固定功率转动，以固定转速运行，在不调整电机转速的情况下，泵排量保持固定，泥浆以固定流量流经螺杆马达，螺杆马达以固定速度转动，在钻井过程中，PDC 钻头转速保持稳定。

破岩过程中，金刚石钻齿与岩石相互作用，其钻头承受钻压，同时保持固定转速。这一过程中，钻头的钻进速度、扭矩及钻头所受的轴向压力等工程参数与岩石的力学性质相关，岩石力学参数可通过钻进工程参数反馈。一般情况下，岩石的抗压强度、硬度影响钻齿的侵入深度和切削效率，而钻头的钻速、钻压与扭矩则成为反馈的物理量，提供了关于岩石本身性质的重要信息。

在侵入过程中，当侵入深度小时，岩石处于弹性求解区间，没有破坏，此时可将岩石作为弹性体求解。当侵入深度增大时，岩石发生塑性形变并破坏，可将岩石简化为弹塑性体求解。钻头顶部与岩石接触示意图如图 5.3-1 所示。

由于金刚石抗压强度与硬度远大于岩石，可将金刚石钻齿作为刚体。破岩中，金刚石钻齿与切面保持固定角度倾斜，金刚石片的边缘部分压入岩石，在微观层面，可将金刚石与岩石接触模型简化为刚性体微元压入弹塑性体平面的模型，如图 5.3-2 所示。

鉴于岩石材料并非经典弹塑性力学中所研究的各向同性的线弹性体，反而以弹脆性和弹塑性体为主，所以看似经典弹性力学无法引入做研究，但是根据目前的研究成果，弹性力学理论最成熟、最具有使用价值，并且推理缜密，所以研究中以弹性力学为主，将其衍生到圆柱体表面压入岩石的研究中，且有分析指出，运用弹性力学解析的结果也比较符合岩石应力场的分布，故可借鉴其进行切削齿的破岩研究。

图 5.3-1 钻头顶部与岩石接触示意图

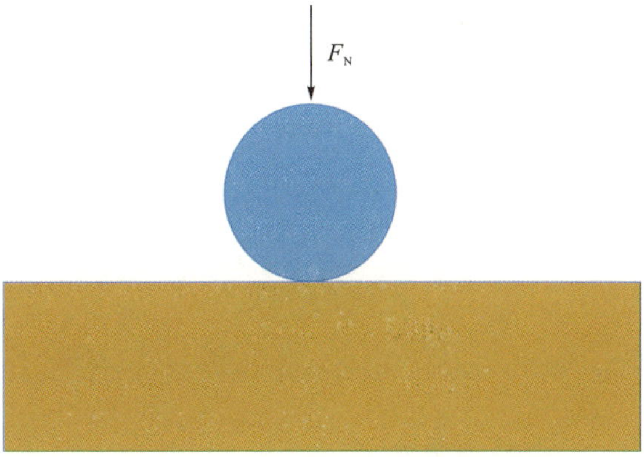

图 5.3-2 微元压入弹塑性体平面的模型

PDC 钻头在切削破岩时是通过钻压将切削齿压入岩石，因此切削齿周围的受力可以简化为圆柱面压入半空间的受力情况，距离切削齿之外的表面力可以近似为零，从这个层面考虑的话，该接触问题中的边界条件相当于给定了力在半空间全部边界上的分布(应力边界条件)，此种理想接触条件下，可以无须关注另一个接触体的材料和外形，但是在实际研究钻头破岩时，钻头与岩石相互作用的接触区的应力、应变的边界条件都是未知的。接触问题是一种高度非线性行为，在求解问题之前，不知道接触区域，因其随载荷、材料、边界条件和其他因素而不同。表面之间接触还是分开是未知的，并且还可能是突然变化的。所以需要通过现有理论预测接触区域的形貌、变形情况，以及这些参量是如何随接触压力变化而变化的，可以通过理论计算给出接触应力的分布，这也是研究的难点。

1886 年，弹性压痕模型最初由赫兹(Hertz)、波希尼斯克(Boussinesq)和斯内登(Sneddon)等开发。在该模型中，试件材料假定为线弹性，压头视为刚体。因为压头产生的所有变形都是弹性的，所以弹性理论适用。Hertz 接触模型做了如下假设：①接触系统由两个相互接触的物体组成，它们之间不发生刚体运动；②接触物体的变形是小变形，接触点可以预先确定，接触或分离只在两物体可能接触的相应点进行；③应力、应变关系取线性，不发生任何残余变形，且变形量较小；④接触表面都是理想光滑面，并且连续；⑤接触面积相对接触体非常小($a \ll R$，相接触的物体可以看成弹性半空间)。

Hertz 求解模型将受压物体假设为半无限弹性体，在此基础上，后续不断发展，在这些模型中，有三个最被接受的模型：弹性求解模型、刚塑性求解模型，以及空腔膨胀模型。

为了计算钻头底面的压力，将金刚石颗粒假设为半径为 R 的刚性圆柱体，将岩石假设为弹性体，在外力下压入深度为 d(图 5.3-3)。根据 Boussinesq 的分析，压力分布作用在 y 轴方向不发生变化，应力分布可视为表面受条形区域分布力作用。根据弹性模型接触理论，球体刚性球压入半无限弹性体应力分布函数为

$$p(r)=\frac{2E(a/R)}{\pi(1-v^2)}\sqrt{1-r^2/a^2} \tag{5.3-1}$$

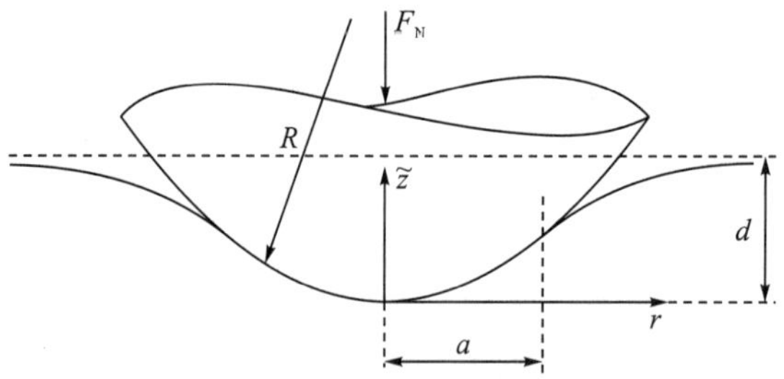

图 5.3-3 金刚石压头力学示意图

平均应力函数为

$$p_{\mathrm{m}} = \frac{4E(a/R)}{3\pi(1-v^2)} \tag{5.3-2}$$

式中，E 是弹性模量；v 是泊松比；a 是投影接触面积的半径；R 是球形压头的半径。

于是，根据 Hertz 接触理论可以得到接触压力：

$$F = \frac{2ERd}{1-v^2} \tag{5.3-3}$$

可求解压入深度 h：

$$h = \frac{F(1-v^2)}{2ER} \tag{5.3-4}$$

基于弹性模型求解钻齿侵入，可知压入深度与轴向压力成正比，轴向压力越大，压入深度越大；与弹性模型成反比，弹性模量越大，侵入深度越小。

根据文献中“有限接触压力分布模型”思路；假设刚性压头压入理想弹塑性体过程中，刚性压头与弹塑性体之间的压力大小有一个极限值。当压头上的压力小于极限压力值时，压入接触点被认为发生理想弹性变形，其压力可以根据弹性压痕理论计算；当压头上的压力达到极限压力值时，在接触点的材料发生塑性变形，其接触压力可根据滑移线场理论计算。由于压头上的压力达到极限压力值时，材料发生破坏，因此，压头的压力始终不能超越极限压力值，而材料将发生连续变形。假设岩石为弹塑性体，根据有限接触压力分布理论，在金刚石颗粒压入岩石时，岩石首先发生的是弹性变形，可利用 Hertz 接触理论来描述其应力分布。随着金刚石颗粒侵入深度增大，岩石发生塑性变形，可根据滑移线场理论解此过程中的应力分布。因此，钻头上的金刚石颗粒压入岩石的有限接触应力分布模型为

$$p(r) = \begin{cases} \dfrac{3p_{\mathrm{m}}}{2}\sqrt{1-r^2/a^2}, & b \leqslant r \leqslant a \\ C_{a,R} \cdot Y, & 0 \leqslant r < b \end{cases} \tag{5.3-5}$$

式中，$C_{a,R}$ 为压入深度的函数；Y 为屈服应力。

$$C_{a,R} = 2.845 - 0.4921\frac{a}{R}, 0 < \frac{a}{R} < 1 \tag{5.3-6}$$

当 $r=b$ 时，岩石恰好处于弹性变形与塑性变形的临界点，即在接触压力的分界点处，其弹性压力与塑性压力相等，则

$$\frac{3p_{\mathrm{m}}}{2}\sqrt{1-r^2/a^2}=C_{a,R}\cdot Y \tag{5.3-7}$$

解得

$$p_{\mathrm{m}}=\frac{2C_{a,R}\cdot Y}{3\sqrt{1-b^2/a^2}} \tag{5.3-8}$$

代入压入深度的函数，解得平均应力：

$$p_{\mathrm{m}}=\frac{2Ya}{3\sqrt{a^2-b^2}}\left(2.845-0.4921\frac{a}{R}\right) \tag{5.3-9}$$

在钻齿侵入过程中，岩石屈服强度越大，破岩达到岩石屈服强度所需要施加的轴向应力越大，在相同的破岩速度情况下，单位时间内钻齿侵入深度保持恒定，岩石越坚硬，屈服强度 Y 越大，则侵入所需要的钻压越大。

在钻进过程中，PDC 钻头钻齿在钻压的作用下侵入岩石，岩石发生侵入破岩，并产生裂纹，同时，钻头不断旋转，在扭矩的带动下，钻齿相对于岩体做平移运动，岩石被钻齿切削破坏，并被钻井液冲洗至地面。

对两翼 PDC 钻头破岩过程进行二维受力分析，将切削破坏的岩体简化为三角形，并提出了钻齿切削破坏模型。在推力 F 和扭矩 T 的作用下钻头向上钻进。以切削齿为例进行三维受力分析。金刚石复合片在岩石切削过程中具有重要作用，一般有一定的倾角。钻头顶部会受到岩石的反作用力和摩擦力，以单翼切削齿为分析对象，其受到的反作用力和摩擦力分别为 F 和 F_{v}，F_{f} 为旋转破碎岩石时切削齿受到的阻力，F_{s} 为钻头在扭矩 T 作用下产生的切削力。

假设切削的岩块形状为三角形，P 为被切削岩块所受的合力，与 F 是一对相互作用力。本次研究中忽略钻头侧面与钻孔壁间的摩擦力。α 为被切削岩块剪切面与切削方向的夹角，β 和 γ 主要受切削齿的倾角影响。被切削岩块剪切面受到的剪力和正压力分别为 F 和 P_1。被切削岩块的侧面主要受纯剪切破坏，其合力为 F，切削深度为 h_0。钻头顶部与岩石接触力学示意图如图 5.3-4 所示。

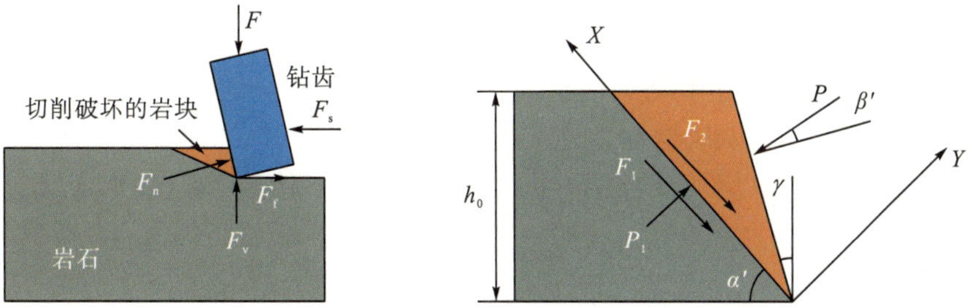

图 5.3-4　钻头顶部与岩石接触力学示意图

根据受力平衡，则有

$$F=F_{\mathrm{n}}\sin(\beta'+\gamma)+F_{\mathrm{v}} \tag{5.3-10}$$

$$F_{\mathrm{s}}=F_{\mathrm{n}}\cos(\beta'+\gamma)+F_{\mathrm{f}} \tag{5.3-11}$$

5.3.2 单钻齿破岩钻进响应影响规律研究

在钻破岩石过程中，岩石在钻头的旋转运动中发生破坏，其中，以钻齿破岩为主。钻齿与岩石的相互作用是一个复杂的动力学问题。本书利用 Abaqus 软件对钻齿切削岩石的动态过程进行了分析。研究表明：在各固定转速下，随着钻速的增加，推力和扭矩均呈线性增加；钻头尺寸对推力、扭矩、转速关系曲线相关系数的影响最小。对软硬层间岩层的钻进结果表明，不同岩石类型在钻进过程中推力和扭矩存在显著差异。无论是从软岩层过渡到硬岩层，还是从软岩层过渡到硬岩层，只要岩石质量发生变化，推力和扭矩的关系就会明显地表现出来。随着围压的增大，推力和扭矩相应增大。在侧向压力作用下，随着围压的升高，推力和扭矩逐渐增大。与水平钻井相比，垂直钻井的推力和扭矩增加更大。随着围压的升高，推力和扭矩的增大比侧压的增大更为显著。在破岩过程中，由于螺杆马达为排量马达，在正常运转时转速保持恒定，钻齿的角速度相同，瞬时线速度与钻齿到钻头中轴线的距离成正比。

PDC 钻头受力是由各个切削齿受力合成的，因此通过提取各 PDC 切削齿的受力情况可以得出全钻头离散元模型的整体受力情况。钻头的钻压 W 等于各齿的轴向力 F_{z_i} 之和，扭矩 T 为各齿所产生的扭矩 $F_{x_i}L_i$ 之和。PDC 钻头钻压和扭矩分别为

$$W = \sum_{i=1}^{n} F_{z_i} \tag{5.3-12}$$

$$T = \sum_{i=1}^{n} F_{x_i} L_i \tag{5.3-13}$$

分析单钻齿破岩的受力情况，可以明确破岩过程中钻齿破岩时的受力情况，从而可以推断整个钻头的受力情况。

在 PDC 钻头破岩过程中，影响钻进响应的因素有很多，为便于仿真分析，作如下假设：①岩石均为各向同性的连续均质体，且岩石内部无原生裂纹与孔隙；②钻齿硬度、强度远高于岩石，PDC 钻齿设为刚体；③不考虑井底流场的影响；④忽略井底岩石温度的影响。

为揭示 PDC 切削齿破岩特性，基于断裂力学、材料力学、岩石力学等学科基础理论，参照室内单轴测试所得的灰岩岩性参数，利用有限元模拟软件，建立了 PDC 钻齿切削破岩数值模型。模型将 PDC 钻齿绕钻头中心轴线的旋转切削简化为直线切削运动，岩石使用 CZM 方法建立模型，并将岩石材料定义为弹塑性体，岩石破碎本构关系符合德鲁克-布拉格(Drucker-Prager)准则且设定其硬化特征，并以剪切破坏准则来判断岩石是否达到破裂条件。PDC 钻齿直径为 $\Phi 10$mm，齿厚 h=2mm，切削深度 d=2mm，使用内聚力模型创建被切削岩石模型，岩石采用灰岩数据，取岩石模型的长、宽分别为 40mm、25mm，固定岩石四周。设切削速度 v=1.2m/s，仿真时长 t=0.034s。模型如图 5.3-5 所示。PDC 钻头钻齿切削破岩数值模型单元类型和对应数量如表 5.3-1 所示。

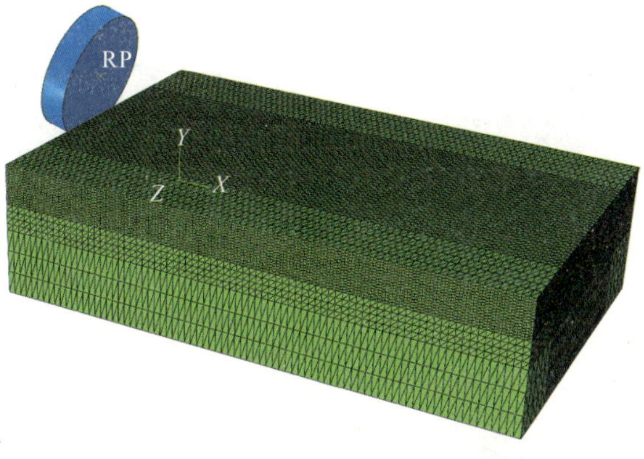

图 5.3-5　PDC 钻头钻齿切削破岩数值模型

表 5.3-1　PDC 钻头钻齿切削破岩数值模型单元类型和对应数量　（单位：个）

单元类型	数量
C3D4	369009
COH3D6	726338

在 PDC 钻齿线性切削数值模拟的参数设置中，将 PDC 切削齿视为刚体部件，钻齿倾斜 15°，设定其在切削稳定段直线切削速度为 1.2m/s。受切削岩石尺寸为 25mm×10mm×40mm。有限元模型中 PDC 层和花岗岩的主要物性参数设置参照表进行输入，其中灰岩岩样的物性参数由前文标定实验研究所用同批次岩样测得。

钻头钻齿切削破岩过程仿真如图 5.3-6 所示。在模拟仿真中，钻齿以固定速度加载，接触岩石后，接触区域出现应力集中；随着钻齿的加载，应力增大，当应力超过 cohesive 单元强度极限时，钻齿前方与下方应力集中区域的 cohesive 单元发生破坏，钻齿前方，由 cohesive 单元连接的有限元单元剥离，钻齿下方，cohesive 单元破坏表现为裂缝扩展。钻齿破岩过程如图 5.3-7 所示。

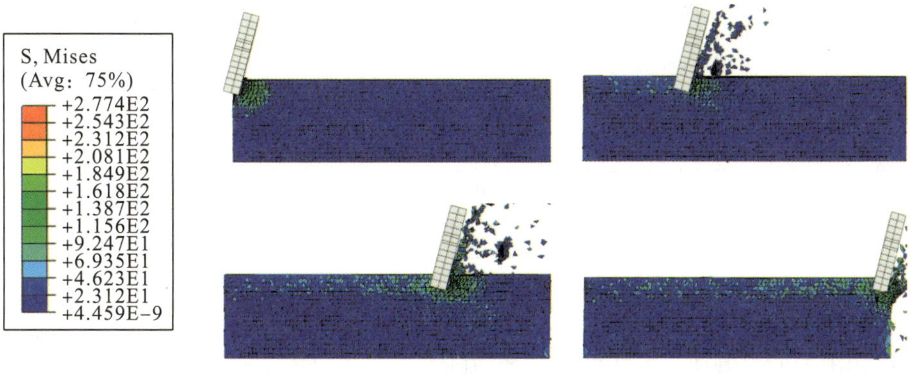

图 5.3-6　钻头钻齿切削破岩过程仿真

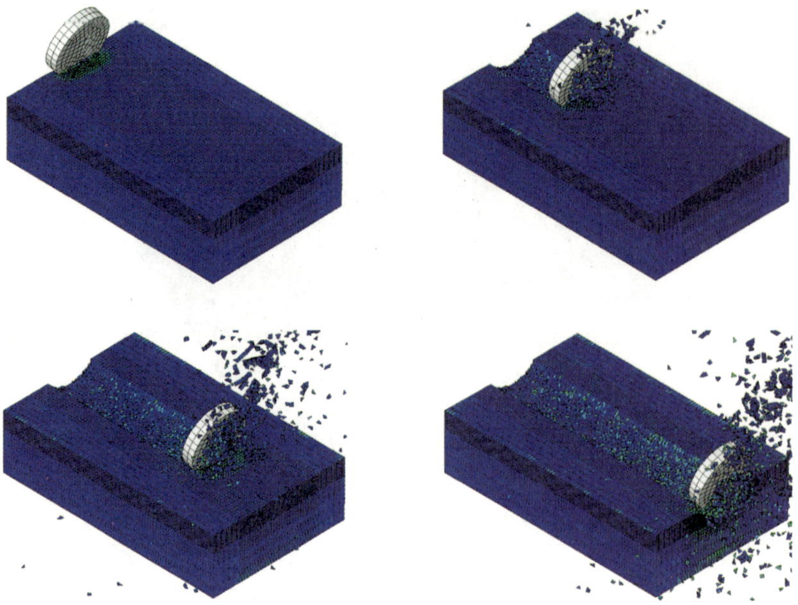

图 5.3-7 钻头钻齿切削破岩过程

受限于计算机运算能力，有限元网格尺寸远大于实际岩体颗粒尺寸，模拟破岩过程时，cohesive 单元破坏，钻齿前方有限单元以岩屑的形式剥离岩石表面，钻齿与岩石的接触应力减小，随着钻齿的加载，钻齿又与前方的有限元产生接触，接触应力变大。在这个循环的过程中，表现为钻齿受力的波动。为方便计算应力，采用非局部均值滤波方法对钻齿受力滤波。钻齿破岩过程加载方向受力(切削力)与垂直方向(竖向)受力(竖向反力)如图 5.3-8 所示。

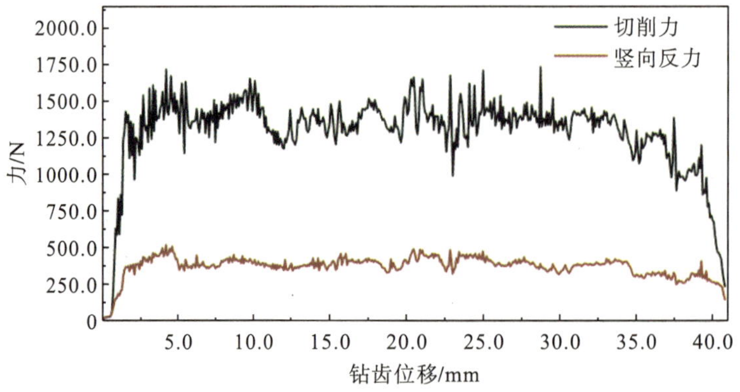

图 5.3-8 钻头钻齿切削破岩过程仿真

根据切削力变化规律，可将钻齿水平切削岩石过程分为三个阶段。第一阶段，钻齿与岩石发生接触，此阶段切削力与纵向反力变化较大。第二阶段，钻齿稳定切削岩石，切削力与纵向反力有小幅波动，总体保持平稳。第三阶段，钻齿靠近岩石边界，切削力与纵向反力不断减小，直至钻齿不与岩石接触。可选取位移为 15.0～30.0mm 的平均切削力，用以表征切削稳定状态的切削力。

1. 切削参数对力学响应的影响规律

钻齿切削破岩是岩石与钻齿交互的过程。钻齿切削深度不同、钻进参数设定不同，岩石发生破坏形式就不同，对钻齿的力学反馈也不同。分析不同切削速度、切削深度在同种岩石中的破坏过程，从而明确不同钻进参数对钻进响应的影响规律。

1) 切削速度

设定切削深度为 2mm，围压为 0MPa，选取不同切削速度，分别取 300mm/s、600mm/s、900mm/s 和 1200mm/s 的切削速度对岩石进行切削，研究切削力的变化规律。

截取切削方向剖面图进行分析，图 5.3-9 对应 300～1200mm/s 切削速度。由图可知，切削速度越快，钻齿下方岩石的集中应力越大，应力集中区域范围越大，岩屑剥离效果越明显。

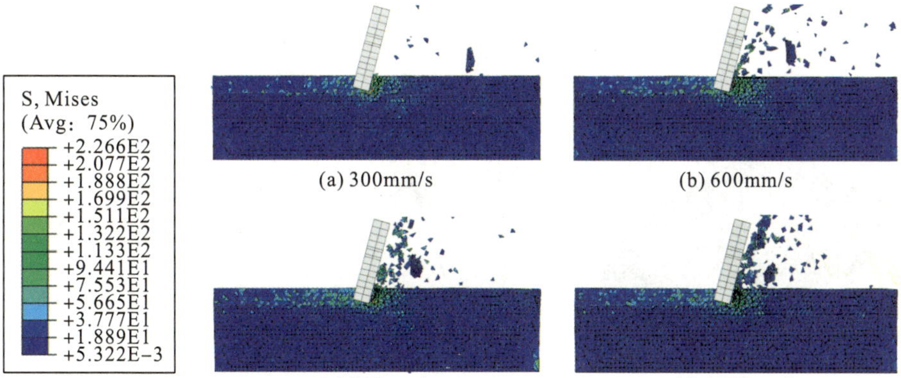

图 5.3-9　不同切削速度下岩体的应力

图 5.3-10 为不同切削速度下的钻齿受力情况，切削速度从 300mm/s 增加到 1200mm/s。由图 5.3-11 可知，钻齿平均切削力从 811.17N 增加到 1374.48N，竖向反力从 203.84N 增加到 397.21N，钻齿切削速度越快，钻齿切削力波动幅度越大。

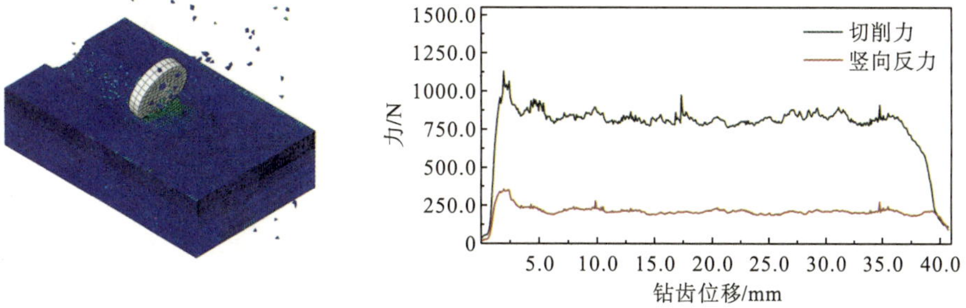

(a) 300mm/s

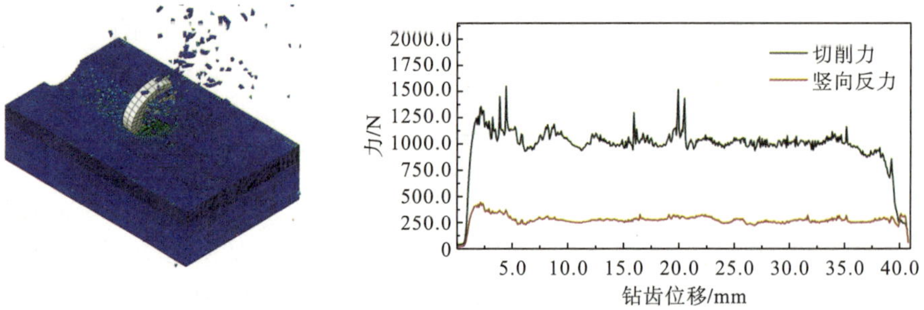

(b) 600mm/s

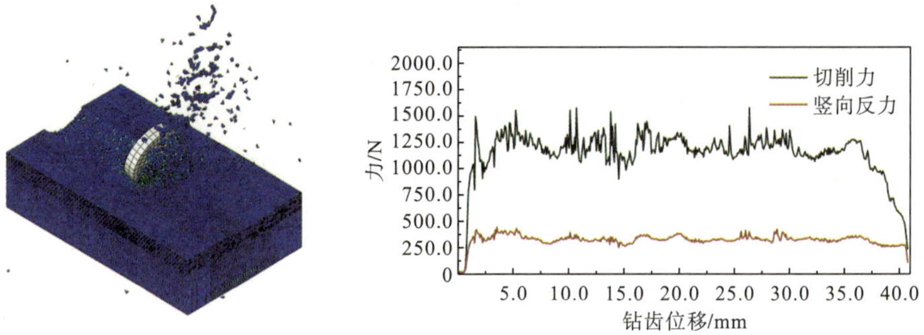

(c) 900mm/s

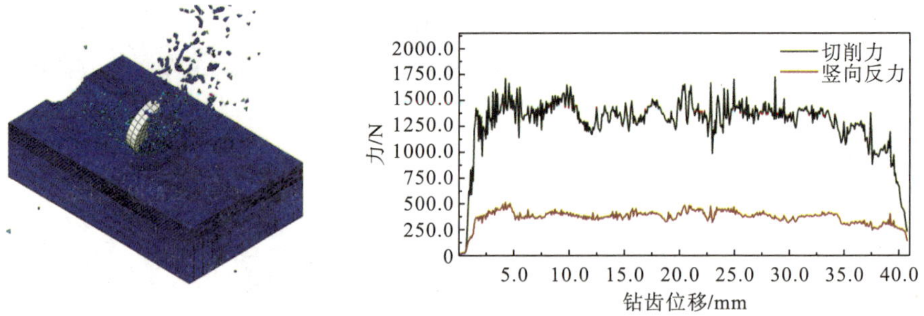

(d) 1200mm/s

图 5.3-10 不同切削速度下切削力和竖向反力与钻齿位移的关系

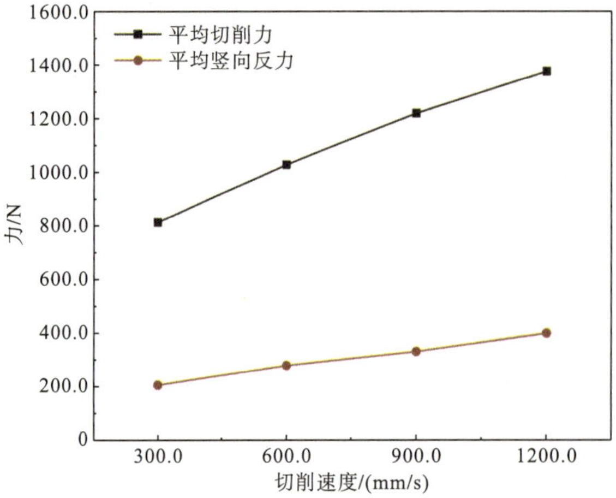

图 5.3-11 不同切削速度下切削力和竖向反力与钻齿位移的关系图

2）切削深度

设定钻齿直径为 10mm，钻齿角度为 15°，钻进速度为 1200mm/s，分别取 0.5mm、1.0mm、1.5mm、2.0mm 的切削深度对岩石进行切削，研究切削力的变化规律。

不同切削深度下岩石的应力情况如图 5.3-12 所示。由图可知，切削深度越大，应力集中区域范围越大，随着切削深度的增加，应力集中区域向钻齿加载方向扩大。

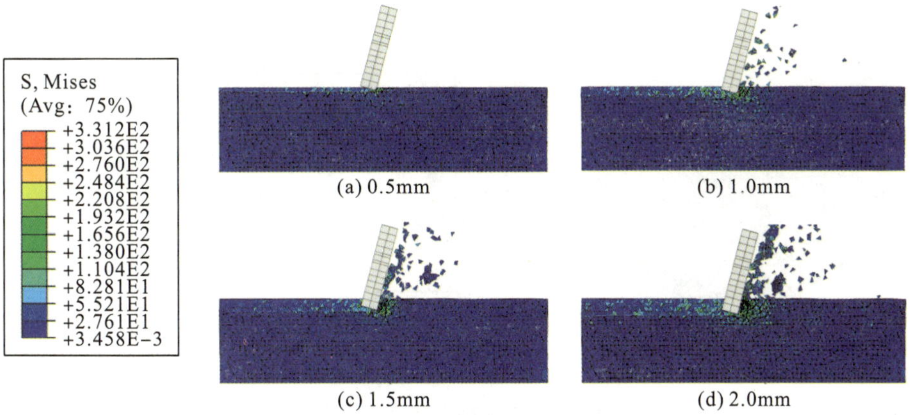

图 5.3-12　不同切削深度下岩石的应力情况

图 5.3-13 为不同切削深度下的钻齿受力情况，切削深度从 0.5mm 增加到 2.0mm。由图 5.3-14 可知，钻齿平均切削力从 153.60N 增加到 1374.48N，竖向反力从 58.80N 增加到 397.21N，切削深度为 0.5mm 时，钻齿波动最大，这是由于有限元网格以固定尺寸划分，切削深度小，破坏的单元数量少，应力不连续现象突出。

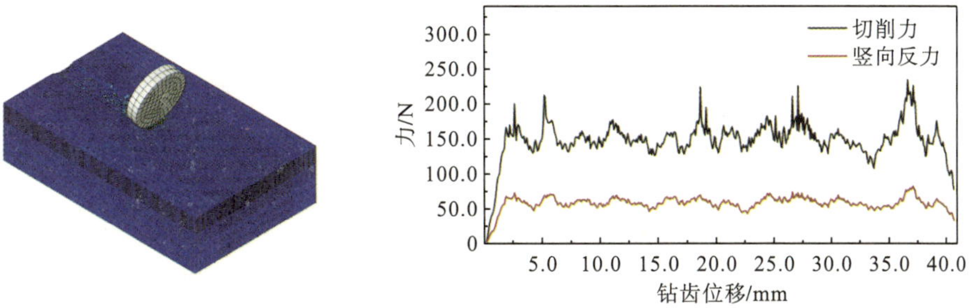

(a) 0.5mm

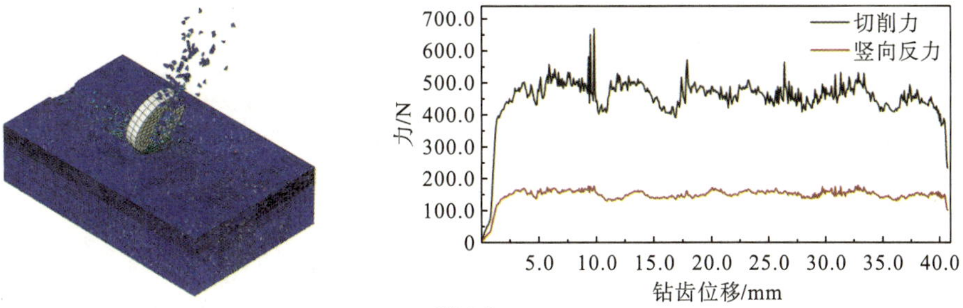

(b) 1.0mm

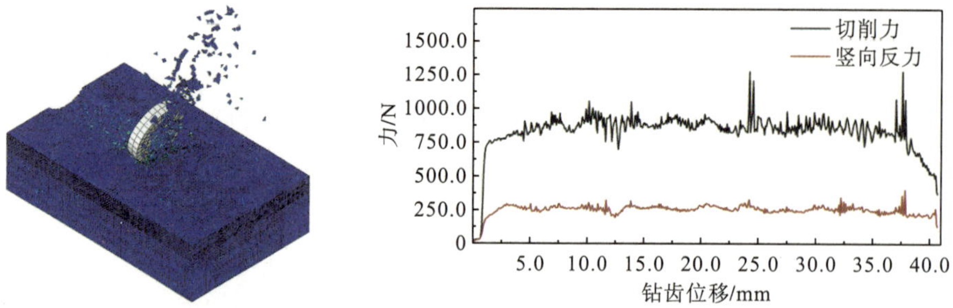

(c) 1.5mm

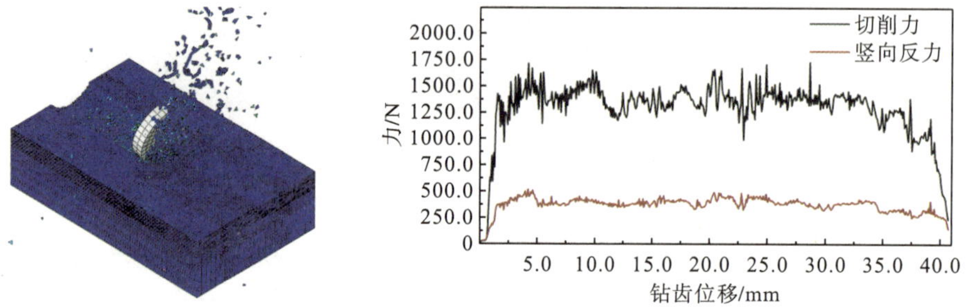

(d) 2.0mm

图 5.3-13 不同切削深度下切削力和竖向反力与钻齿位移的关系

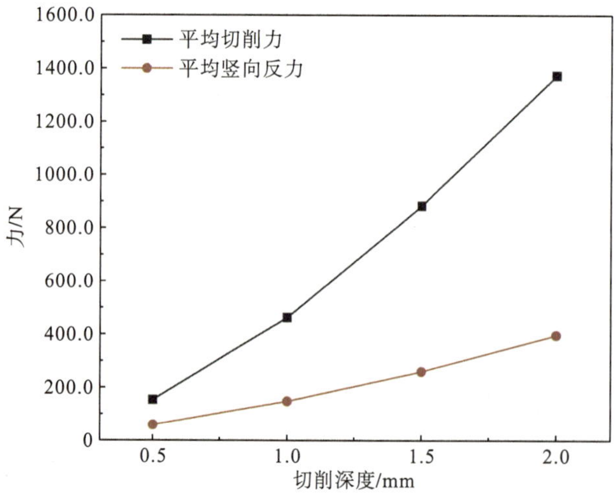

图 5.3-14 切削力和竖向反力与切削深度的关系

2. 岩石力学参数

钻齿切削岩石的过程是钻齿与岩石互相作用的过程，岩石力学性质发生变化，力学响应也会发生变化。本节研究不同围压、不同抗压强度下的力学响应。

1) 围压

钻齿与岩石互相作用下的围压模型如图 5.3-15 所示。在岩石力学参数保持不变，切削速度为 1200mm/s，切削深度为 2mm 的情况下，在岩石四周分别加载 0MPa、5MPa、10MPa、15MPa、20MPa 的围压，测试钻齿切削在不同围压下的力学响应。

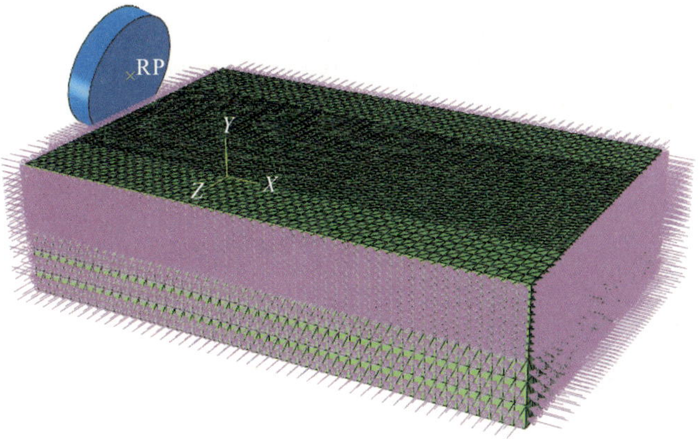

图 5.3-15　钻齿与岩石互相作用下的围压模型

不同围压下岩石的应力情况如图 5.3-16 所示。截取切削方向剖面图进行分析，图中分别对应 0～20MPa 围压。由图可知，围压越大，应力集中区域范围越小，但破岩效果、岩屑粒度与围压关联度较小。

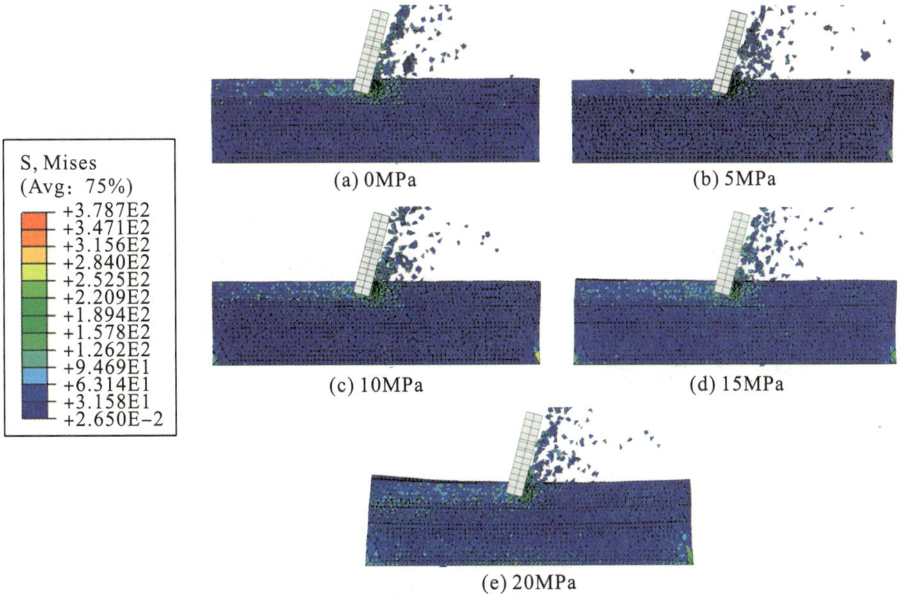

图 5.3-16　不同围压下岩石的应力情况

图 5.3-17 为不同围压下的钻齿受力情况，在切削过程中，不同围压下的横向切削力、纵向切削力走向保持一致，由图 5.3-18 可知，0MPa 条件下，稳定切削状态的平均切削力为 1374.48N，平均竖向反力为 397.21N；5MPa 条件下，稳定切削状态的平均切削力为

1365.37N，平均竖向反力为 392.52N；10MPa 条件下，稳定切削状态的平均切削力为 1368.30N，平均竖向反力为 410.43N；15MPa 条件下，稳定切削状态的平均切削力为 1349.13N，平均竖向反力为 400.25N；20MPa 条件下，稳定切削状态的平均切削力为 1384.95N，平均竖向反力为 418.38N。切削力最大与最小相差 2.6%，竖向反力最大与最小相差 2.6%，由此可知，围压对单齿破岩的力学响应影响较小。

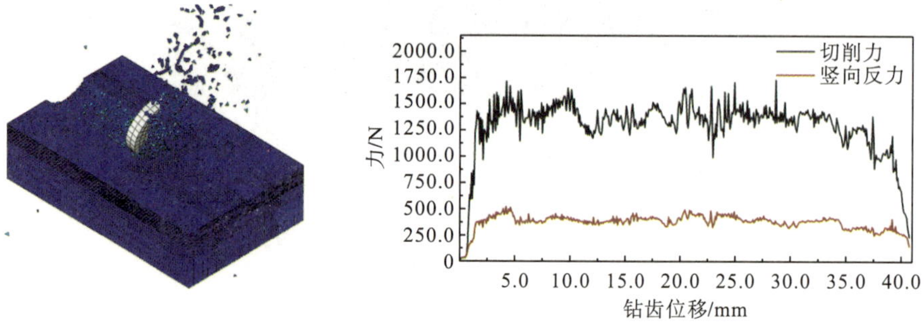

(a) 0MPa

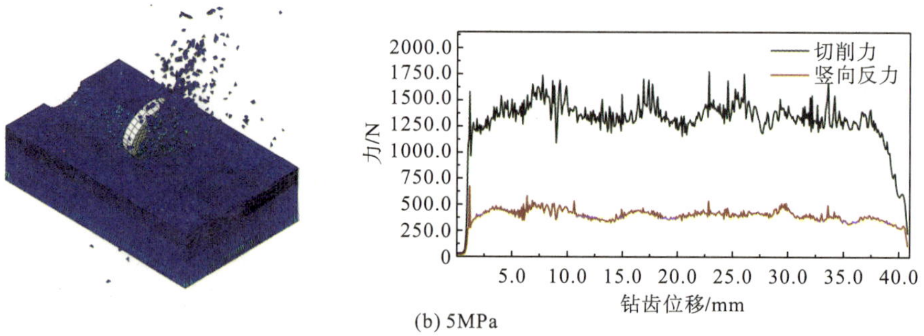

(b) 5MPa

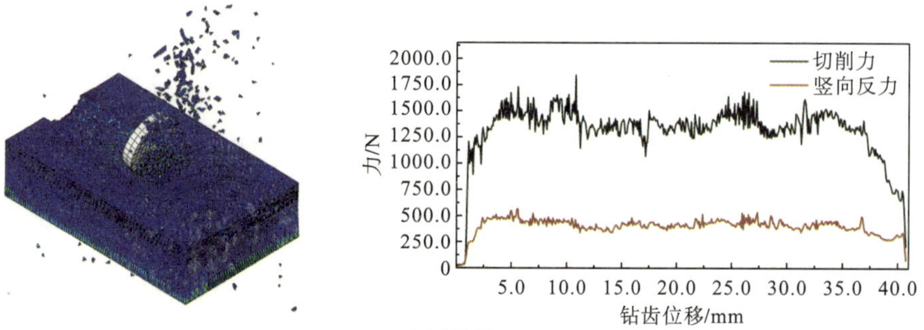

(c) 10MPa

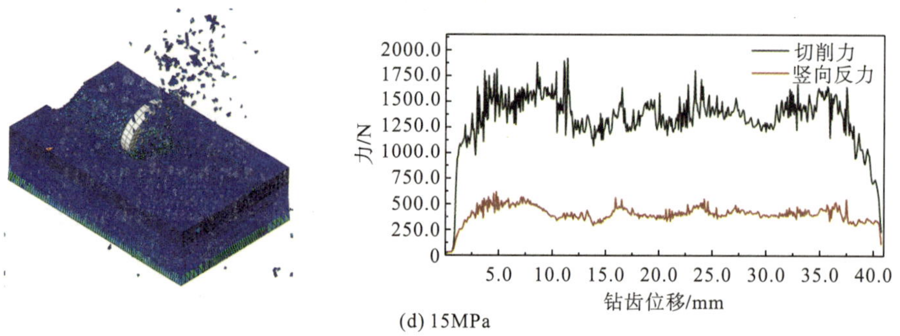

(d) 15MPa

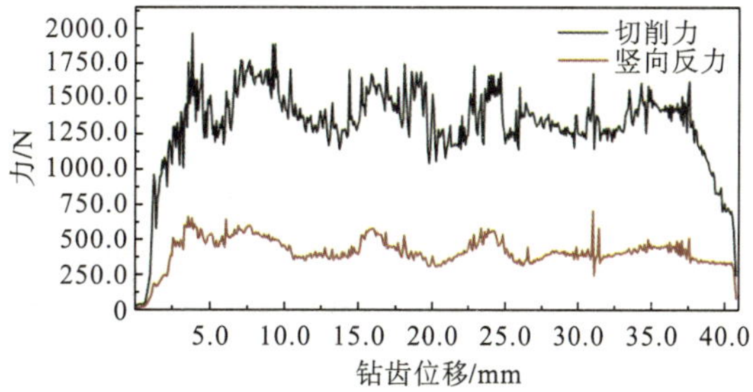

(e) 20MPa

图 5.3-17　不同围压下钻齿切削力和竖向反力与钻齿位移的关系

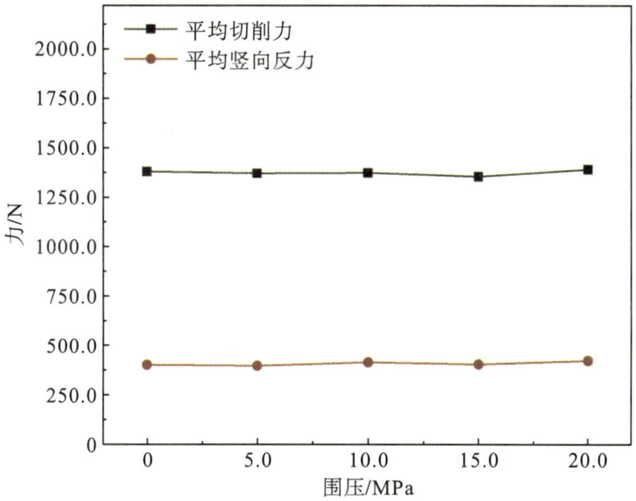

图 5.3-18　切削力和竖向反力与围压的关系图

2) 抗压强度

不同岩石抗压强度下岩石的应力情况如图 5.3-19 所示。岩石抗压强度是岩石力学参数中具有代表性的参数，通过第 2 章参数标定方法标定灰岩、花岗岩、大理岩岩石抗压强度，分别为 88.93MPa、57.4MPa、25.7MPa，保持相同的切削速度与切削深度。由图可知，不同岩石抗压强度下，岩石所受的应力大小和应力集中区域，有较大的差别，岩石抗压强度越大，岩石应力集中区域越大，应力越集中，主要原因为，岩石抗压强度增大，岩石破碎的难度也逐渐增大。

图 5.3-20 为不同岩石抗压强度下切削力和竖向反力与钻齿位移的关系，在切削过程中，不同岩石抗压强度下的切削力、竖向反力走向保持一致。由图 5.3-21 可知，岩石抗压强度为 25.7MPa 条件下，稳定切削状态的平均切削力为 698.53N，平均竖向反力为 189.42N；岩石抗压强度为 57.4MPa 条件下，稳定切削状态的平均切削力为 1021.32N，平均竖向反力为 246.42N；岩石抗压强度为 88.93MPa 条件下，稳定切削状态的平均切削力为 1383.35N，平均竖向反力为 317.24N。分析可知，岩石抗压强度的变化与钻齿的平均切削力和平均竖向反力变化成正比，岩石抗压强度的变化引起竖向反力变化更为剧烈，其主要原因是钻齿横向

切削时，在切削齿前方，岩石单元受到变形压缩堆积的范围相较竖向切削更大、更为明显，钻齿前进的阻力增大，所以横向切削破坏所需的力，随着岩石抗压强度的增大，增幅更大。

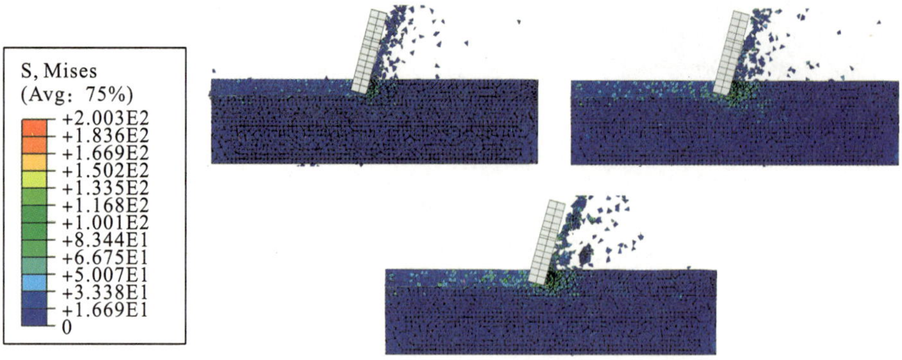

图 5.3-19　不同岩石抗压强度下岩石的应力情况

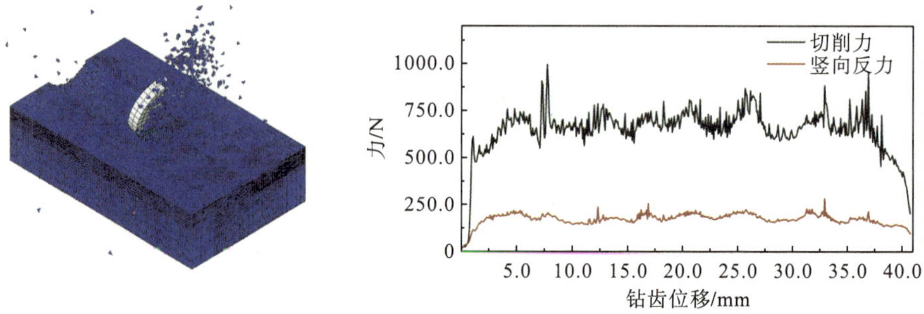

(a) 25.7MPa

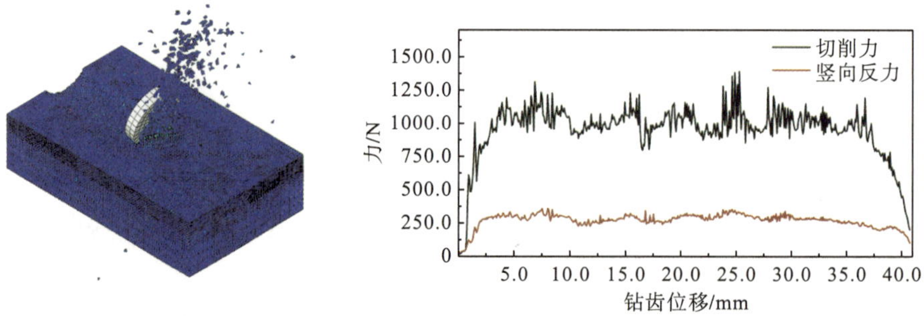

(b) 57.4MPa

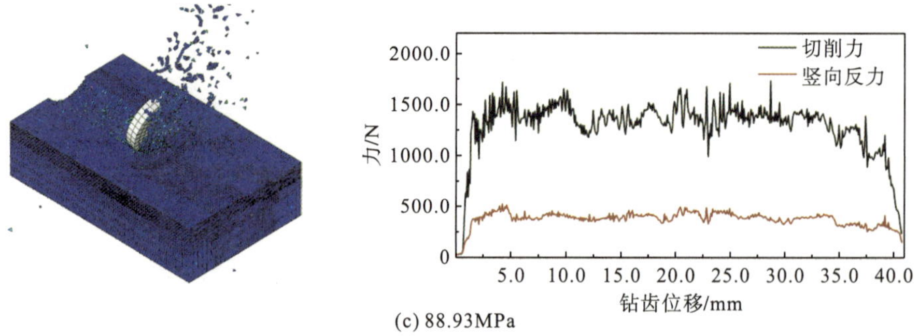

(c) 88.93MPa

图 5.3-20　不同岩石抗压强度下切削力和竖向反力与钻齿位移的关系

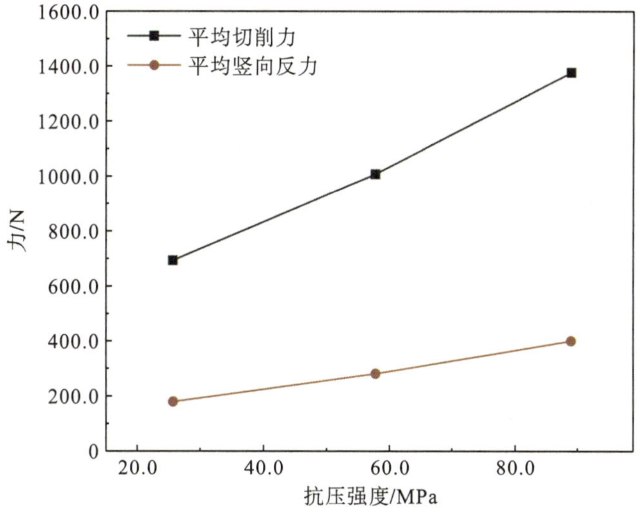

图 5.3-21　切削力和竖向反力与抗压强度的关系

3. 裂隙参数

岩体结构会对钻齿的力学响应产生影响。切削是在均质连续介质中进行的，可以保持相对稳定的力学特征，但现实中存在裂隙等岩体结构，介质不再连续，力学响应也会发生相应的变化。切削过程中钻齿通过裂隙的过程如图 5.3-22 所示，当钻齿临近裂隙时，靠近临空面，切削力降低，当钻齿通过裂隙，并未与另一侧岩体产生接触时，切削力持续减小，随着钻齿的前进，钻齿与另一侧岩体发生接触。

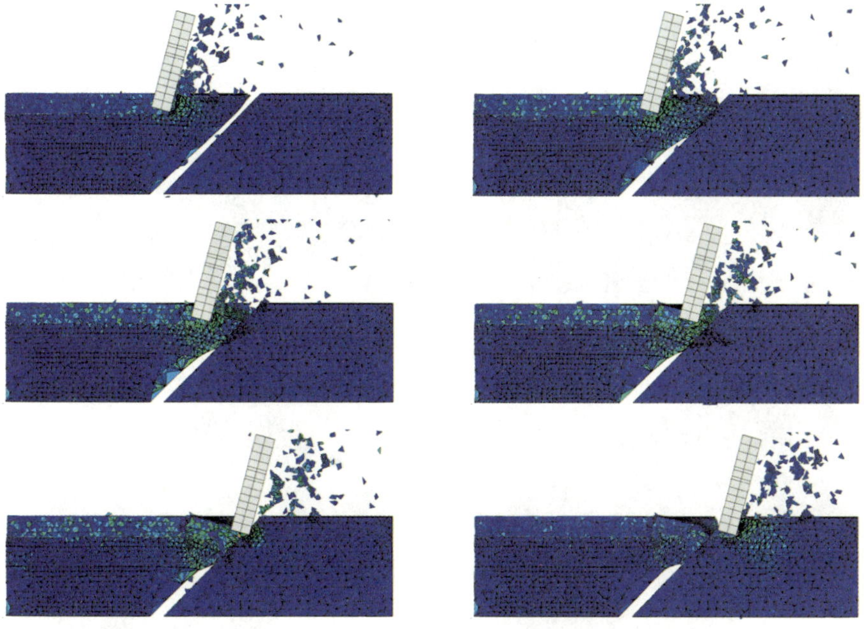

图 5.3-22　切削过程中钻齿通过裂隙的过程示意图

裂隙处岩石破裂过程如图 5.3-23 所示。

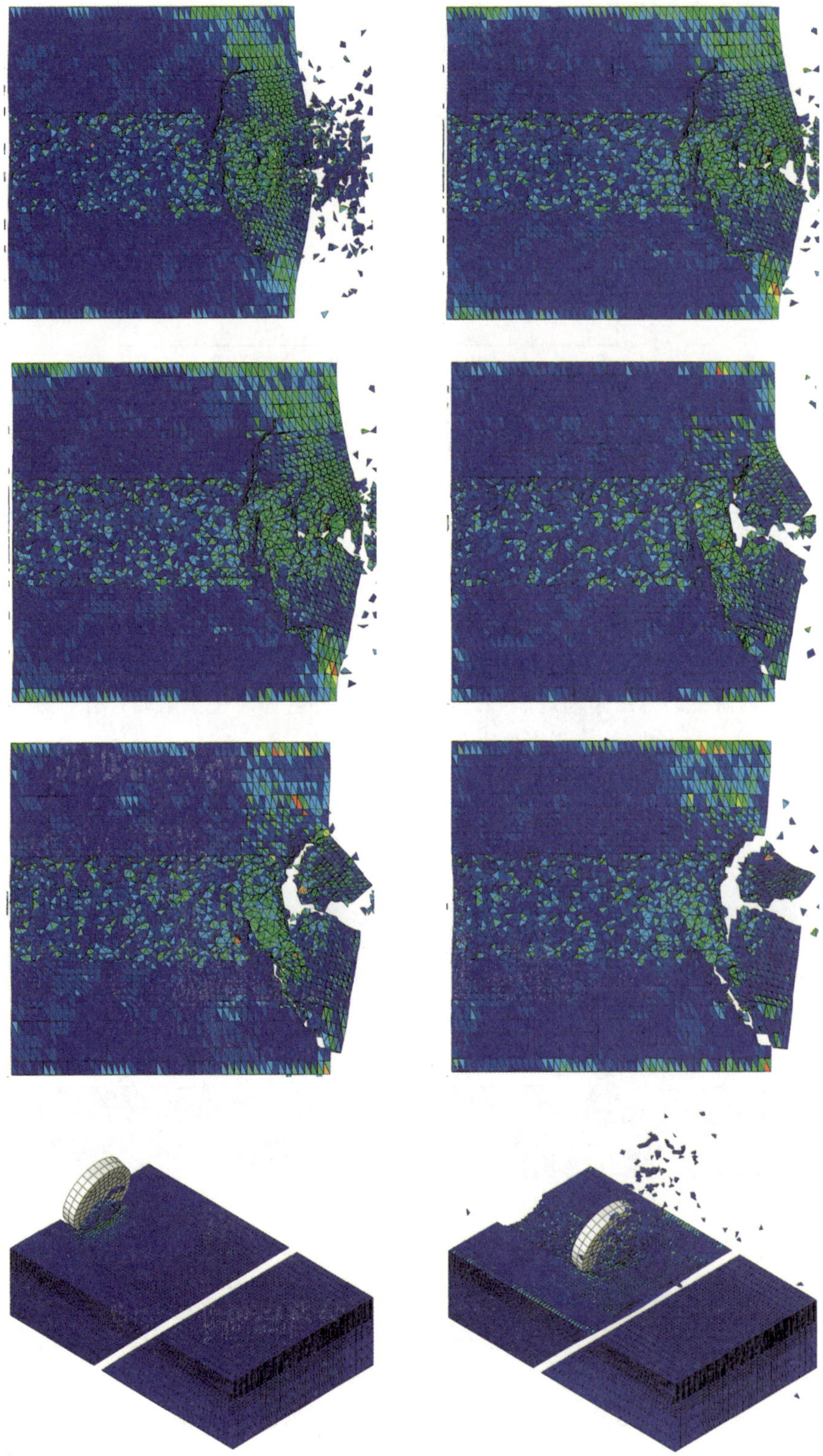

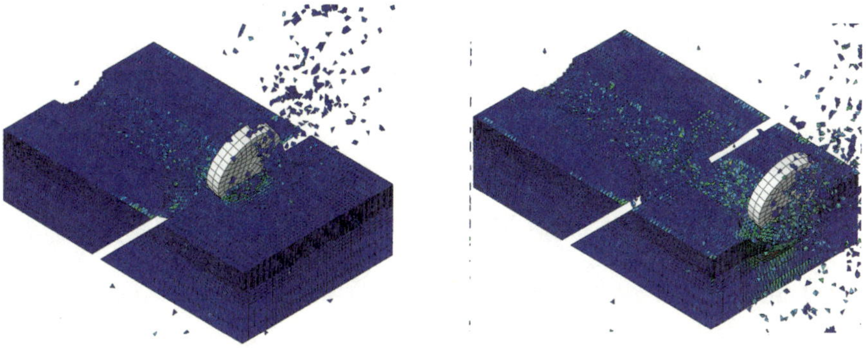

图 5.3-23　切削过程中钻齿通过裂隙时的应力图

由图 5.3-24 分析可知，当钻齿靠近裂隙时，切削力与竖向反力均呈下降的趋势，且切削力的下降幅度更大，这是因为钻齿前方岩石单元堆积在裂隙处得到了缓解和发生了大体积破碎，钻齿前进阻力减小，所以切削力大幅度减小；对于竖向反力，因为发生了大体积破碎，钻齿下方的岩石单元减少。又因为钻齿的切入深度是固定的，所以对岩石的竖向作用力减小，即所受到的竖向反力减小。当经过裂隙后，钻齿前方的岩石单元开始堆积，钻齿前进阻力增大，所以切削力大幅增大；对于竖向反力，与钻齿接触的岩石单元增加，竖向作用力增大，所以钻齿受到的竖向反力增大。

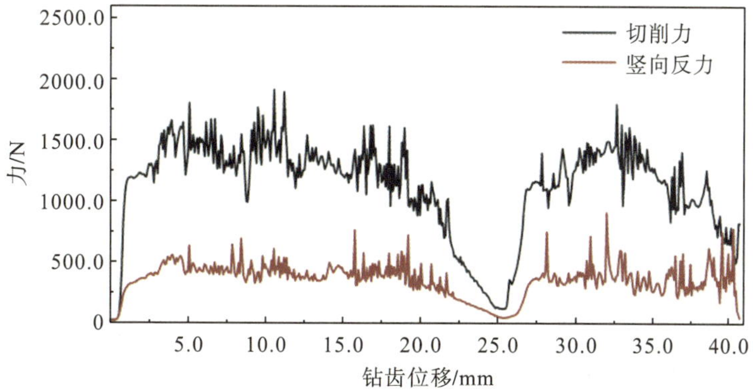

图 5.3-24　钻齿切削过程中切削力和竖向反力与钻齿位移的关系

为探究不同裂隙因素对钻齿破碎岩石产生的影响，利用 Abaqus 软件进行一系列仿真模拟，综合分析不同裂隙因素对钻齿破碎岩石效果的影响原因。

1) 裂隙宽度

图 5.3-25 为钻齿破碎不同裂隙宽度的示意图。

由图 5.3-26 分析可知，随着裂隙宽度的增大，钻齿的切削力和竖向反力下降更为彻底，这是因为当裂隙宽度到达一定程度时，钻齿不会与岩石单元发生接触，因此也就不会发生相互作用；钻齿受到的切削力和竖向反力先减小后增大，主要原因是钻齿前方岩石单元的堆积先减弱和发生大体积破碎，钻齿与岩石单元的相互作用减弱，所以切削力和竖向反力下降，经过裂隙后，又重新与岩石单元发生相互作用，切削力和竖向反力就会逐渐增大。

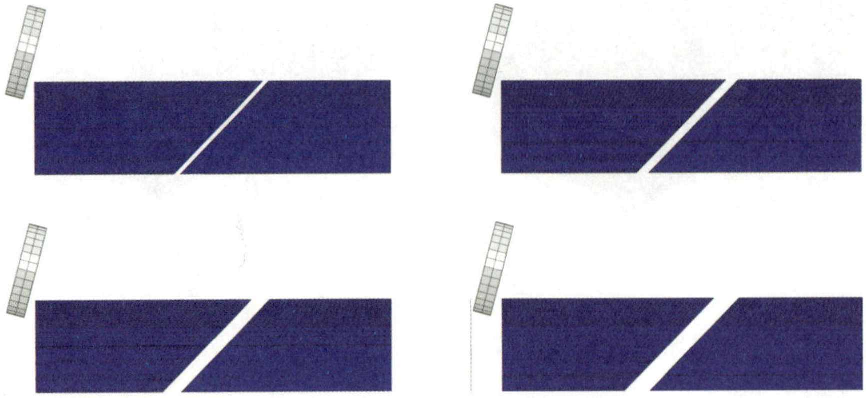

图 5.3-25　不同裂隙宽度示意图

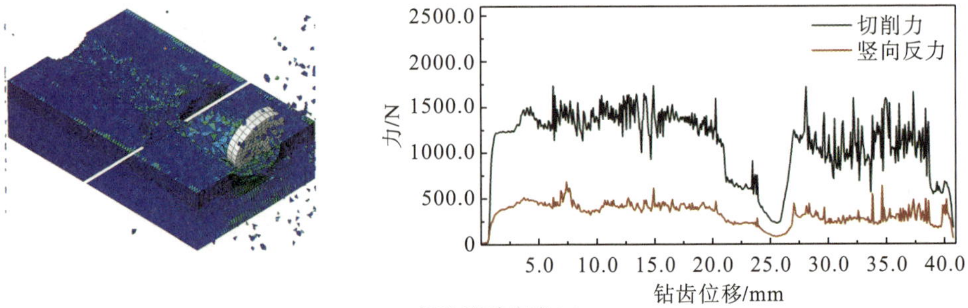

(a) 标准裂隙宽度(1)

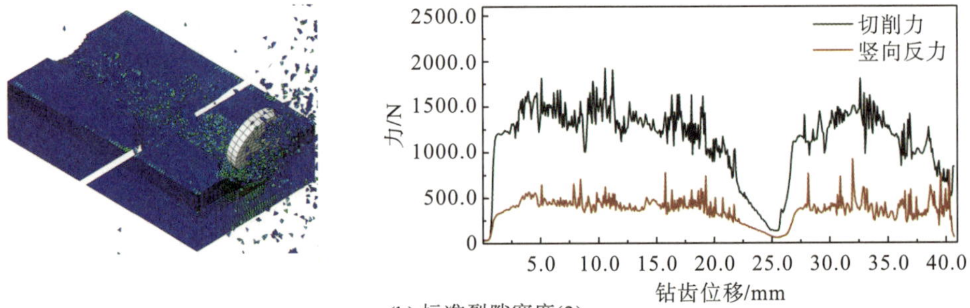

(b) 标准裂隙宽度(2)

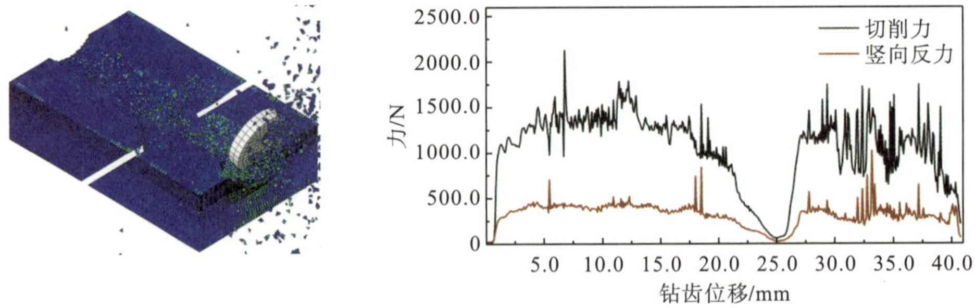

(c) 标准裂隙宽度(3)

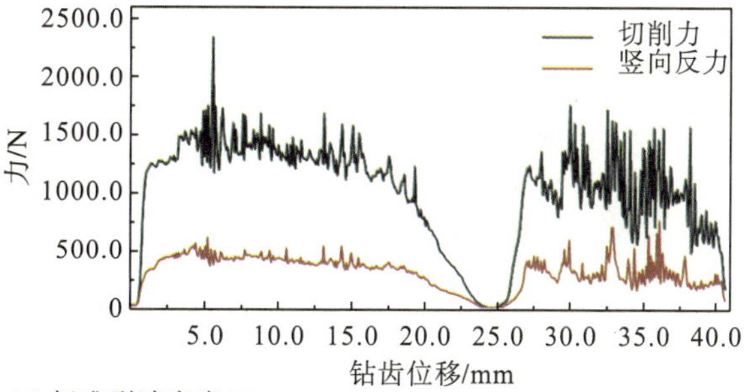

(d) 标准裂隙宽度(4)

图 5.3-26　钻齿通过不同裂缝宽度时切削力和竖向反力与钻齿位移的关系

2) 裂隙角度

图 5.3-27 为钻齿破碎不同裂隙角度示意图。

(a) 30°

(b) 45°

(c) 60°

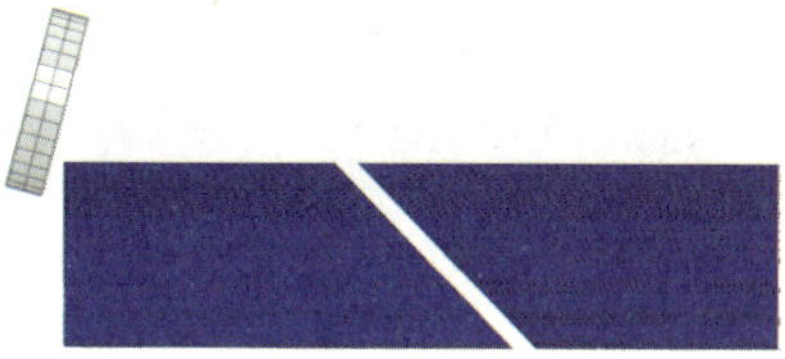

(d) −45°

图 5.3-27　不同裂隙角度示意图

图 5.3-28 为钻齿破碎不同裂隙角度的过程示意图，对比图 5.3-28(a)、(b) 和 (c) 可知，钻齿破碎 60°裂隙岩石时，在裂隙附近产生的体积破碎范围更大，说明裂隙的角度与钻齿经过裂隙产生的体积破碎的大小有密切关系；对比图 5.3-28(b) 与图 5.3-28(d) 可知，裂隙的倾斜方向与钻齿运动方向相近时，更易发生大体积破碎。

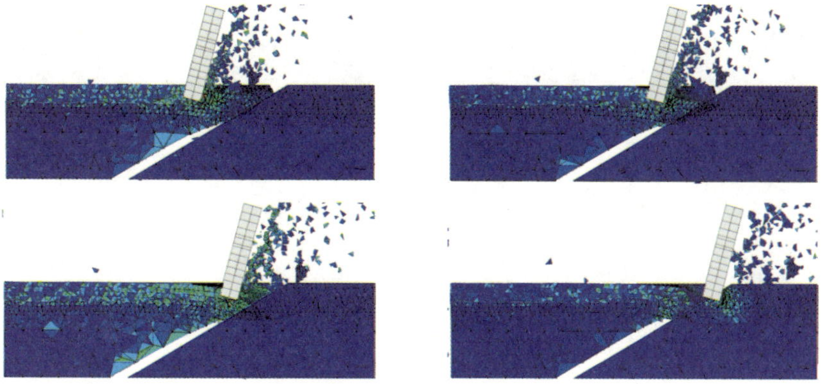

(a)钻齿破碎30°裂隙岩石过程示意图

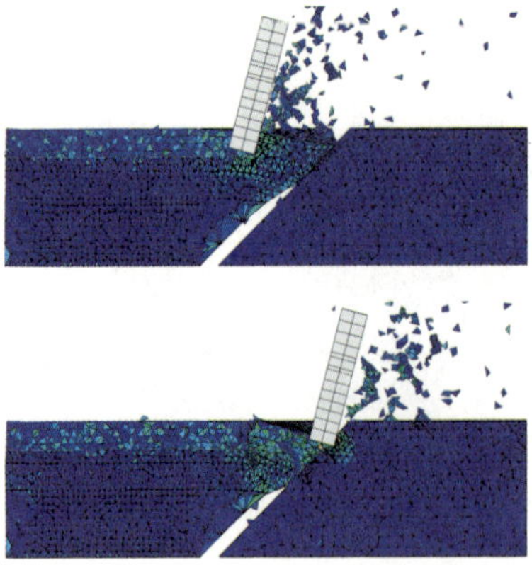

(b)钻齿破碎45°裂隙岩石过程示意图

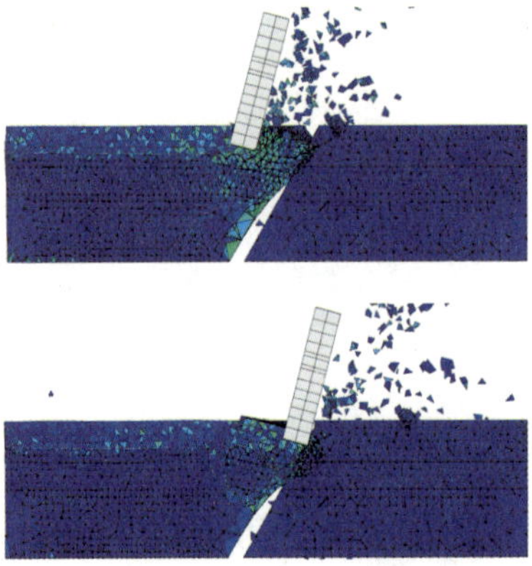

(c)钻齿破碎60°裂隙岩石过程示意图

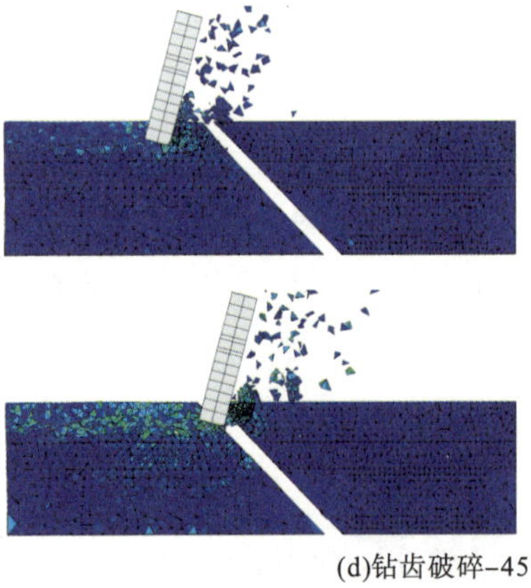

(d)钻齿破碎-45°裂隙岩石过程示意图

图 5.3-28　钻齿破碎不同裂隙角度过程示意图

3) 裂隙数量

图 5.3-29 为钻齿破碎不同裂隙数量示意图。

(a) 裂隙数量为1　(b) 裂隙数量为2　(c) 裂隙数量为3

图 5.3-29　不同裂隙数量示意图

由图 5.3-30 分析可知，随着裂隙数量的增加，钻齿发生大体积破碎的次数也增加，均发生在岩石裂隙前；随着裂隙数量的增加，钻齿的切削力和竖向反力大幅下降的次数也随之增加，这是因为钻齿经过裂隙时，钻齿与岩石的相互作用减弱，导致钻齿的切削力和竖向反力减弱。

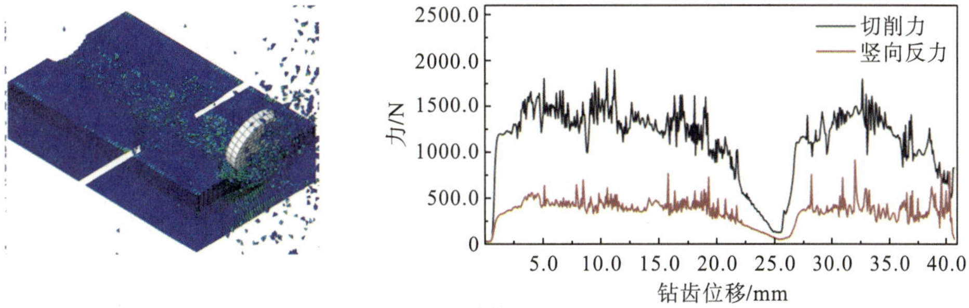

(a) 裂隙数量为1

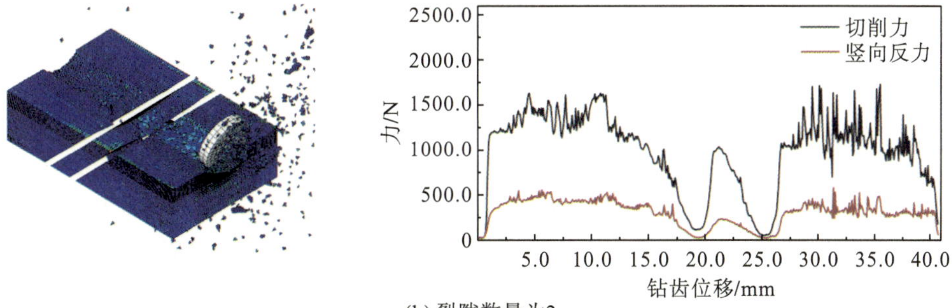

(b) 裂隙数量为2

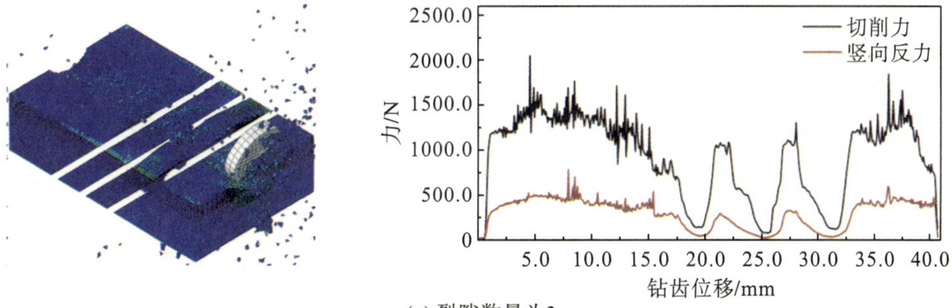

(c) 裂隙数量为3

图 5.3-30　不同裂隙数量下切削力和竖向反力与钻齿位移的关系

5.4 深孔综合测井技术

本书研究团队联合开发了一套适合于水平孔的综合测井系统，攻克了水平孔内结构面成像计算和存储难的问题，一次性完成全景成像/声波测试/水压力测试/地温测试/井斜方位测试/岩性综合测试，通过钻杆将仪器输送到水平孔内目的层，存储地层内的相关物理参数，再通过处理分析软件，形成综合解释成果图。该测试仪器优点与特点主要表现在以下方面。

(1) 钻杆输送存储式测井工艺由于仪器在钻具的底部，钻具可以将测井仪器直接输送到孔底。仪器下放的过程中可以加压、旋转钻具和循环泥浆，测井过程中可以避免造成仪器损坏和工程事故。

(2) 利用孔下大容量的存储器及电池供电，无须电缆，一次下井可完成测斜、方位、井温、孔隙水压力、纵波波速、孔内电视成像等测井项目。

(3) 无须电缆，钻具直推仪器下孔；地面系统进行时间-深度记录；下入孔内仪器自存储测井数据，无论钻具上提或下放均能测井。

(4) 下入孔内仪器状态可控，保证作业安全一次下入孔内可完成全部测井项目。

(5) 操作过程相对简单，占用孔口时间短，测井资料质量高。

深孔综合测试技术主要包含多参数综合测试仪器研发和仪器测井推送技术两个方面，下面介绍测试仪器在孔内的测试应用与效果。

5.4.1 综合测井仪器研发

1. 多参数综合测井仪器原理

多参数综合测井仪器将地球物理测井技术与数据存储技术相结合，多参数的物理测井方法与可视化的成像技术相结合，通过钻杆将相关传感器输送到大斜度及水平孔内目的层，把地层内的相关物理参数及孔壁的真实影像视频存储记录，再通过地面解析得出相关物理参数及钻孔岩心三维立体图，为相关工程建设提供准确的计算数据及技术支撑。水平孔综合测试仪器具体功能模块包括：①井温、自然伽马、孔斜/方位、压力测量功能；②纵波波速测量；③全孔壁高清成像、录像及钻孔轨迹测量功能；④能够持续工作 60h 以上；⑤钻孔内数据存储模块；⑥地面检测与深度测量系统；⑦数据采集及回放处理系统；⑧其他辅助材料，包括绝缘短节、导向锥、硬电极、钻杆连接件等。

1) 压力采集

测压单元的传感器可采用应变式压力传感器或者扩散硅压力传感器，本仪器选用扩散硅压力传感器。扩散硅压力传感器是以单晶硅为基体，采用先进的离子注入工艺和微机械加工工艺，制成的具有惠斯顿电桥和精密力学结构的硅敏感元件。被测压力通过压力接口作用在硅敏感元件上，实现了所加压力与输出信号的线性转换，经激光修调的厚膜电阻网络补偿了敏感元件的温度性能，其性能更加稳定，不易漂移。压力传感器输出模拟信号进入 A/D(模数)转换器进行数据采集，见图 5.4-1。

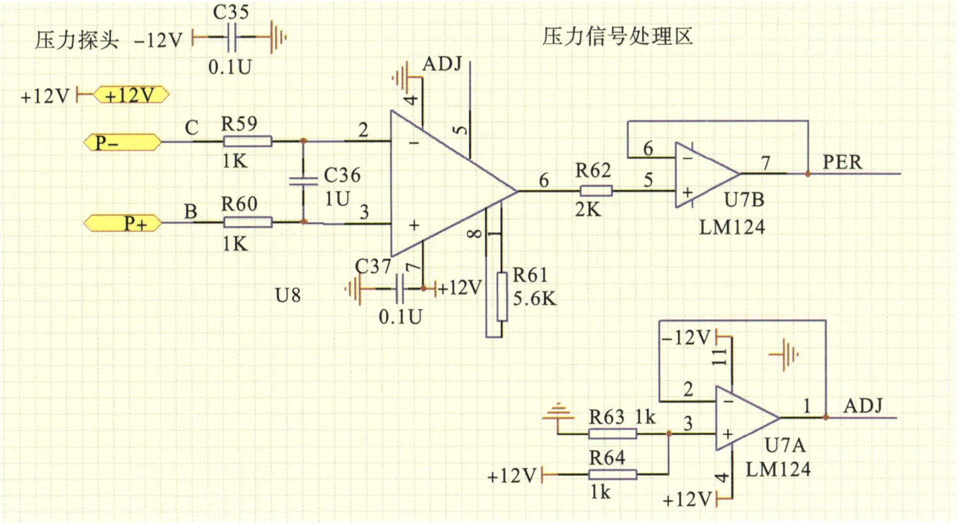

图 5.4-1　压力采集单元设计原理

2) 温度采集

采用精密铂电阻作为测温元件，铂电阻是根据温度不同引起电阻变化的原理制成的，而铂这种金属在一定的温度变化范围之内，电阻与温度的线性关系好，准确度高，所以被广泛用作测量 0～500℃的测温元件。在此设备中温度传感器采用一体封装技术，内部封装导热材料，外部采用不锈钢外管包裹，保证外界温度能快速传递到感温器件。这种封装导热性好、耐压耐腐蚀性能突出，是目前最好的封装方式。电路中采用 PT100 作为温度传感器。铂电阻的信号采集由高精度双运放、一个仪表放大器和一个压频转换构成，见图 5.4-2。

3) 自然伽马采集

自然伽马采集单元由闪烁探头、分压电路、脉冲整形、高压电源电路构成，自然伽马测井仪的闪烁探头是一个密闭的暗盒，内有闪烁体、光导和光电倍增管三个部件。当核辐射进入闪烁体时，闪烁体中的原子受激而产生荧光。利用光导和反射物质把大部分荧光光子收集到光电倍增管的光阴极上。光子在光阴极上打出光电子，光电子在光电倍增管内不断倍增，最后形成电子束在阳极上产生电脉冲，此脉冲经过脉冲整形后送入处理器，见图 5.4-3。

闪烁体是碘化铯晶体，它输出脉冲的幅度与次级电子能量成正比。因此，闪烁计数器不仅可以测量射线强度，而且可以测量射线能量。主要电路的设计原理见图 5.4-4。

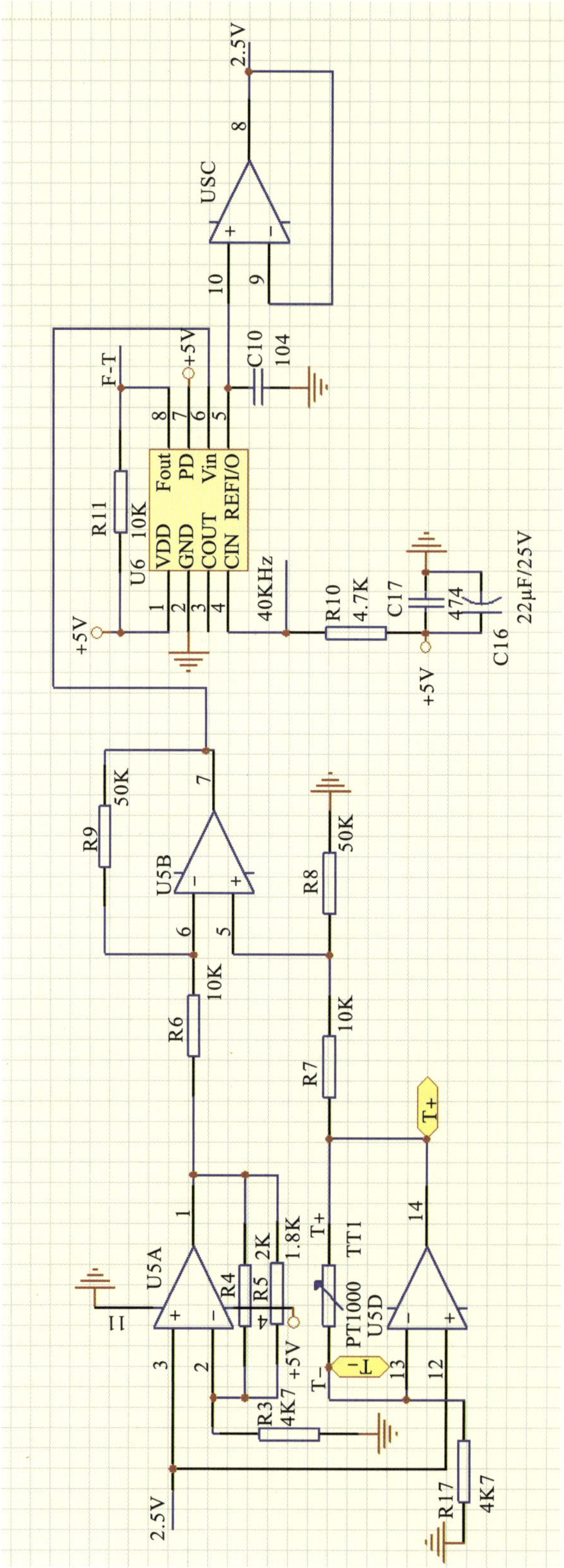

图 5.4-2 温度采集单元设计原理图

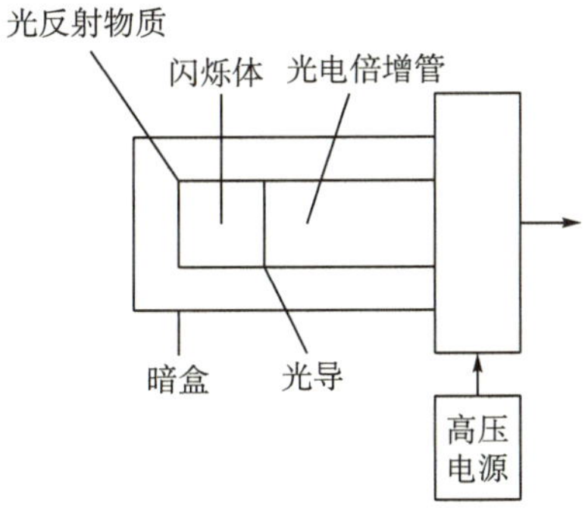

图 5.4-3　自然伽马闪烁探头

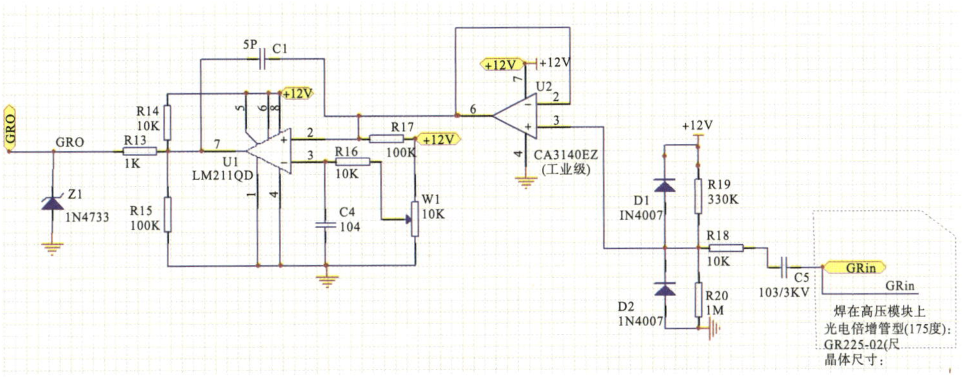

图 5.4-4　自然伽马采集单元设计原理图

4) 声波采集

声波采集主要测量孔下岩层声波传播速度，声波测孔是指利用声波在不同岩石中的传播速度、幅度及频率的变化等声学特性来研究钻孔的地质剖面。将一个受控声波振源放入井中，声源发出的声波引起周围质点的振动，在地层中产生体波即纵波和横波，在孔壁-冲洗液界面上产生诱导的界面波即伪瑞利波和斯通莱波。这些波作为地层信息的载体，被井下接收器接收，送至地面记录下来，就是声波测孔。接收器、声源统称为声系，根据声系排列及尺寸的不同，声波测井仪可分为补偿测井仪、长源距声波测井仪和阵列声波测井仪。声波在井内地层中传播由于地层岩石成分、结构、孔隙中流体成分的变化，其波的速度、幅度甚至频率都会发生变化。只记录声波速度变化的称为声速测井，而记录声幅度变化的则称为声幅测井。声波速度测井中短源距声系仅记录纵波(即首波)传播时差，长源距声系可记录下纵波、横波传播时差，见图 5.4-5。长源距声波测井仪有两个接收器(R、R2)和两个发射器(T1、T2)。测量是在两个位置上进行的，在第一个位置时，发射器 T1(或 T2)发射，在顶部的两个接收器测最时差；当仪器提到两个发射器和第一个位置时两个接收器位置接近，两个发射器发射，R2(或 R1)记录。第一个位置记录的结果由地面仪器存储起来，等第二个位置记录之后，由仪器自动计算并输出经过井眼补偿的声波时差。

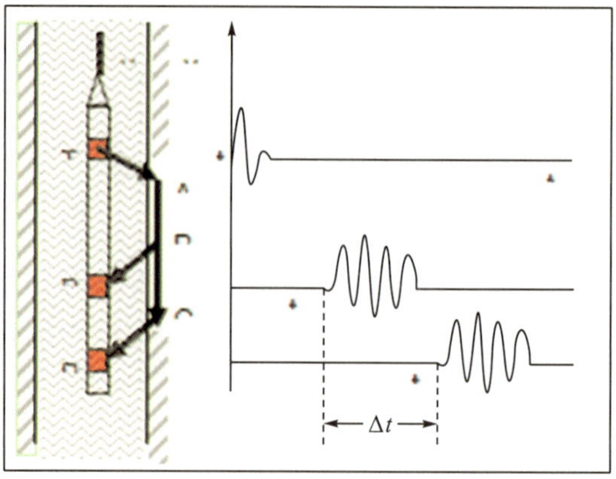

图 5.4-5　一发双收声波测试示意图

5）孔内电视

孔内电视主控硬件电路、程序及通信模块见图 5.4-6。

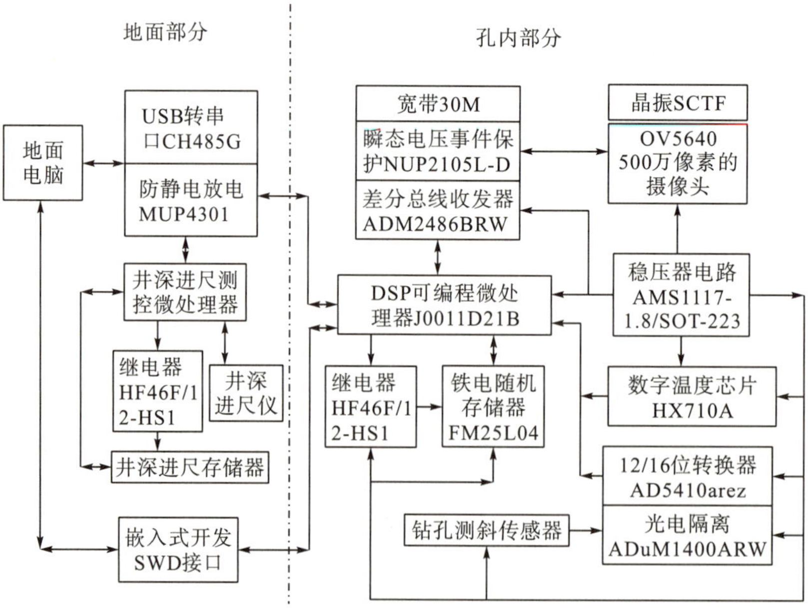

图 5.4-6　孔内电视主控硬件电路、程序及通信模块

孔内电视选用 OV5640 500 万像素的摄像头，该系统级芯片(SOC)传感器采用 OmniVision 公司的 1.4μm 的 OmniBSI™背面照度架构，以提供卓越的像素性能和最佳的低光灵敏度，同时使用 8.5mm×8.5mm 超小型相机模块设计，小于 6mm 的 *Z* 轴高度。主控处理器选用 DSP 微处理器，是以数字信号来处理大量信息的器件。其工作原理是接收模拟信号，将其转换为 0 或 1 的数字信号，再对数字信号进行修改、删除、强化，并在其他系统

芯片中把数字数据解译回模拟数据或实际环境格式。模数转换器选用 AD5410/AD5420，这是一款低成本、高精度、完全集成的 12/16 位转换器，提供可编程电流源输出，可满足工业过程控制应用的要求。输出电流范围为 4～20mA、OMA（光调制幅度）至 20mA 或 0～24mA 的超范围功能。输出开路保护，可驱动感应加热（induction heating，IH）的电感负载。存储器选用铁电随机存储器 FM25L04，FM25L04 是采用先进的铁电工艺制造的 4K 位非易失性存储器。铁电随机存储器具有非易失性，并且可以像随机存取存储器（random access memory，RAM）一样快速读写，具有结构更简单、系统可靠性更高等诸多优点。数字温度芯片选用带数字温度测量输出的 24 位模/数（A/D）转换器芯片（HX710A），HX710A 采用了海芯科技集成电路专利技术，片内直接温度测量和数字输出（HX710A），孔内电视可获得井孔内孔壁的真实影像视频，通过专用软件可获得钻孔岩心二维平面展开图及钻孔岩心三维立体图，从而测量出任意全方位倾角的钻孔结构产状角度，为相关工程建设提供准确的计算数据及技术支撑。

6）地面深度系统

地面深度系统由深度传感器、深度计量系统、深度采集系统组成，主要功能是对深度和时间等信息进行计量和存储。

（1）光电编码器是深度计量的传感器，它安装在绞车前面的导向轮上，在测井时导向轮带动编码器转动，编码器分别输出 A、B 两路脉冲，此 A、B 脉冲的相位互为 90°。深度系统根据 A、B 脉冲的相位和脉冲数来计算当前的深度值。深度时间计量主要功能是计量存储深度和时间信息，它主要由存储器、主处理器、深度预处理、电源部分构成。

（2）存储器主要存储深度、时间和钢丝拉力信息，它由一个 NAND 型存储器和一个铁电存储器构成，NAND 型存储器主要存储深度、时间和钢丝拉力信息。

（3）主处理器采用美国意法半导体的 STM2 系列单片机，它的数据处理速度快，有两种看门狗，在受到干扰后能自动重启并很快进入工作模式，保证数据的连续性。

（4）深度预处理主要是对深度输入信号进行保护、滤波、整形，图 5.4-7 中两个阀门用于信号整形，ZS1、ZS2 对输入信号具有保护功能，CS1、CS2 对信号中的高频尖刺滤波，保证信号的纯正干净。设计原理见图 5.4-7。

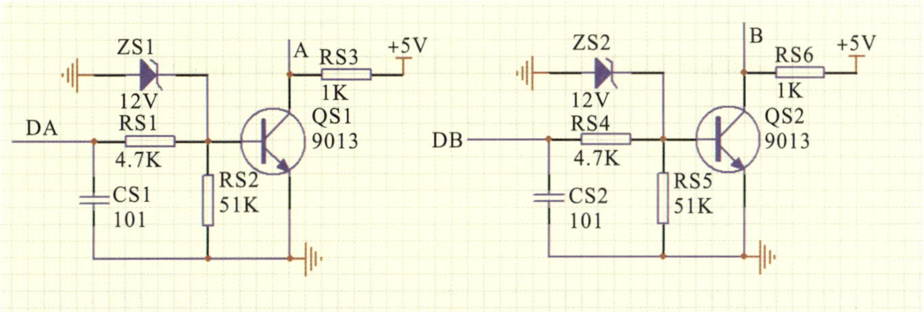

图 5.4-7　深度预处理设计原理图

(5)电源部分使用一个低压差电源芯片，此芯片可以用后备电池供电，在设备停电后会自动切换到后备电源供电。

2. 仪器结构

1)地面系统

地面系统主要由多种传感器、传感器接线盒、传感器总线、下井仪总线和数据处理面板(机箱)组成，并与地面计算机和井下仪通信。系统可实现两部分功能：深度数据采集、处理和井下仪器参数设置、数据读取。通过 RS-232 总线与地面控制计算机连接，通信速率为 9600Baud(波特率)，并提供深度等数据；为下井仪提供 CAN 通信接口，通信速率为 1Mbit/s，以及工作电源：DC40V±1V，功率不低于 20W。存储式钻具输送测井系统中的深度跟踪就是地面仪器采集的井深数据始终要与井队下钻(下测)、起钻(上测)、“等待”三种基本状态时井下仪器最下端的位置(钻头位置)保持一致。数据处理面板的深度跟踪是通过测量轮上的深度传感器记录钻杆移动的距离，完成深度数据采集、处理；井下仪器参数设置、数据读取。

2)孔内结构

孔内仪器主要包括：孔斜方位+自然伽马+井温测井组合仪、数字声速测井仪、孔内电视及缓冲短节。井下仪器组成如图 5.4-8 所示。

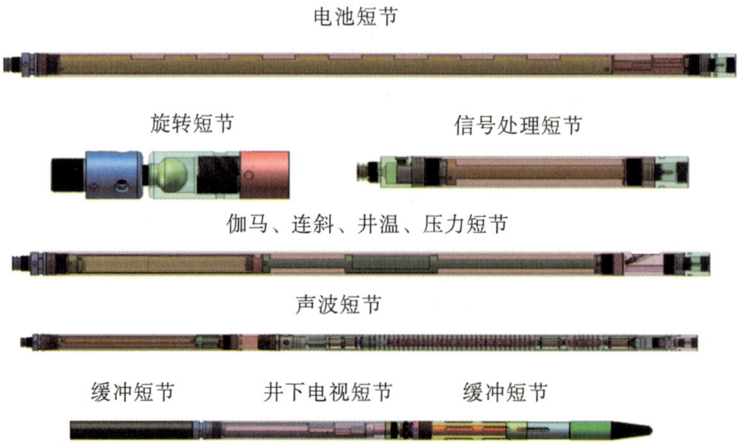

图 5.4-8 井下仪器组成

5.4.2 测井仪器推送技术

长距离定向孔内综合测试与全景成像测试十分困难，具有很高的风险和不确定性。一是钻孔内复杂，坍塌掉块缩径，仪器无法下放到孔底，或在测试过程中遇卡，造成仪器损坏或掉入孔内；二是钻遇复杂地层，采用泥浆护壁，孔壁模糊，全景成像不清晰；三是仪器下放或推送要细心，及时判断仪器是否遇阻，避免仪器损坏或断裂；四是操作步骤要精细，仪器事前调试和设置要到位，确认仪器电池是否够用，测试过程每个步骤不要错乱，避免测试数据不准确或没有数据。因此，进行长距离定向孔内综合测试与全景成像测试时，为确保测试数据准确性及测试仪器的安全性，定向孔测试仪器推送技术十分重要。

1. 通道清理

1)清理测试通道

水平孔综合测试仪器下放钻孔前，先要正常下钻通井、扫孔，清理钻孔测试通道，确保水平孔内测试通道畅通。通井、扫孔时，先下钻到底，充分循环泥浆，上下活动钻具无阻力，起钻下测试仪器；若下钻扫孔时遇阻，停止下放钻具，开泵循环泥浆，回转钻具，慢慢下放钻具，待扫通后，再向下扫孔到底，充分循环泥浆后，最后起钻下测试仪器。

2)测试换浆洗孔

钻遇复杂破碎地层时，必须采用泥浆护壁，保证钻孔顺利完成，同时取出较完整的岩心，满足地质编录与分析要求。但在孔内综合测试时，特别是全景成像测试，孔内成像不清晰，往往地质上不认可，必须采用透明泥浆换浆洗孔，尽量满足全景成像孔内测试要求。透明泥浆一般采用聚丙烯酰胺、两性离子聚合物等材料，该材料无色透明，钻孔护壁效果较好，能够满足孔内全景成像要求。换浆洗孔一般先将钻具下到孔底，配置好透明泥浆，通过泥浆泵打入钻孔内，充分循环透明泥浆，替换孔内所有低固相泥浆，直到循环至孔口返出泥浆为透明状为止。

3)起拔套管

水平孔内测试先从孔底裸孔段测试开始，裸孔段测试完成后，再向上测试，此时必须起拔钻孔上部套管，才能测试上部孔段。起拔套管完成后，充分循环透明泥浆，待孔壁稳定和洗孔换浆完成后，下入测试仪器进行该段钻孔的综合测试，这样逐段向上测试。当地层十分破碎，套管难以起拔时，可采用拔管机进行起拔套管，有时套管起拔遇阻，套管拔断后，可采用可退式打捞矛进行打捞起拔。

2. 测井仪器推送

1)有缆推送装置与工艺

某单位自主研发有缆仪器推送装置，创新长距离水平推送与测井工艺，构建水平孔有缆测井新模式，一次性实现最高500m水平钻孔测试，突破水平孔有缆测试国内纪录。首先在测试仪器前端设置导向扶正装置，起到导向作用；其次，在仪器探头后端也设置孔内扶正装置，仪器基本悬空，不摩擦孔底，不易损坏，仪器推送时，摩擦阻力小。仪器导向装置示意图如图5.4-9所示，仪器导向装置实物图如图5.4-10所示。该推送方式可一边推送测试仪器，一边通过全景成像观察孔内情况，一旦遇到孔内垮塌或大的掉块，可以立即提出测试仪器，但受限于推送杆强度等因素，推送距离依然有限。

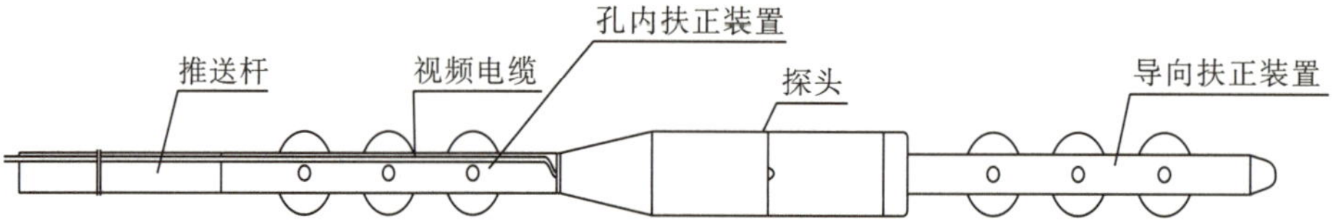

图 5.4-9 仪器导向装置示意图

图 5.4-10 仪器导向装置实物图

在套管内推送时，速度可以稍快，但要计算好出套管位置，提前降低推送速度。进入裸孔后，通过全景成像一边观察孔内情况一边缓慢推送，严禁推送速度过快，减轻对孔壁的扰动，同时避免激起孔底沉沙影响全景成像效果。在推送过程中，如果出现遇阻的情况，不得轻易加力尝试通过，缓慢后退一点，观察孔内是否出现了垮塌等现象，如果未观察到垮塌现象，再尝试继续缓慢推送，如果还是遇阻，起出测试仪器扫孔。如果孔内发生垮塌，应立即停止测试并提出仪器，下入钻具扫孔后再进行测试。

2）无缆钻杆推送工艺

无缆综合测井仪器测井工艺大大提高了测井效率、可靠性和稳定性。无缆推送工艺主要是将多参数测井仪器通过转换接头接在钻杆前端，如图 5.4-11 所示，采用钻杆输送仪器下入钻孔内。由于仪器有井下电视短节，为保证视频录制质量，起下钻速度尽量保持在 2～3m/min，并且尽量保持匀速。此外，此种测试方法无法实时观察孔内情况，且通过钻杆输送仪器遇阻时不易及时感知，因此如在推送途中感觉到遇阻，应将仪器提出 2～3m，再次缓慢送入，多次尝试无果后，需将仪器整体提出钻孔，重新连接钻具对钻孔进行扫孔，扫孔完成后，再次送入仪器即可。

图 5.4-11 钻杆连接测试仪器

3. 水压式投送工艺

有缆推送工艺和无缆钻杆推送工艺，缺点是用推送杆或钻杆直接连接测孔仪器推送到孔内，由于仪器裸露在推送杆或钻杆的最前端，在推进过程中仪器容易被孔内掉块阻挡，造成仪器损坏等孔内事故，钻杆也无法加压和回转，经常是仪器下不到孔底，从而不能完成测井任务。设计使用水力输送存储式测井仪器方法，可以很好地解决这个问题。

设计使用仪器输送捞矛头，借用绳索取心钻具的水力输送打捞器(图 5.4-12)和通缆式水接头(图 5.4-13)，采用高压泥浆来泵送测试仪器到达孔底，当测井仪器到达孔底后，被钻杆底部设计的限位装置准确固定，测试仪器露出钻杆 2m。采用水力输送存储式测井仪器，让钻杆留在孔内保护钻孔不垮塌，然后通过提钻方式测试所有测井项目，提钻速度控制在 2～3m/min 范围内。

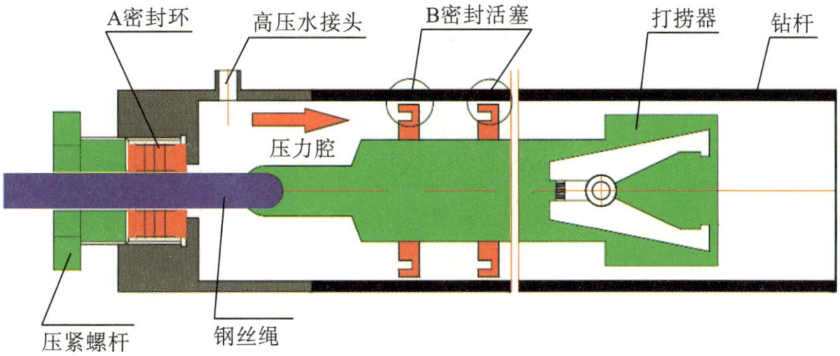

图 5.4-12　水力输送打捞器

图 5.4-13　通缆式水接头

传统的水平孔输送测井仪器方法对仪器具有破坏性和不稳定性，水力输送存储式测井仪器方法优势突出，操作简便。创新性采用钻杆内水力投送物探测试设备和钻孔电视设备的工艺，有效解决了超长水平钻孔投送难、测试难、提出难三大难题。

第6章　定向取心钻机研发

随着能源、交通等重大工程的建设，隧道及地下工程也越来越多，并逐渐向长距离、大埋深发展。常规钻探、地表物探勘察技术难以获取深部地质信息。采用定向钻进取心技术能够采获连续岩心，验证隧道沿线地质情况，对于隧道勘察设计施工具有重要意义。为实现大埋深隧道勘察过程中深部地质信息的准确获取，研发了超千米级长行程、大扭矩、全液压、智能化定向钻机，能够实现超千米级定向钻探取心，解决长大深埋隧道勘察过程中地质信息获取难的问题，极大地提高了地质勘察的水平与质量。

基于国内外大多钻机适用于钻孔倾角为45°～90°，国外安百拓生产的Smart8水平取心钻机，其扭矩小、动力小且成本高；国内生产的水平绳索取心钻机主要有英格尔600型、西安探矿机械厂1200型、无锡锡钻600型等，一般钻孔设计能力没有超过1000m；中国煤炭科工集团研发了多种规格的水平钻机，大多在地层单一、岩层较软的煤层中应用，转速较低，不取心。

因此，自主研发超千米级长行程、大扭矩全液压动力头式小倾角钻探装备(GXD-5S)，创新设计自动升降平台和变幅机构，解决了钻探装备水平钻进稳定性难题，实现远程控制无级变速，最大水平钻进深度为1500m(NQ)，关键技术指标达到国内领先水平，可满足高山峡谷区工程勘察水平钻探需求。一种具有小倾角钻进功能的履带式岩心钻机已授权实用新型专利(专利号：ZL202020720712.1)。

6.1　总体方案的设计研究

针对西藏某重大水电工程勘察孔高效施工要求，钻机必须具备足够的动力，以处理在钻进断层、软弱夹层、破碎带、节理发育层过程中可能出现的垮孔、卡钻和抱钻等孔内事故。对钻机总体方案反复论证，在现有成熟的履带式岩心钻机的基础上，通过整体式履带底车设计，对钻机各部件进行整体优化布局；采用模块化设计，便于运输及易损件的更换；设计时预留检修孔，便于钻机的日常维护。根据水平定向钻进对钻机功能的要求，确定钻机由六大部分组成：动力机、履带行走机构、回转装置、给进机构、钻塔升降平台和液压传动系统。全液压动力头式定向钻机整体布置如图6.1-1所示。

GXD-5S岩心钻机所有功能均为液压驱动，操作方便，控制精准，取心作业效率高，其主要技术参数见表6.1-1。

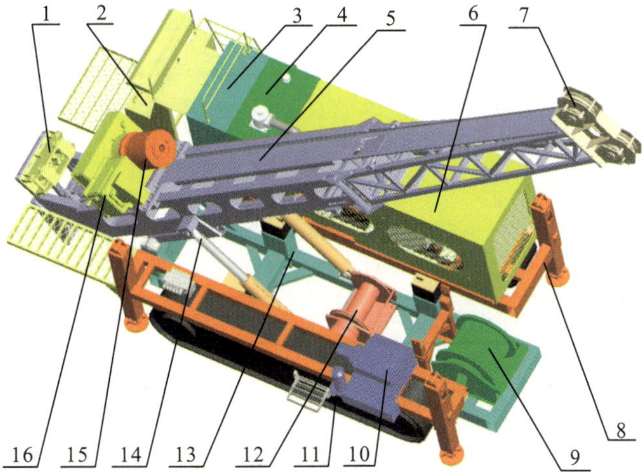

图 6.1-1 超千米水平钻机总体结构图(钻塔 45°倾角状态)

1. 孔口夹持器；2. 控制操作台；3. 柴油箱；4. 液压油箱；5. 钻塔；6. 动力站；7. 天车；8. 钻机平台；9. 主卷扬；10. 泥浆泵；11. 履带；12. 副卷扬；13. 钻塔升降平台；14. 变幅机构；15. 液压夹持器平台；16. 动力头

表 6.1-1 GXD-5S 型全液压钻机设计性能参数

主要技术参数		
钻进能力	钻杆直径	BQ、NQ、HQ、PQ
	钻进深度/m	1800、1500、1200、700
液压系统	额定压力/MPa	28
	冷却方式	风冷
动力站	型号	康明斯 6CTA8.4-240
	类型	涡轮增压
	额定功率/kW	179
	额定转速/(r/min)	2200
主卷扬	提升力/kN	128
	提升速度/(m/min)	34
	钢丝绳直径/mm	24
	容绳量/m	45
绳索取心卷扬	提升力/kN	11(空线鼓)
	提升速度/(m/min)	110(空线鼓)
	钢丝绳直径/mm	6.6
	容绳量/m	1500
桅杆	全长/m	10
	钻进角度/(°)	−5～90
	滑移行程/m	1.1
孔口夹持器	适用钻杆	BQ、NQ、HQ、PQ

续表

主要技术参数		
行驶能力	最大爬坡角度/(°)	20
	最大行驶速度/(km/h)	2
动力	给进力/kN	102
	提拔力/kN	216
	给进行程/m	3.3
整机总质量/t	＜14	

在岩心钻机水平钻进的执行中，功率需求较大的是回转处理孔内事故工况和快速起拔工况，回转处理孔内事故工况要求钻机在最大扭矩下旋转的同时进行给进或后退，而快速起拔工况则是动力头在最大起拔力的情况下以最大起拔速度进行快速起拔。因此对这两个工况分别做功率计算，再进行反推，算出柴油机所需功率，从而对柴油机进行选型。根据计算结果结合柴油机选型样本，考虑到处理钻孔事故和安全系数，选择大于计算结果的柴油机。

6.2 钻塔升降平台设计

现有的履带式岩心钻机钻塔处于水平放置状态时，动力头主轴离地过高，达到了2.4m，重心过高进行水平钻进时钻机受力情况非常差，且无法保障施工安全。本书研究团队创新性地把钻塔、变幅机构及绞车集成在一个可升降的平台上，通过液压油缸作用的升降平台可相对履带行走机构上下移动，当行走时使平台底部升至与履带横梁同一高度来保证钻机行走的通过性，当钻进时平台下降与地面有效接触。在钻进状态下钻机的稳定性大大加强，且动力头的高度下降有利于钻进工序的操作，避免高空作业。

升降平台与履带横梁上焊接的竖直矩管以矩形管滑轨方式连接，矩形管滑轨内安装升降油缸，矩形管滑轨和升降平台不可与动力站、液压油箱、柴油箱等部件的安装发生冲突，结构尺寸受到较大限制，因此采用二级伸缩油缸减小安装尺寸，保证升降平台下降行程的同时最大限度减小钻机平台纵向尺寸。升降平台与履带行走机构安装示意图如图6.2-1所示。

图 6.2-1　升降平台与履带行走机构安装示意图

1. 履带行走机构；2. 钻机平台；3. 二级升降油缸；4. 矩形管滑轨；5. 升降平台

6.3　变幅机构优化设计

西藏某重大水电工程勘察孔设计钻孔倾角为 0°～90°，现有钻机钻塔呈小倾角状态时，钻塔垂直高度过高，操作不方便，有较大安全隐患，且钻塔无法有效触地，受力状态下钻机处于不稳定状态，无法保证施工安全。设计能满足钻孔倾角为 0°～90°的孔的变幅机构，最大限度地降低钻塔垂直高度，使钻塔小倾角状态能有效触地。直接的方式是把钻塔支撑座绞支轴孔高度降低，钻塔支撑座绞支轴孔较低时，钻塔起塔到 90°状态需要起塔油缸的行程非常大，导致起塔油缸整体安装尺寸非常长，无法安装。采用多级油缸作为起塔油缸能有效地解决行程与安装尺寸相矛盾的问题。图 6.3-1 为优化设计的钻机变幅机构，以升降平台作为底座，其上安装钻塔支撑座，支撑座绞支连接钻塔托架，两根双作用二级伸缩液压油缸推动钻塔托架，起到调节钻塔倾斜角作用。

(a) 水平姿态　(b) 起塔90°姿态

图 6.3-1　钻机变幅机构

设计的升降平台与优化后的变幅机构组合使得钻塔水平放置姿态的距地高度低至最大限度，如图 6.3-2 所示，在进行水平孔钻进时动力头主轴距地高度为 1.607m，距钻工操作台高度为 0.877m。钻机钻塔在处理复杂工况时的受力能有效地传至地面，钻机整体受力状态较好，具有较高的稳定性，且距操作平台的高度符合人体工学，工人操作方便又不费力。

图 6.3-2　钻机水平工作姿态示意图

6.4 动力头设计

通过对水平定向取心施工需求的分析，在现有成熟的岩心钻机的基础上，对钻机动力头进行反复论证。钻机必须具备足够的扭矩和通径，以处理在钻进复杂地层时可能出现的垮孔、卡钻和抱钻等孔内事故。动力头主要由液压马达、减速箱体、轴、齿轮、轴承、配油套、胶套卡盘和锁紧机构等零部件组成，主要作用是将液压能转化为机械能，输出旋转运动，实现钻具的旋转。

液压马达的动力经减速箱两级齿轮减速(图 6.4-1)后带动中空主轴、液压卡盘和钻具旋转，输出转速和转矩。调节液压马达上的调速手轮可以实现无级调速。卡盘为液压夹紧、弹簧松开的胶套式结构，压力油经过箱体上的滤油器和主轴上的配油套进入卡盘，配油套的泄漏油经过减速箱回到油箱。减速器为二级直齿轮两挡滑移挂挡减速器，传动减速示意图见图 6.4-2，传动路线：一档，Z1-Z2-Z5-Z6-主轴；二档，Z3-Z4-Z5-Z6-主轴。

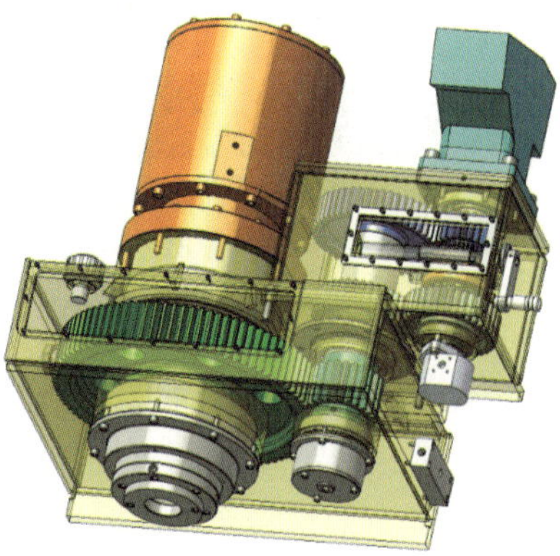

图 6.4-1 动力头三维示意图

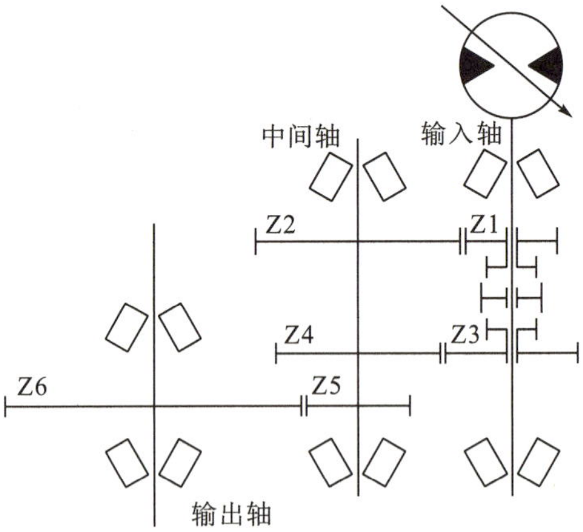

图 6.4-2 动力头传动减速示意图

采用有限元仿真分析方法对动力头关键零件进行受力分析、强度校核，如以动力头过渡小齿轮和大齿轮为例进行有限元分析。建立齿轮的实体几何模型，并进行单元格划分，见图 6.4-3。在实际工况下，小齿轮驱动大齿轮，钻孔内阻力反向传递到大齿轮和主轴，因此为了模拟实际工况，固定大齿轮不动，在中心耦合点加 6 个自由度的全位移约束，约束过渡小齿轮中心耦合点除轴向转动自由度之外的 5 个自由度，释放轴向转动自由度，在中心耦合点加载输入扭矩。由于是接触分析，因此除了施加边界约束外，还需定义接触对，使大、小齿轮轮齿接触面建立接触条件，即低速小齿轮和低速大齿轮相啮合。进行应力分析可得分析结果，如图 6.4-4～图 6.4-6 所示。

另外在钻机研发设计阶段采用有限元仿真分析方法对钻机其他关键零件和部件进行受力分析和校核，如对动力头主轴、动力头箱体、液压油缸和钻塔等零部件进行分析。

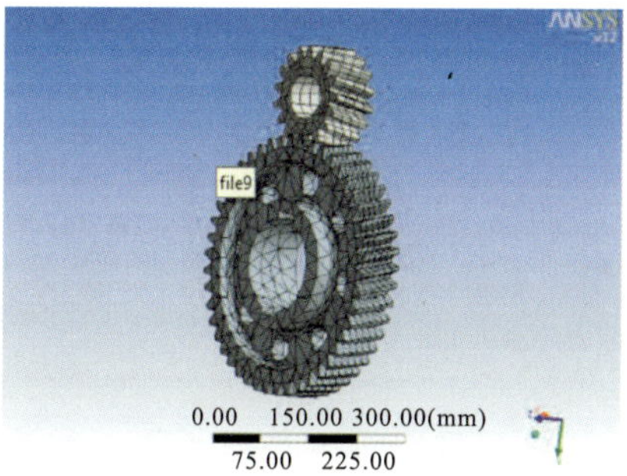

图 6.4-3　齿轮网格区域划分图

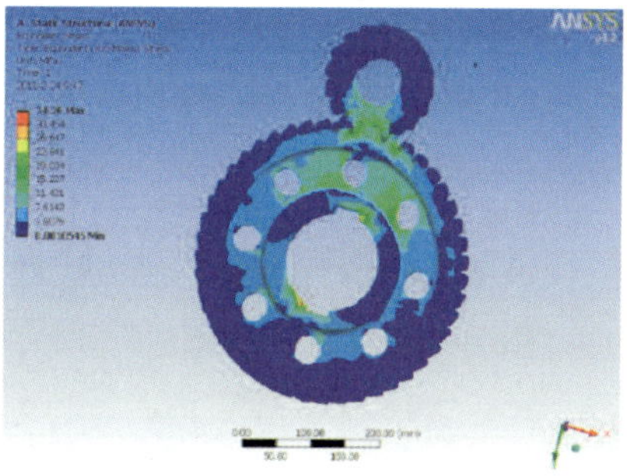

图 6.4-4　低速齿轮啮合时 Von Mises 彩云图

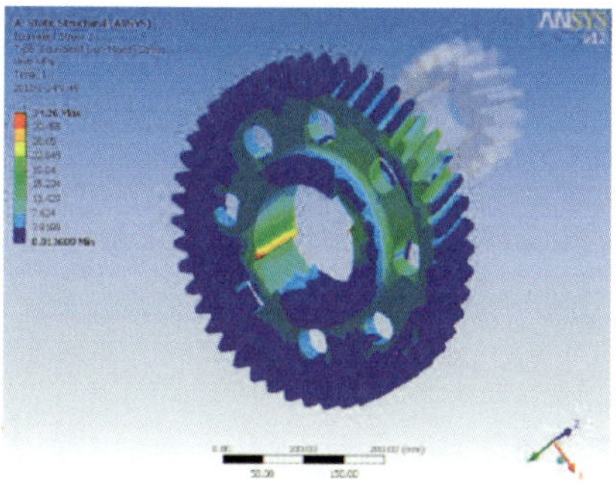

图 6.4-5　大齿轮啮合时 Von Mises 彩云图

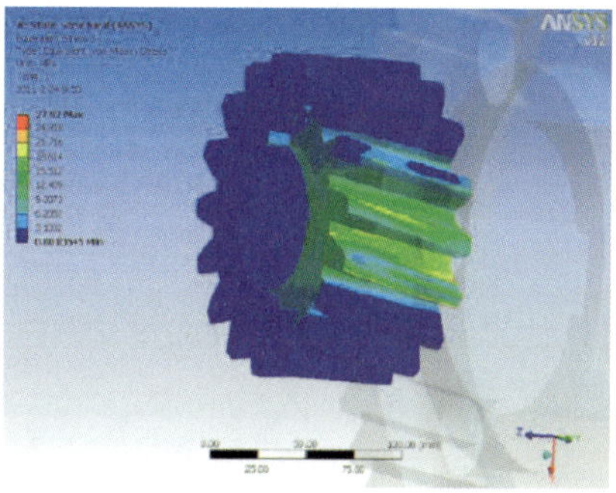

图 6.4-6　过渡小齿轮啮合时 Von Mises 彩云图

6.5　液压系统设计

随着钻机扭矩和功率的增大，能量损失相应增大，同时会增加系统发热、噪声和振动等，对液压系统乃至整个钻机造成不利影响。因此钻机液压系统采用负载敏感控制，采用压力反馈改变负载敏感变量泵的排量，进行流量控制，可以根据负载所需流量自动调节泵的流量输出，系统不存在大量多余的液压油的溢流情况，可以大大降低能量损失和系统发热，其液压系统原理如图 6.5-1 所示。

液压系统主要分为五大部分：旋转控制系统、给进控制系统、卡盘与夹持器及刹车控制系统、履带车行走控制系统、支腿调平系统。根据工况特点，采用三个串联液压泵组、两组负载敏感多路阀以及多组普通多路阀和液控手柄进行先导操作，通过控制先导油路，实现各种工况的切换。

1. 液压马达选型计算方法

液压马达是将液压能转化为机械能的能量转换装置，在液压系统中作为机构的执行元件来使用，经两级减速器将转矩传递到胶套卡盘所夹紧的钻杆上完成旋转动作。选择液压马达需考虑的因素较多，如转矩、转速、工作压力、排量、外形及连接尺寸、容积效率和总效率等。根据钻机设计参数，计算马达所需要提供的转速、扭矩从而算出马达排量以选择马达型号。

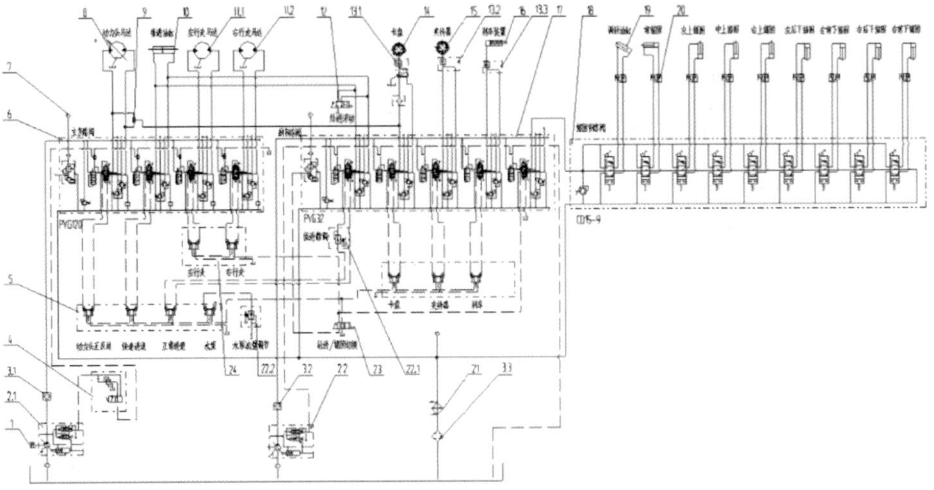

图 6.5-1 钻机液压系统原理

(1) 计算马达输出扭矩 $T_{马达}$：

$$T_{马达}=\frac{T}{i\times\eta_{m齿轮箱}} \tag{6.5-1}$$

式中，T 为钻机输出扭矩；i 为减速箱传动比；$\eta_{m齿轮箱}$ 为减速箱传动效率。

考虑安全系数及马达寿命，马达的工作扭矩不得超过马达所能承受的最大扭矩的 80%，因此其最大扭矩应该大于计算结果。

(2) 计算马达输出转速 $n_{马达}$：

$$n_{马达}=n\times i \tag{6.5-2}$$

式中，n 为钻机输出钻速。

(3) 计算马达排量 $V_{马达}$：

$$V_{马达}=\frac{T_{马达}}{0.16\cdot\Delta P\cdot\eta_{总}} \tag{6.5-3}$$

式中，$T_{马达}$ 为马达输出扭矩；ΔP 为钻机工作压力；$\eta_{总}$ 为总效率，$\eta_{总}=\eta_{m马达}\times\eta_{v马达}$，$\eta_{m马达}$ 为机械传动效率，$\eta_{v马达}$ 为容积效率。

(4) 马达型号确定。根据钻机工作压力和以上计算的结果进行液压马达的选择，如力士乐液压马达 A6V 系列、力源液压马达 ZB 系列、华德液压马达 HD-A6V 系列。综合各液压马达综合性能、价格及供货周期和可维护性进行选择。

2. 液压泵的选型计算方法

液压泵是将原动机的机械能转换为液压能的能量转换装置。液压泵作为液压元件向液压系统提供具有压力和流量的流体，即液压能。在钻机液压系统中，大泵主要负责马达正、反转时的旋转回路的工作，两个小泵主要负责向泥浆泵、推进、夹持、卡盘松紧、履带行走以及主机调倾角等机构提供高压液压油，完成各机构规定的动作。

(1) 计算马达所需流量 Q_{m}：

$$Q_{m}=\frac{V_{m}\times n_{m}}{\eta_{mv}}\times 10^{-3} \tag{6.5-4}$$

式中，V_{m} 为马达排量；n_{m} 为马达输出转速；η_{mv} 为马达容积效率，η_{mv}=0.85。

(2) 计算大泵排量 V_{b1}：

$$V_{b1}=\frac{Q_{m动力头}}{\eta_{v多路阀}\cdot\eta_{v大泵}\cdot n_{柴油机}} \tag{6.5-5}$$

式中，$Q_{m动力头}$ 为动力头马达所需最大流量；$n_{柴油机}$ 为柴油机额定转速，$n_{柴油机}$=2200r/min；$\eta_{v大泵}$ 为油泵容积效率，$\eta_{v大泵}$=0.85。

(3) 小泵 1 排量 V_{b2} 计算。

①计算油缸所需流量 Q_{G}：

$$Q_{G}=2\times\frac{\pi\times D_{1}^{2}}{4}\times v \tag{6.5-6}$$

式中，D_{1}^{2} 为油缸活塞直径，D_{1}^{2}=0.125m；v 为最大进给速度，v=15m/min。

②计算小泵 1 排量 V_{b2}：

$$V_{b2}=\frac{Q_{G}}{\eta_{v油缸}\cdot\eta_{v多路阀}\cdot\eta_{v小泵1}\cdot n_{柴油机}} \tag{6.5-7}$$

式中，$\eta_{v小泵1}$ 为小泵容积效率，$\eta_{v小泵1}=0.85$。

(4) 计算小泵 2 排量 V_{b3}：

$$V_{b3}=\frac{Q_{m泥浆泵}}{\eta_{v多路阀}\cdot\eta_{v小泵2}\cdot n_{柴油机}} \tag{6.5-8}$$

式中，$Q_{m泥浆泵}$ 为泥浆泵马达所需最大流量；$\eta_{v小泵2}$ 为油泵容积效率，$\eta_{v小泵2}$=0.85。

根据以上大泵、小泵的计算排量和液压系统原理图，结合马达选型样本对马达进行选用。

3. 液压系统发热计算方法

该液压系统属于负载敏感系统，整个系统没有溢流损失，而系统的能量损失主要在于容积效率方面的损失，因此系统的热量主要来源于泵和马达的泄漏流量损失。

油泵的泄漏流量造成的能量损失为 H_{1}：

$$H_{1}=\frac{\Delta p\cdot Q_{b}(1-\eta_{v泵})}{60} \tag{6.5-9}$$

液压马达泄漏流量造成的能量损失为 H_{2}：

$$H_{2}=\frac{\Delta p\cdot Q_{b}\cdot\eta_{v泵}(1-\eta_{v马达})}{60} \tag{6.5-10}$$

式中，Q_{b} 为泵输出流量。

系统总的能量损失为 H：

$$H=H_{1}+H_{2} \tag{6.5-11}$$

6.6 钻机应用及效果

6.6.1 钻机操作方法

1. 开机前准备

在启动钻机之前，应当进行下列检查：①每班工作之前检查发动机机油标尺，保持发动机机油高度为正常水平；②每班工作之前检查发动机冷却液，保持发动机冷却液高度为正常水平；③每班工作之前检查液压油箱液面，保持液压油液面在油标上油位；④每天加注卡盘润滑油脂；⑤在发动柴油机之前，应保证所有操控手柄和按键均在空载位置。

在进行了以上所有检查后，合上电瓶总开关(在电瓶箱旁)，启动发动机后，怠速运转5～10min，在发动机温度上升至工作温度(40℃以上)后将手动油门调节到适宜转速位置开始作业。

推荐：柴油发动机转速在1800～2200r/min时，整个系统处在最佳工作状态。

2. 钻机就位顶角调整

操作钻机履带行走控制手柄将钻机移动到合适位置后，取下辅助多联操作阀护罩，操作多联操作阀的介入转换手柄，使平台升降油缸、桅杆滑移油缸、桅杆升降油缸处于工作状态，按以下操作步骤调整钻机，调整完毕后，将转换手柄回位，盖好操作阀护罩，避免钻进时引起误操作。

(1) 调节平台升降油缸，利用水平仪调节钻机主机水平，操作多联操作阀中四个平台升降控制手柄，即可实现主机的起升与下降。规定向前推为起升，向后拉为下降。操作手柄时要缓慢进行，不可将手柄一下推、拉到底。下放主机触地调整成水平状态后操作手柄回归中位，锁死升降油缸，固定主机。

(2) 举升桅杆，将桅杆升降手柄放置在“升起”位置，将桅杆调至需要的角度(发动机转速约1000r/min)。举升及落下桅杆时现场不得少于两人，一人操作，另一人监护，特别应注意桅杆起落过程中桅杆与油管无挂碰。注意：桅杆升起过程中，在桅杆拉杆固定之前桅杆下禁止站人。

(3) 桅杆角度调至设计孔斜角度后需要将桅杆向下滑移支撑地面。先将滑移机构上两边的四个压块螺栓拧松(从滑移机构底部看，由上往下数第1、6个螺栓)，此时可操作滑移桅杆操作手柄，往前推为桅杆上升，往后拉为桅杆下降，将桅杆滑移到合适的位置后，将桅杆滑架上两边的压块螺栓拧紧。注：桅杆的底部(前端)必须落在方木等坚硬的物体上。

3. 钻机主机控制方法

钻机的主机是钻进过程中参与工作的部件，包括动力头、给进油缸、夹持器、卷扬机、主机机架等部件。

(1)动力头回转方向及速度控制。动力头回转速度控制阀控制动力头的转速和正反转，结合变速箱的两挡变速，根据孔内钻进情况选择不同的速度，手柄变动任意角度速度变化大小。动力头回转时，应时刻注意检查变速箱润滑油循环观察窗，一旦发现润滑油循环停止必须立即停止动力头回转并进行检修。动力头换挡时必须停止回转，挂挡不顺畅时应用回转阀慢转一下再挂。动力头马达在高速状态下不宜直接停止回转，应先将动力头马达由高速状态转为低速状态(拉出“回转速度”控制阀)，再缓慢停止动力头回转。严禁将动力头由正转直接打到反转位置。

(2)卷扬功能及操作。钻进时主卷扬浮动阀应达到“浮动”位置。用主卷扬提下钻具时，必须配合使用孔口夹持器。提钻时应将夹持器操作手柄打到“松开”位置，下钻时应将夹持器阀打到“松开”位置，还应取下卡瓦。副卷扬用于绳索取心岩心管的打捞，副卷扬速度较快，初次操作应格外小心！严禁用副卷扬提升钻具及其他重物！

(3)钻具称重。将慢速给进操作手柄放在“上升”位置，微调给进压力调节阀，使钻具提升孔底至一定高度，再微调给进压力调节阀，使钻具由快至慢下降，当调到钻具刚能下降时，取减压钻进压力表所示临界值；然后，又调节给进压力调节阀，使钻具上升，当调到钻具刚能上升时，取钻进压力表的临界值。由于密封和孔内阻力，后者大于前者。

(4)加压钻进。将慢速给进操作手柄放在“下降”位置，给进油缸上腔进油，使动力头下降，速度通过给进控制手柄调节。加压钻进时，为了减小油缸下腔阻力，须将给进速度控制手柄完全打开，通过微动给进压力调节阀调节给进压力，直到孔底压力变化达到所需压力值为止。钻具自重钻进时，也须将给进速度控制手柄完全打开。先称重，再加压钻进，压力值为应加压值减钻具重量。

(5)减压钻进。慢速给进操作手柄置于“提升”位置，油缸下腔供油进行减压钻进，此时，给进速度控制手柄完全打开。先称重，再减压钻进，压力值应为钻具重量减减压值。

(6)动力头浮动。在钻机用动力头和夹持器拧卸钻杆时，将慢速给进操作手柄放在“浮动”位置，使动力头处于浮动状态。

(7)夹持器功能及操作。当需要扭卸钻杆时，将夹持器手柄处于“夹持”位置，使下钻杆夹紧，上钻杆可扭卸和上紧；松开钻杆时，将夹持器置于松开位置；不工作时夹持器控制手柄处于中位。

6.6.2 钻机使用情况

针对某曲线定向取心深钻孔勘探技术难题，该钻机在西藏某重大水电工程开展ZKX411 孔深钻孔勘探应用示范(zkx411 定向孔)，制定具体实施方案，采用中国地质调查局探矿工艺研究所研制的GXD-5S 1500 全液压动力头水平绳索取心钻进钻机(现已申报发明专利)，钻杆采用 3m 长。GXD-5S 1500 钻机，是一款全液压动力头式钻机，如图 6.6-1 所示。钻机总质量 14t，桅杆高 10m，钻进角度可在 0°～90°内变化，配有额定功率为 179kW 的发动机，动力头给进行程 3.3m，最大提升力 125kN，最大给进力 75kN，主卷扬最大提升力 96kN，副卷扬最大提升力 11kN，采用不同钻杆的设计钻深能力为PQ700m、HQ1200m、NQ1700m、BQ2000m。

图 6.6-1　GXD-5S　1500 钻机

zkx411 定向孔实际于 2024 年 1 月 3 日完成开钻验收，2024 年 6 月 3 日完钻，钻进周期 3655.5h，折合 152.31d，完钻井深 1004m。钻进期间钻机实际使用时长约 3246h，折合 135.25d，维修保养 16 次，时间 42.83h，折合 1.78d，维修时间占比为 1.3%，维修保养记录见表 6.6-1，维修保养主要涉及增加机油防冻液、更换主卷扬钢丝绳(钢丝绳抽丝，分析原因为起、下钻时负荷太大)、紧固各部位螺栓以及处理了一次液压油管爆裂(图 6.6-2)。

表 6.6-1　钻机维修保养记录

序号	维修保养时间	维修保养内容
1	2024.1.12	紧固钻机地脚螺栓
2	2024.1.25	检查补充柴油机机油、钻机液压油防冻液
3	2024.2.7	加注各油杯黄油，检查各部位油面高度
4	2024.2.20	更换钻机主卷扬钢丝绳
5	2024.2.25	维修钻机主泵
6	2024.2.28	调整钻机柴油机水泵皮带
7	2024.3.10	更换钻机主油泵，检查各部位油面
8	2024.3.18	更换钻机柴油机三滤、机油
9	2024.3.29	紧固钻机与柴油机固定连接螺栓
10	2024.4.8	更换钻机主卷扬马达，更换绞车滑轮
11	2024.4.20	更换主卷扬钢丝绳，紧固各泄油螺栓
12	2024.4.30	检查各部位油面，加注防冻液、液压油
13	2024.5.9	紧固钻机地脚螺栓、桅杆支撑杆螺栓
14	2024.5.21	检查发动机油面及卷扬机钢丝绳
15	2024.5.24	钻机液压油管爆裂，更换为新的液压油管
16	2024.5.28	增加冷却装置，处理柴油机温度高的情况

图 6.6-2　处理液压油管爆裂

该钻机在运行过程中整体比较平稳，能够满足曲线定向取心深钻孔的钻探施工需要。

第 7 章　工程应用案例

7.1　定向钻进随钻轨迹控制应用案例

7.1.1　项目概况

某铁路隧道 DJ-1 水平钻孔设计定向钻孔倾角为−12.30°(设定水平倾角为 0°)。由于地质条件复杂，岩层为花岗岩，且花岗岩中石英含量高，十分坚硬，钻进速度慢，孔口加压，导致钻孔偏斜，钻孔直径为 96mm。根据测斜数据，水平钻孔顶角上漂，671m 测斜数据为−3.1°，已偏离设计顶角 9.2°，顶角上漂趋势一直在增加，孔口方位角为 9.5°，孔底方位角为 7.5°，方位角变化不大。钻孔实测轨迹如图 7.1-1 所示。根据上述数据，使用平均角法计算钻孔轨迹：

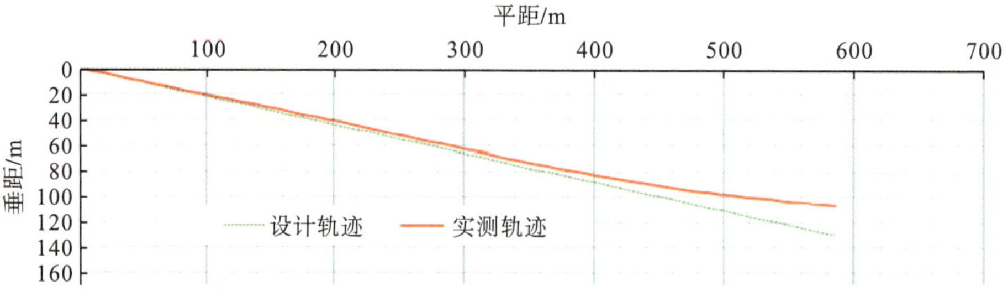

图 7.1-1　水平孔实测轨迹

$$\Delta E_i = L_i \sin\theta_c \sin\alpha_c \tag{7.1-1}$$

$$\Delta N_i = L_i \sin\theta_c \cos\alpha_c \tag{7.1-2}$$

$$\Delta H_i = L_i \cos\theta_c \tag{7.1-3}$$

$$\theta_c = \frac{\theta_{i-1} + \theta_i}{2} \tag{7.1-4}$$

$$\alpha_c = \frac{\alpha_{i-1} + \alpha_i}{2} \tag{7.1-5}$$

式中，ΔE_i 为第 i 个测点在 E 方向上的坐标增量，m；ΔN_i 为第 i 个测点在 N 方向上的坐标增量，m；ΔH_i 为第 i 个测点在 H 方向上的坐标增量，m；L_i 为第 i−1 个测点与当第 i 个测点之间的钻孔长度，m；θ_i 为第 i 个测点处的顶角，(°)；α_i 为第 i 个测点处的孔斜方位角，(°)；θ_c 为平均顶角，(°)；α_c 为平均孔斜方位角，(°)。

经过计算，钻孔的实际轨迹为

$$\Delta E_i = -529.45\text{m}$$
$$\Delta N_i = 399.17\text{m}$$
$$\Delta H_i = 664.95\text{m}$$

对比钻孔设计轨迹，方位角减小，顶角增大，实际钻孔轨迹和设计钻孔轨迹有出入，钻孔偏斜程度较高，必须进行定向纠斜，实现随钻轨迹控制。

7.1.2　随钻定向纠斜设计

该钻孔定向纠斜主要降顶角，需采用螺杆马达/有缆随钻水平定向纠斜技术从孔底处开始随钻定向纠斜，螺杆马达采用 Φ73mm 弯螺杆(1.25°)，利用水平推送工具将有缆随钻定向仪器送至预定位置，进行随钻定向纠斜，顶角满足设计要求后，再采用绳索取心钻进。定向纠斜轨迹需平滑过渡，若纠斜过大，导致狗腿度较大，钻杆易断裂。定向纠斜目标：定向纠斜 30m，降顶角 3°～4°，抑制顶角上升趋势。

7.1.3　随钻定向纠斜过程

地面调试螺杆(5LZ73×7.0)，弯螺杆弯曲角度为1.25°，如图7.1-2所示，泥浆泵为300/12型，测量工具面角，下钻，分别在孔底 280m、450m 和 671m 开泵循环，一切正常。地面连接和调试仪器，仪器角差为 249.3°，磁场强度为 56.4，投送仪器坐键，三次座键，倾角为 86.9°，方位角为 7.5°(设计方位角 9°)，坐键成功，密封电缆，开始钻进。

图 7.1-2　螺杆地面调试

定向钻进孔深 671m，采用 Φ95.5mm 电镀钻头，定向钻进 1.94m 后，进尺缓慢，将定向仪器提出，实施复合钻进，进尺效果良好。后一直采用定向钻进与复合钻进交替进行。

7.1.4 随钻定向纠斜效果

采用定向钻进和复合钻进交替进行，在纯钻进时间内，共进尺 21m，其中钻孔定向纠斜 3.13m，复合钻进 18m，纠斜成功地控制钻孔上漂趋势，并降斜 3°，见图 7.1-3，为后续顺利钻进打下了坚实的基础，完成了本次水平孔定向纠斜的目标任务。

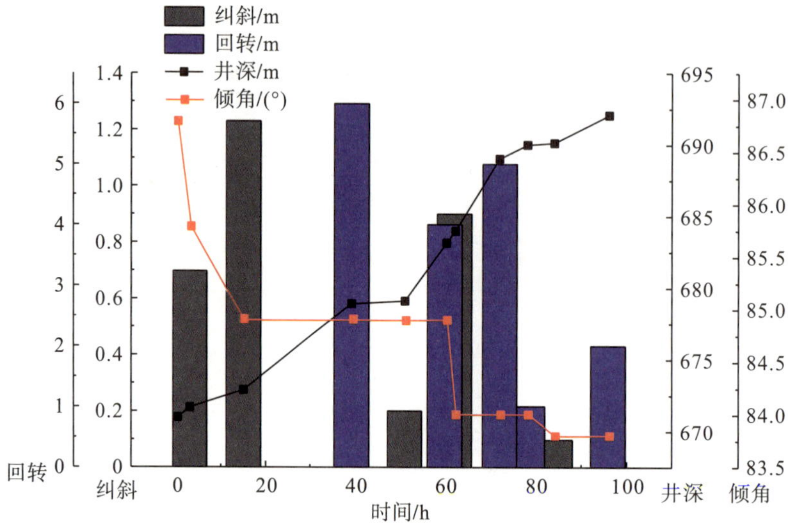

图 7.1-3 钻孔纠斜过程

7.2 大曲率钻进连续取心应用案例

7.2.1 项目概况

某钻孔主要目的是查明是否在工程区存在顺河钻孔情况，原设计两个斜直孔取心钻进，因地面空间受限，采用定向钻孔，查明竖向岩体断层情况，也可查明河道下方水平以及对面山体断层情况。从公路外侧以倾角 65°斜直孔开孔，钻进至孔深 60m 处，开始定向钻进，轨迹设计每 10m 造斜 0.9°，定向钻进至 620m 处，钻孔倾角变化至 15°，以便该倾斜角斜直孔一直向前钻进，直至穿越目标层。

7.2.2 大角度定向孔设计

定向钻进时，每 10m 左右定向钻进 1 次，每次定向造斜长度 1～1.5m，造斜段不能取心，预计 45～50m 不能取心。钻进完成后，采用综合测井系统进行全景成像或超声波探测，测试孔内岩体断层情况，弥补造斜段不能取心问题。

定向孔井身结构与套管程序：一开采用 Φ122mm 口径斜直孔钻进至 60m，下入

Φ114mm 套管；二开采用 Φ98mm 口径定向钻进至 620m，从孔深 60m 开始定向钻进，每 10m 造斜 0.9°，定向钻进完成后，下入 Φ91mm 套管；三开采用 Φ76mm 口径稳斜定向钻进至终孔，如图 7.2-1 所示。

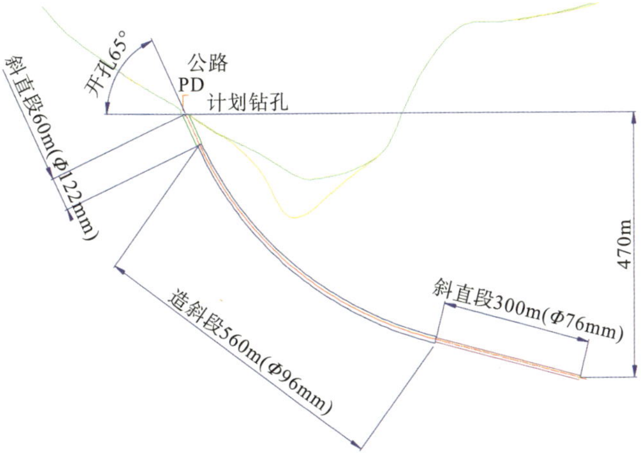

图 7.2-1 水平定向钻进示意图

7.2.3 定向钻进与孔内测试

定向方法：采用探矿工艺所自主研发的水平绳索定向钻进器具与工艺，即集成创新小直径有缆定向仪器、无磁钻杆、定向接头、螺杆马达等，形成一套水平绳索定向测量器具，进行该孔的水平随钻定向钻进，如图 7.2-2 所示，该技术在川藏铁路多吉隧道、环北部湾水资源配置工程水平孔中成功进行随钻定向钻进。

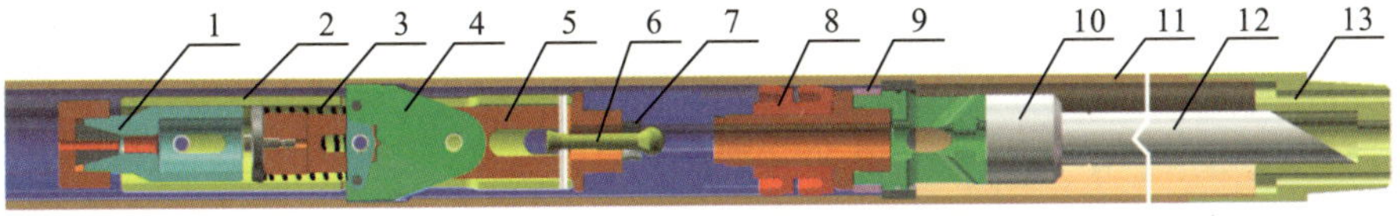

图 7.2-2 水平绳索定向钻进方法与器具

1. 铠装电缆固定接头；2. 回收管；3. 压缩弹簧；4. 弹卡板；5. 弹卡架；6. 半球阀；7. 橡胶密封阀；8. 密封活塞；9. 悬挂环；10. 转换接头；11. 无磁钻杆；12. 定向仪；13. 定向接头

具体定向方法如图 7.2-3 所示，定向仪器采用 LHE2000 有缆随钻测斜仪，探管外径 Φ35mm。有缆随钻测斜仪连接在铠装电缆上，通过电缆绞车将定向仪器送入无磁钻杆内，座键，将孔底信号传输到地表。通过打压油泵和电缆密封装置(中空油缸)将信号电缆周围密封，防止泥浆流出。

轨迹设计：钻孔轨迹计算采用平均角法，平均角法又称角平均法。假设测段为一直线，其方向的孔斜角和方位角分别为上、下两测点的平均孔斜角和平均方位角。为方便现场计算，便于实时调整钻具高边工具面和钻进参数，研发一套定向测量软件，以精确控制钻孔轨迹。

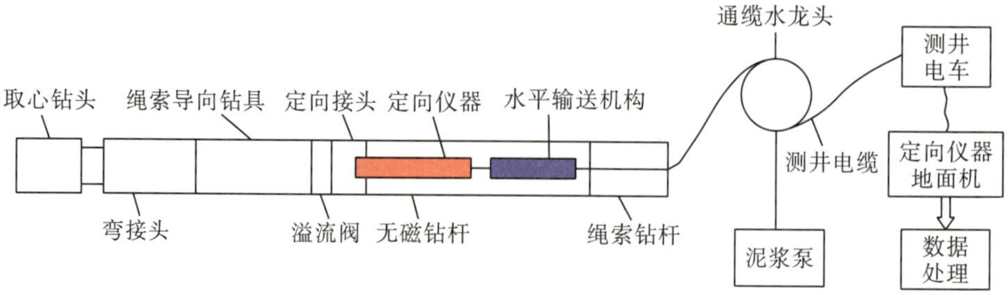

图 7.2-3　水平绳索定向钻进测量方法

钻具组合：Φ96mm PDC（金刚石）全面钻头+5LZ73×7.0 弯螺杆+定向接头+Φ73mm 无磁钻杆（内含 MWD）+变丝接头+Φ71mm 绳索钻杆。定向钻进钻具组合见图 7.2-4。

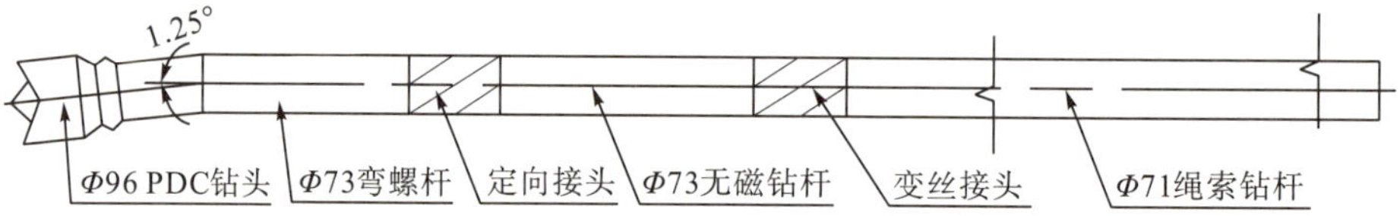

图 7.2-4　定向钻进钻具组合

钻进工艺参数如下。钻压：钻具下到孔底，使用低钻压，正常进尺后，逐渐加大钻压，一般钻压为 5～20kN；泵量：3～5L/s；当造斜强度较大或进尺较慢时，采用定向钻进与复合钻进交替进行，复合钻进通过钻具回转减小摩擦阻力，消除狗腿度，降低造斜强度，保证定向钻进轨迹光滑。

针对造斜段不能取心的问题，采用综合测井系统进行孔内综合测试，测试孔内岩体断层情况，如图 7.2-5～图 7.2-7 所示。孔内进行全景成像和超声波测试，该测量系统攻克了水平孔内结构面成像计算方法和存储方法难题，一次性完成全景成像、声波、水压力、地温、井斜方位、岩性综合测试，实现井下电视（可视化）和多个物理参数组合在一起，一趟钻实现所需数据的采集。

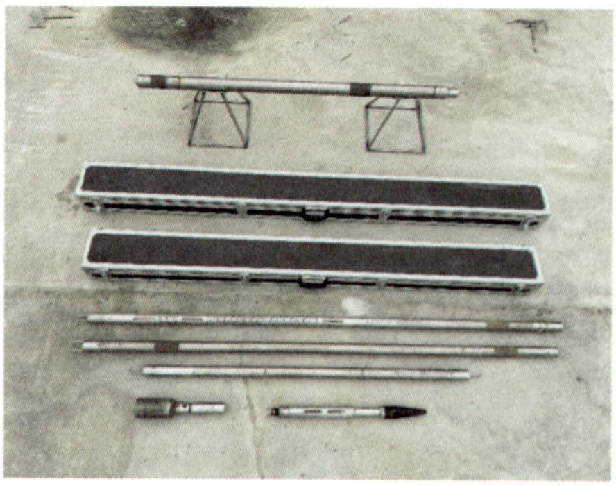

图 7.2-5　综合测井系统（Ⅰ型）实物图

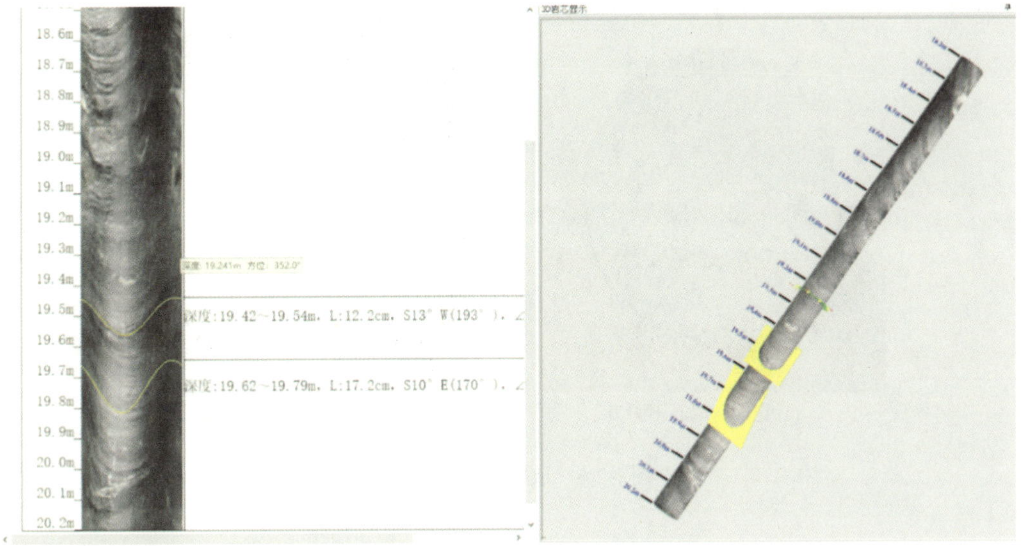

图 7.2-6　全景成像图

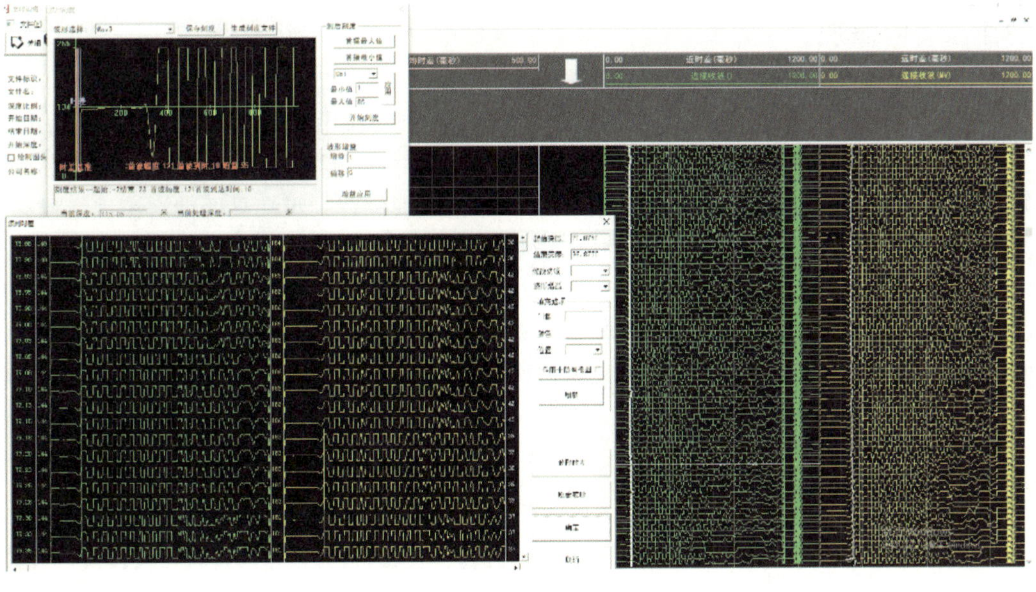

图 7.2-7　超声波测井图

7.2.4　大角度定向孔应用效果

该钻孔计划孔深 920m，实际孔深 1004m，首次实现了在定向钻孔中弯曲段取心，取心率达 94%，如图 7.2-8 所示，填补了相关空白。高质量的岩心和孔内综合测试成果表明，无顺河方向发育的断裂分布，解决了工程可能存在的抗断问题，为工程的顺利推进奠定了基础。

(a) 定向与取心不同步　　(b) 定向与取心同步

图 7.2-8　取得的弯曲段岩心

7.3　强涌水钻孔钻进应用案例

7.3.1　项目概况

川藏铁路新都桥—理塘段卡子拉山一号隧道DZ-卡子拉山一号-定向实验-01孔为水平定向勘探孔，采用小直径超长水平绳索取心定向钻进，主要目的是查明钻孔地层岩性、地质构造、岩体完整性及地下水富集情况。设计钻孔地理位置为雅江县西俄洛镇俄洛堆村，设计井深1200m，该孔于2020年7月26日正式开钻，12月2日完钻，完钻孔深1212m。

该孔位地面埋深较深，大多在地下水位以下，地下水易排出；据物探剖面得知该水平钻孔钻穿过2～3处低阻带，为地下水富集区，涌水量大，压力高。目前川藏铁路大多钻孔都涌水。钻孔漏失或涌水，泥浆性能难以维护，从而致使孔壁稳定维护效果差，特别是断层破碎带及岩体破碎松散段。

7.3.2　钻孔结构设计

1. 钻孔结构设计

采用三开孔身结构，预留四开结构。所有开次尽量向深钻进，不得已时才能更换口径和开次。

(1) 一开采用 Φ150mm 提钻取心钻进，采用加长岩心管+扩孔器防斜，取心钻进至 20～30m，下 Φ146mm 套管，固井，安装孔口装置。

(2) 二开采用 Φ122mm 绳索取心钻进、Φ114mm 绳索取心钻杆，取心钻进至 500～600m，封隔前部涌水段，本开次施工结束后将 Φ114mm 钻杆留在孔内作为套管。

(3) 三开采用 Φ96mm 绳索取心钻进、Φ91mm 绳索取心钻杆，取心钻进至 1000m，尽可能钻至 1200m 直至终孔。

(4) 四开（备用口径）：在遇到孔内复杂情况下，Φ96mm 口径绳索取心钻进难以至终孔时，可以采用 Φ76mm 口径继续取心钻进至终孔。

钻孔结构示意图见图 7.3-1。主要根据物探剖面图和钻机能力确定钻孔结构。

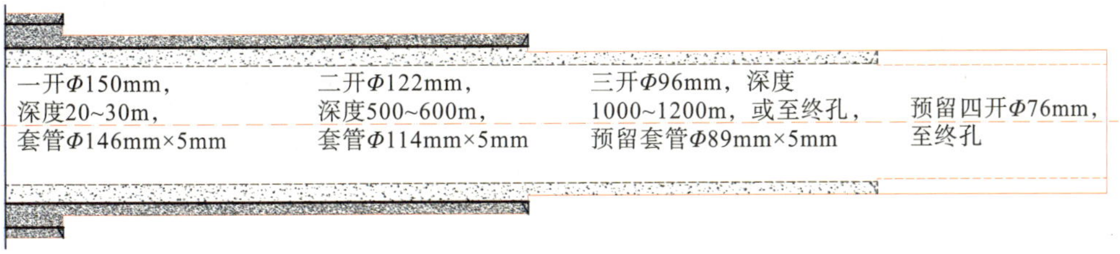

图 7.3-1　钻孔结构示意图

2. 钻具组合

(1) 一开孔口管取心钻进。一开主要采用提钻取心，钻孔直径 Φ150mm、Φ146mm 取心钻具，钻杆为 Φ114mm 绳索取心钻杆。取心钻具逐级加长至 9m，中间用扩孔器连接，防止开孔偏斜。

钻具组合：Φ150mm 钻头+Φ150.5mm 扩孔器+3 根×Φ146mm 岩心管+Φ150.5mm 扩孔器+变径脑袋+Φ114mm 钻杆+变径接头+主动钻杆（Φ91mm 绳索钻杆）。

(2) 二开绳索取心钻进。二开采用 P 系列绳索取心钻进，Φ114mm 绳索取心钻杆，根据地层情况和钻机能力尽可能向深钻进。

钻具组合：Φ122mm 钻头+Φ122.5mm 扩孔器+钻具外管+Φ122.5mm 扩孔器+弹卡室+液动冲击器+变径接头+Φ114mm 绳索钻杆。

(3) 三开绳索取心钻进。三开采用 H 系列绳索取心钻进，Φ91mm 绳索取心钻杆，根据地层情况和钻机能力尽可能向深钻进。

钻具组合：Φ96mm 钻头+Φ96.5mm 扩孔器+钻具外管+Φ96.5mm 扩孔器+弹卡室+液动冲击器+变径接头+Φ91mm 钻杆。

绳索取心钻进钻具的选择和组合是提高钻孔质量、确保岩心采取率和提高钻探效益极为重要的一环。根据该区地质情况和构造特点，主要选用 S122、S96 系列绳索钻具，其组合为：动力头+专用接头+绳索母接手+绳索钻杆+绳索公接手+弹卡挡头+弹卡室+上扩孔器+绳索外管+下扩孔器+金刚石钻头。内管组合：内钻头+岩心管+内管总成。

7.3.3　取心钻进施工

1. 水平绳索取心钻进工艺

1) 水平绳索取心钻进流程

水平绳索取心钻进流程为：下钻—水力投送内管—取心钻进—投送内管打捞器—打捞内管—取心作业—水力投送内管—取心钻进。水平绳索取心钻进流程如图 7.3-2～图 7.3-7 所示。

图 7.3-2 投送内管

图 7.3-3 取心钻进

图 7.3-4 投送内管打捞器

图 7.3-5 打捞内管

图 7.3-6 拆卸内管

图 7.3-7 取心作业

2) 取心钻进参数

钻压为 5～15kN(压力表读数 12MPa)，转速为 150～500r/min，泵量为 155L/min。

2. 涌水封隔导流措施

(1) 水泥固井措施。一开钻进完成后，主要为滑坡体覆盖层，下入 Φ139.7mm 钻杆到孔底，用钻杆代替套管，并用 P.O42.5R 水泥固井，若不用水泥固井，孔内涌水可能会沿套管与孔壁环空间隙渗出，影响滑坡体稳定，导致钻孔发生偏斜或套管断裂，甚至钻孔报废。水泥固井后，可以安装孔口涌水分离导流装置，避免涌水影响现场施工。

(2) 套管封隔措施。涌水量大的钻孔，环保要求高，采用泥浆钻进，护壁效果不太理想，同时对环境产生影响，不符合环保要求，不得不采用清水钻进+钻杆（套管）护壁措施。每开绳索取心钻进在钻机能力和地层情况允许条件下，尽量向深钻进，不得已才下套管。

(3) 优化钻头尺寸，减小钻杆与孔壁间的环空间隙，保持孔壁相对稳定。一开采用 Φ145mm 钻头，Φ139.7mm 钻杆，环空间隙小，钻孔不易垮塌。其他 PQ、HQ 和 NQ 均采用标准的钻头和钻杆尺寸，没有增大钻头外径尺寸，提高钻具稳定性。

(4) 根据钻头与地层适应性分析，优选金刚石钻头，提高金刚石钻头的钻进效率和使用寿命，取心钻头使用寿命可达 300～400m，减少提大钻次数，维护孔壁稳定。

(5) 优选高压泵，平衡孔内涌水压力。采用 BW300/16 型高压地质泵，压力可达 16MPa，防止孔内涌水压力过大，投送、打捞内管困难，现场准备两套内管总成，当上次内管打捞上来后，迅速投下准备好的下一次内管总成，避免涌水进钻杆。

(6) 孔口分离导流。一开孔口管固井，孔口连接旋转密封装置和三通装置，如图 7.3-8 所示，钻进时涌水从旁通阀流出，排出孔内涌水，避免朝人冲击。孔口附近修建排水沟，及时排出涌水，避免稀释泥浆。

在既垮塌又涌水时，停钻高压从孔口压入水泥浆，或添加堵漏材料，密封孔口，静置一段时间后，再通孔，封堵涌水段。

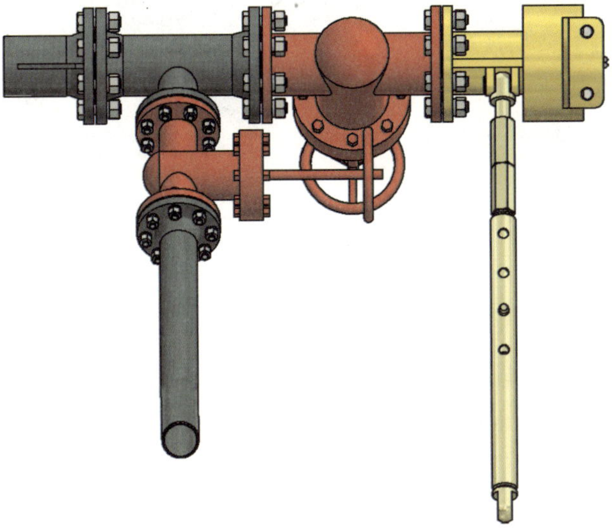

图 7.3-8　孔口密封与分流装置

分级导流。下入 Φ139.7mm 套管固井，安装上涌水导流装置，密封 Φ114mm 钻杆，导流 Φ114mm 钻杆与 Φ139.7mm 套管之间的涌水；当下入 Φ114mm 钻杆后，更换旋转密封装置内衬套，密封 Φ89mm 钻杆，导流 Φ89mm 钻杆与 Φ139.7mm 套管之间的涌水；当下入 Φ89mm 钻杆后，更换旋转密封装置内衬套，密封 Φ71mm 钻杆，导流 Φ71mm 钻杆与 Φ139.7mm 套管之间的涌水。

现场涌水导流分离装置已安装上，如图 7.3-9 所示，把 Φ114mm 套管、Φ89mm 套管与上一级孔壁间的干净涌水直接导流分离，一是减少涌水对施工人员冲击，改善施工环境；二是将涌水从旁边排水沟排出，减少取心钻进污水沉淀量，如图 7.3-10 所示。

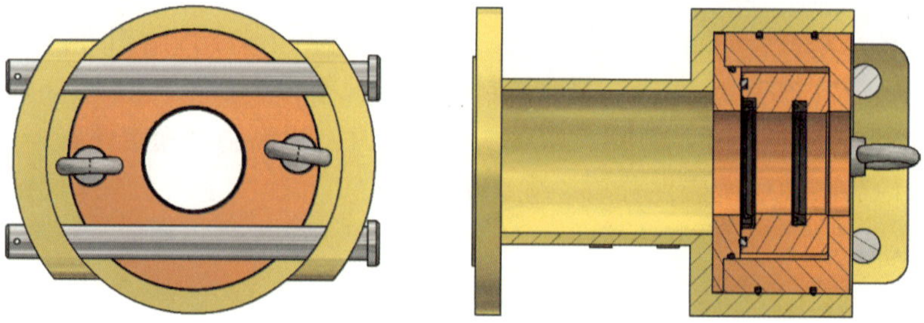

图 7.3-9 旋转密封装置内衬套

图 7.3-10 涌水孔口分离

7.3.4 应用效果

本书研究团队优质高效完成了 1212m 水平绳索取心定向钻孔施工任务，方位偏差≤1°，孔斜<1°/100m，机械钻速为 3.09m/h，台月效率为 350m，创造了国内水平绳索钻杆 PQ、HQ 深度 588m 和 974m 两项最新纪录。

钻孔水平穿越 3000 万 m^3 巨型滑坡，查明陡倾岩层 3 条断层和 19 处节理破碎带，克服了严重涌水（$60m^3/h$）、地层破碎水敏水化、陡倾岩层井斜等难题，提供原状岩心，岩心采取率达 97.76%，为地质查明洞身结构和测井通道提供了支撑，构建了高山峡谷地区隧道勘察设计特殊地质因子获取地质新模型。

1. 完钻孔身结构

本项目根据地质物探剖面，钻孔结构设计采用三开孔身结构，预留四开结构，所有开次尽量向深部钻进，不得已时才能更换口径和开次。实际钻进时，因地层复杂和钻机能力有限，采用四开结构，实际钻孔结构如图 7.3-11 所示。

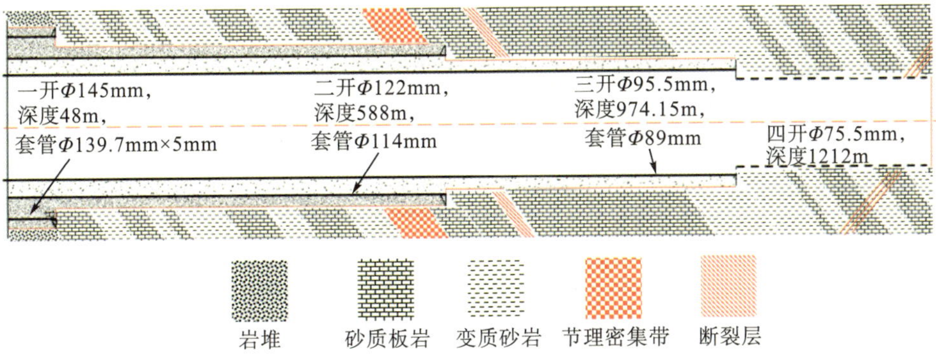

图 7.3-11 实际钻孔结构示意图

(1) 一开设计钻穿覆盖层，下套管固井，采用 Φ145mm 取心钻头提钻取心钻进，采用 Φ139.7mm 同径钻杆+扩孔器防斜，设计取心钻进至 20～30m，钻进至 44.6m 时岩性才由碎石土转变为变质砂岩，继续钻进至 48.0m，岩性无变化，地质判断钻穿了覆盖层。将 Φ139.7mm 钻杆下入孔内作为套管保护孔壁，为防止覆盖层滑坡体蠕动报废钻孔，采用内插法注水泥浆固井，结束一开钻进，安装孔口装置。

(2) 二开采用 Φ122mm 绳索取心钻头钻进、Φ114mm 绳索取心钻杆，设计取心钻进至 500～600m，封隔前部涌水段，427～544m 钻遇节理密集带，地层较破碎，钻进至 588m 时地层较完整。综合考虑地层掉块卡钻、钻机负荷较大导致转速较低以及地层涌水等因素，将 Φ114mm 钻杆下入孔内作为套管保护孔壁，结束二开施工。

(3) 三开采用 Φ95.5mm 绳索取心钻进、Φ89mm 绳索取心钻杆，设计取心钻进至 1000m，尽可能钻至 1200m 直至终孔，实际施工中钻进至 974.15m 时堵水卡钻情况严重，处理过程中钻杆脱扣两次。考虑到继续钻进风险较大，将 Φ89mm 钻杆下入孔内作为套管保护孔壁，结束三开施工。

(4) 四开采用 Φ75.5mm 绳索取心钻进、Φ71mm 绳索取心钻杆，钻进至终孔，实际施工中钻进至 1212m 时，地层特别破碎，进尺较慢，且卡钻、掉心等情况严重，考虑已经达到了钻探目标，继续钻进容易产生垮孔埋钻等孔内事故导致废孔，决定终孔。实际钻进深度为 1212.00m。钻孔完钻孔身结构示意图如图 7.3-11 所示。

2. 简易水文观测

钻孔按照水文地质设计要求进行了简易水文观测，对提钻前、下钻后的水位进行了观测，对回次钻进过程中的冲洗液消耗量进行了观测、记录，终孔测井后，也进行了水位观测。

(1) 一开钻进，采用泥浆钻进，Φ145mm 孔径，施工井段 0～48.00m。未见孔内涌水，在日常钻进过程中水文观测记录表为泥浆冲洗液消耗记录，根据记录显示开钻过程中因地层为第四系覆盖层，泥浆冲洗液消耗为 0.6～0.9m^3/h，最高消耗量达 5.4m^3/h(系出现第四系覆盖层与岩石地层结合面)，最高消耗量仅持续一个回次，随后急剧下降。记录显示，单位时间内泥浆消耗量随钻进深度增大而减少，直至趋于平稳。

(2) 二开(Φ122mm)继续泥浆钻进，施工井段 48.00～588.00m。随钻进深度增加，出现轻微浸水现象，52.10m 处孔内出现涌水现象，57.00m 处涌水量逐渐增大，同时开始采用清水钻进，初次能测到的涌水量为 0.12L/s(约井深 50.30m 处)，随后在单位时间内测定涌水量为 16m^3/h(折合约 4.44L/s)，钻进过程中涌水呈递增走势，从 0.12L/s 开始一直上升，最大涌水量可至 16.66L/s。在二开结束前趋于平稳(约 6.2L/s)。

(3) 三开(Φ95.5mm)，施工井段 588.00～974.14m。开始时涌水量趋于平稳，在 610m 处遇破碎层，孔内阻塞，涌水量下降至 5.15L/s，疏通孔内并穿过破碎层，涌水量急剧增加，在 640m 左右破碎层结束，测得涌水量约 6.66L/s。

(4) 四开(Φ75.5mm)，施工井段 974.14m 至终孔。随钻进深度增加，在未拔出套管前，涌水量基本无太大变化，受到破碎层及岩层变化影响较小，整个四开测得涌水量位于 4.1～6.66L/s。

(5) 停钻后按操作规程进行 10 天(2020 年 12 月 3 日～2020 年 12 月 12 日)钻孔涌水自溢流量观测，鉴于孔内解冻、孔壁垮塌、孔内阻塞等因素，记录显示自溢涌水量呈明显下降趋势，自溢涌水量至第 7 日趋于稳定，如图 7.3-12 所示。

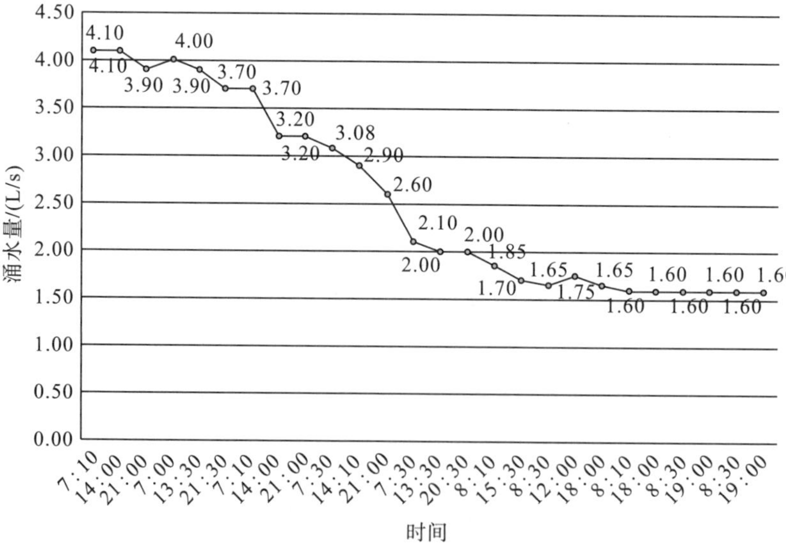

图 7.3-12　钻孔自溢涌水量观测曲线图

综上，钻进中影响涌水的因素众多，在个别段因地层岩性变化、构造发育程度不同，涌水量变化。一是该钻孔地层为三叠系雅江组二段地层，岩性为砂质板岩夹变质砂岩(板、砂比为 2～3∶1)、砂质板岩与变质砂岩互层(板、砂比为 1～2∶1)，砂岩为含水层，在钻进至砂岩段，涌水量会出现不同程度升高，砂质板岩为隔水层，在钻进至板岩段，涌水量会出现不同程度降低；二是构造发育段，在区域断裂次级断裂发育段、断层影响段，涌水量会出现明显升高。此外地形条件、气候条件和环境条件等相关因素也会影响钻孔涌水量变化。

7.4　超硬地层钻进应用案例

7.4.1　项目概况

西藏某重大水电工程项目部分区域由于断裂构造发育强烈，该区域岩石极为破碎，而该区域岩性主要为石英片岩，岩石硬度极高(图 7.4-1)，钻探作业难度远远大于周边区域。区域岩性主要为石英岩、石英片岩(部分岩石出现玉质化)，岩石坚硬(莫氏硬度超过 7)，属于坚硬岩；钻头、半合管、套管等钻具磨损严重，并且岩体裂隙发育，变质岩层破碎，孔内漏水严重，导致钻进效率极低。

图 7.4-1　超硬地层情况

7.4.2　金刚石钻头选择

在钻头胎体配方的设计中，采用的配方体系为碳化钨(少量)+青铜粉末+G4 预合金粉末+其他性能调节材料，通过添加 G4 预合金粉末(铁基预合金粉末)，组织合金化充分，提高胎体合金的强度及对金刚石颗粒的包镶程度，降低烧结温度，避免金刚石的热损伤，有利于提高钻头的钻进效率和寿命，并提高钻头对强、弱研磨性地层的适应性，设计胎体硬度为 20～25HRC。钻头的金刚石浓度为 75%～85%，金刚石粒度为 35～70 目。采用高品级、不同粒度的金刚石混镶形式。由于金刚石粒度大小不一，在钻进过程中，金刚石出刃高度不等，切削岩石时形成的微切削沟槽深度高低不同，形成许多自由面，有利于提高破岩效率。

7.4.3　钻进工艺选择

针对常规绳索取心在超硬打滑地层钻进效率低的特点，充分利用液动冲击器的冲击功，提高钻头的碎岩效率。由于钻进中金刚石要承受较大的冲击动载，选用了强度较大的金刚石。孕镶钻头采用 60～80 目的 JR4 级金刚石。考虑到液动冲击回转钻进过程中钻头出刃条件较好，在原设计基础上将钻头胎体硬度提高了 3～5HRC。由于冲击回转钻进所需冲洗液量大，通过增加钻头副水口的方式钻头通水面积增大了 20%以上，提高了潜孔锤的使用效果。液动冲击回转钻具如图 7.4-2 所示。

图 7.4-2 液动冲击回转钻具

7.4.4 应用效果

采用该套工艺在区域内实施完成钻孔 3440m/30 孔(最大孔深 200m)，试验钻头唇面的金刚石出刃良好，胎体对金刚石的包镶牢固，脱落较少，钻头的内外保径效果好，钻孔平均日台效为 3.56m，较原平均日台效 1.98m 提高了 0.8 倍，钻孔平均使用寿命为 40m，钻头的最高使用寿命达到 50m，平均使用寿命较原钻头提高了 4～5 倍。根据现场应用情况对比，普通碳化钨基钻头在完整、研磨性差的孔段很难进尺，取出钻头后，发现钻头基本无磨损，金刚石基本未出刃；而在研磨性较强的孔段，由于岩粉的冲蚀和磨损，钻头唇面磨损严重，金刚石脱落严重，导致钻头的寿命短。试验钻头采用新型的碳化钨+青铜粉+G4 合金粉末的配方体系，使用了较大量的 G4 预合金粉末(Fe 基预合金粉末)，并降低了低熔点青铜粉末的使用量，进一步提高了胎体的合金化程度，使得胎体合金均匀性和性能得到较大幅度提升。同时，采用 Fe 基预合金粉末，提高了胎体合金对金刚石的包镶能力，促使金刚石可以具有更高的出刃高度，提高其破碎岩石的能力，进而达到提高钻头的钻进效率和使用寿命的目的。

通过在工程中实际应用，将 Fe 基预合金粉末引入地质钻探孕镶金刚石钻头的设计、制造中，可充分发挥预合金粉末的优点，能较大幅度提高孕镶金刚石钻头的品质，同时结合液动冲击回转钻进工艺，可大幅度提升超硬地层钻进效率，具有较好的应用前景。

7.5　高地应力地层钻进应用案例

7.5.1　项目概况

西藏某重大水电工程区域属于欧亚板块前缘，陆内汇聚作用强烈，构造应力水平较高；巨大的地形高差造成地下工程深埋，引水隧洞群最大埋深近 2000m，地下厂房最大埋深超 1000m，实测最大水平主应力为 56MPa，初步分析，空间最大主应力可达 80MPa 以上。高应力条件下，钻探面临的问题主要有：岩体受高地应力的作用，岩体坚硬致密，且破碎机理与正常情况下岩体的破坏机理不尽相同；高应力容易引起钻孔的变形以及膨胀等不稳定情况，成孔极其困难；坚硬岩岩爆和岩体松弛变形问题突出，局部存在断层蚀变带、软弱岩带，取心困难。

7.5.2　设备及机具选择

由于高地应力岩体钻进十分困难，考虑到地质岩心钻机机械传动效率较液压钻机液压传动效率高，需扭矩、提升力强大，操作方便、能分解运输、易于维护的地质岩心钻机，故选择 XY-44 及以上型号钻机。

为解决高地应力钻进扭矩大、钻杆柱受力大的问题，研发了高强度绳索取心钻杆 (HCY)（图 7.5-1）及配套钻具，最大扭矩达到 11500N·m，抗拉力达到 780kN，与普通同类绳索钻杆比，最大扭矩提高 1.8 倍，抗拉力提高 1.5 倍，有效解决了钻遇高地应力时钻孔缩径钻杆强度要求高的难题。

图 7.5-1　HCY 高强度绳索取心钻杆

在高地应力地层钻进时，地层应力的释放，会造成孔壁上径向应力大于孔内液柱压力，导致钻孔缩径，提、下钻困难或下钻不到底，需要反复扫孔，并难以进行长孔段跟管，且不具有扩孔接力跟管能力，无法满足高地应力破碎地层钻进要求。本书研究团队针对上述问题研发了同步跟管钻具（图 7.5-2），开发了一套有效且适合高能环境复杂地层的孔内钻进装置，用以在钻进过程中，依靠这种装置的特殊钻进功能，控制同级套管向孔底延伸，实现同步跟管钻进。

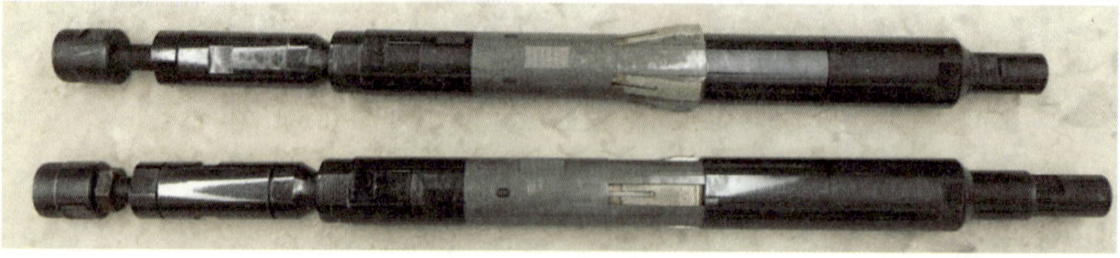

图 7.5-2 同步跟管钻具图

7.5.3 钻孔结构设计

该区域钻孔均位于高山上，钻孔深度基本为 1000m 左右。结合现场实际情况，钻孔结构设计如表 7.5-1 所示。

表 7.5-1 钻孔结构设计表

孔深/m	孔径/mm	套管径/mm	备注
0～20	172	168	预埋孔口管
20～80	150	146	尽可能向下跟套管
80～300	122	114	该孔段至少钻进至 300m
300～720	96	89	—
720～终孔	76	裸孔	—

采用 Φ172mm 口径开孔，下 Φ168mm 套管，预埋 20m 作为孔口管；以 Φ150mm 孔径钻进，跟 Φ146mm 套管，至少钻进 80m，尽量穿过破碎层；以 Φ122mm 口径绳索钻进至中风化基岩，跟 Φ114mm 套管，然后采用 Φ96mm 孔径钻进，钻进至管径位置下 Φ89mm 绳索钻杆做套管，用 Φ76mm 绳索孔径钻进至终孔(图 7.5-3)。

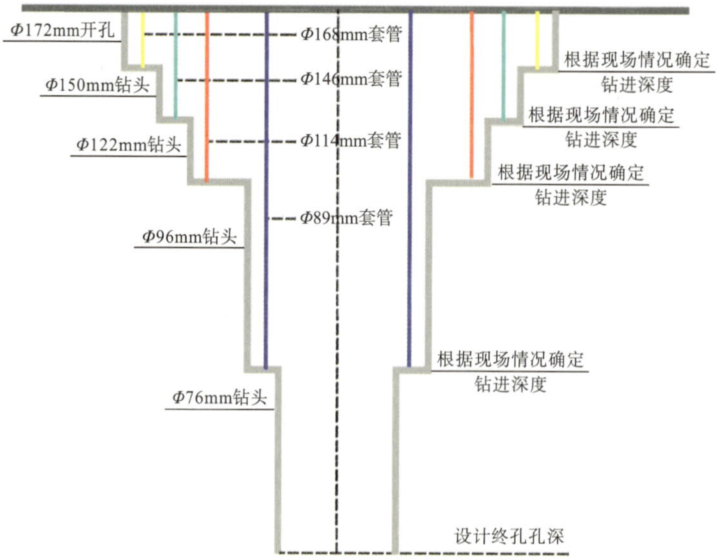

图 7.5-3 钻孔结构示意图

7.5.4　钻进工艺

钻进时要避免打“单管”现象(即在内管未到位就钻进)，确保当钻具到达孔底方可开始钻进；钻进过程中严禁出现泵量小于规程参数要求时就以正常钻进参数(钻压、转速)进行钻进，以防出现烧钻。

钻孔钻进至高地应力地层时，应根据实际钻进情况，适当提高转速、钻压。钻进过程中，勤提钻、多扫孔，上下活动钻具，避免卡钻。在钻遇因高地应力缩径或应力释放形成的破碎地层时，经常出现钻孔严重卡钻现象，通常只能通过变径解决该问题，导致钻孔深度有限。为避免该问题，在高地应力地层段采用比原钻具外管小一径并配套的同步跟管钻具进行钻进，钻进至同步跟管钻具扩孔部位通过原孔底面后，扩孔钻具张开扩孔，实现钻孔孔底扩孔钻进，以及原钻具继续向下钻进。穿越高地应力地层并变径后，及时下高强度套管封隔。

提升钻具及打捞内管总成时，向孔内回灌一定量的冲洗液，控制孔内液面高度变化；合理控制提、下钻速度，裸孔段放慢提、下钻速度。

当钻进到岩心快装满内管(进尺不准超过内管长度)或发生岩心堵塞时，立即进行打捞岩心：停泵后先将钻具提离孔底，卡断岩心，下放打捞器；当确认打捞器捞钩已钩住捞矛头时，即可以开动绞车提升内管；停钻时及时打捞内管总成。

若遇到断钻杆事故，则不下入打捞器进行捞取内管的工作，一般采用套管公锥去打捞。若遇卡、埋钻事故，则不能采用强拉硬顶的办法，用反丝钻杆来取出钻具。

钻进参数推荐表如表 7.5-2 所示。

表 7.5-2　钻进参数推荐表

钻进方法	口径/mm	正常转速/(r/min)	钻压/N		泵量/(L/min)
			初压	正常	
金刚石	Φ76	400～800	1000～2000	6000～10000	40～60
金刚石	Φ96	350～500	1500～2500	8000～15000	40～60
金刚石	Φ130	100～400	2000～3000	10000～17000	60～100
金刚石	Φ150	100～300	2500～3500	7000～10000	80～120

7.5.5　应用效果

在该高地应力区域已完成超 800m 钻孔 30 个(超 1000m 钻孔 16 个，最深 1402.15m)，孔斜＜1°/(100m)，岩心采取率超 95%，平均台月效率为 600m。无论是钻进效率还是钻孔质量均得到了大幅提升，同时 1402.15m 深度创下国内外水电行业钻孔深度纪录。

7.6 垮塌漏失地层护壁堵漏应用案例

7.6.1 项目概况

钻孔 DZ-03 全孔岩石风化严重，多呈碎块状和粉砂状。鉴于此，在钻探施工过程中采用 Φ91mm 的套管护壁至 972m，配合优质泥浆顺利通过 973.6～975m 的严重破碎地层。但钻至 1070m 时由于地层漏失严重，泥浆补充不及时被迅速消耗，失去了对孔壁的维护效果，973.6～975m 地层开始垮塌，在后续钻进过程中，空腔内不断有呈粉状的碎屑涌入钻孔(图 7.6-1)，反复扫孔未果，使得钻孔深度停留在 970m 左右，不得进尺。

图 7.6-1 孔底碎屑

本书项目组决定采用水灰比为 0.66 的普通硅酸盐水泥浆液胶结下部破碎地层。由于现场施工人员对水泥浆液的性能缺乏认识，对外加剂的使用较为随意，再加上钻孔全孔有水，垮塌严重，普通硅酸盐水泥浆液泵送至孔底后 5 天未见凝固，最终多次封孔都以失败告终。

针对上述钻孔护壁难题，必须采用一种高效、快速、适用的新型护壁堵漏技术体系，协调解决好凝结时间与强度之间的矛盾问题，可望为解决松散破碎、陡倾宽缝以及动水冲蚀等复杂地层钻孔护壁堵漏技术难题提供新的思路。鉴于此，本书提出将前期开展研究的钻孔护壁堵漏新材料应用于该钻孔。

7.6.2 工艺需求及配方设计

前期研究的复合型护壁堵漏材料具有可泵、凝结时间可调、早期强度高等特点，可根据现场施工的实际工艺需求对其性能进行调节，所以现场试验可以得出适用于钻孔的最优配方。

1. 工艺需求

由于复合型护壁堵漏材料具有“直角稠化”，以及初、终凝结间隔短的特点，所以必须考虑到注浆的整套工艺过程对于时间的需求。现场采用泥浆泵灌注水泥，对于时间的控制主要分为以下三个方面。

1) 注水泥浆液总体积及注浆时间

由于 973.6～975m 段垮塌严重，且垮塌时间较长，对于水泥浆液的总体积，难以进行理论计算。结合现场前期灌注普通硅酸盐水泥浆液的经验判断需水泥浆液总量在 0.35m^3 左右，注水泥泥浆泵二挡泵量为 97L/min，则注浆时间可按下式计算：

$$T_{浆} = \frac{Q_{浆} \times 1000}{q} \tag{7.6-1}$$

式中，$Q_{浆}$ 为注水泥浆液总体积(m^3)；q 为泥浆泵二挡泵量(L/min)。

计算得知将 0.35m^3 水泥浆液注入钻杆内用时约 4min。

2) 替浆压水量及压水时间

在水泥浆液完全泵送至钻杆后，必须马上泵送替浆水，将水泥浆液压送至目的层，因此替浆水的总量及替浆时间计算尤为重要。通过计算替浆水总量约为 2.7m^3，替浆时间约为 28min，具体计算过程如下。

替浆水总量：

$$Q_{压} = k(L - l)q + Q_{地} \tag{7.6-2}$$

式中，k 为压水系数，深孔取 0.95；L 为钻杆柱长度(m)；l 为孔内静水位离孔口高度(m)；q 为每米钻杆柱内容积(L)，该孔钻杆柱内径为 Φ60mm，q 取 2.826L；$Q_{地}$ 为地面管线及水泵容积，取 50L。

替浆时间：

$$T_{浆} = \frac{Q_{压} \times 1000}{q} \tag{7.6-3}$$

式中参数含义同前。

3) 提钻时间控制

注浆压水完毕后必须保证钻杆能在水泥浆液完全凝固前上提至安全位置，否则环空的水泥浆液就会在孔底将钻杆柱“抱死”造成井下事故。但考虑到现场提钻的快慢可以控制，井下满水，还可能混入钻井液中的聚合物，水泥的凝结时间会比理论值偏高，且垮塌形成的空腔较大，最终水泥上反不多，所以提钻时间可以不做重点考虑。

2. 配方设计

由上述计算可知，将水泥浆液完全泵送至目的层所用时间约为 32min，再加上现场搅拌水泥浆液的时间，所配置水泥浆液的可泵期应该控制在 40min 左右。在现场对配方进行调整，如表 7.6-1 所示。

表 7.6-1　现场试验数据

	水灰比	JSS/%	CC-1/%	CC-2/%	可泵期/min	初凝时间/min	终凝时间/min
复合（4∶6）	0.5	0.5	0.1	0.01	35	42	51
	0.5	0.4	0.1	0.01	30	—	—
	0.6	0.6	0.1	0.02	42	—	—
硫铝酸盐水泥	0.5	0.4	0.1	0.02	42	72	107
	0.55	0.5	0.1	0.02	58	—	—
	0.6	0.5	0.1	0.02	55	—	—

由试验数据可知无论采用普通硅酸盐和硫铝酸盐水泥复合还是单用硫铝酸盐水泥，在外加剂对其性能进行调整后，可泵期以及凝结时间均能满足施工需求。

7.6.3　注水泥护壁施工及应用效果

开始泵送水泥前先将钻具下到 974.5m 距孔底 0.3～0.5m 时，先泵入清水检查钻杆内部是否畅通，待准备完毕后开始按量准备 2.7m^3 替浆水，以及配置 0.35m^3 水泥浆液。第一次注水泥浆采用常规的泥浆泵灌注法，为了保守起见需要干水泥质量按以下公式进行计算。

（1）配制 1L 水泥净浆所需的干水泥质量：

$$q=\frac{\gamma_{水泥}\times\gamma_{水}}{\gamma_{水}+m\gamma_{水泥}} \tag{7.6-4}$$

式中，q 为配制 1L 水泥净浆所需的干水泥质量（kg/L）；$\gamma_{水泥}$ 为水泥密度（g/cm^3），取 3.15；$\gamma_{水}$ 为水密度（g/cm^3）；m 为水灰比。

（2）灌注孔段所需水泥用量；

$$M_{水泥}=q\times Q_{浆}\times 1000 \tag{7.6-5}$$

式中，$M_{水泥}$ 为配制水泥浆所需水泥质量（kg）；$Q_{浆}$ 为注浆总量（m^3）；q 为配制 1L 水泥净浆所需的干水泥质量（kg/L）。

经过上述计算得出配置 0.35m^3 的水泥浆液需干水泥 385kg。

待水泥浆液配制完成后，立即将水泵莲蓬头放入水泥浆桶内泵送水泥浆，开泵时应先打开水泵回水管，将吸水管及水泵中的清水排出，喷浆后再将水泥浆送入孔内。水泥浆泵吸完成后，立即将莲蓬头放入准备好的替浆水桶中，开泵替浆。为了使孔底返流均匀，替浆时可适当慢转钻具，替浆结束后开始提离钻杆候凝。

凝结 24h 后开始第一次扫孔，发现水泥凝结效果不好，继续等待至 40h 后扫孔，取得水泥心(图 7.6-2)。从图中可以看出，上部套管内水泥凝结状态较好，取心完整。研制的护壁堵漏配方在井下有很强的适应性，相比普通水泥浆液 5d 不凝固，新配方 40h 凝固有了很大进步。

图 7.6-2　40h 后扫孔所得水泥心

第8章　结论与展望

本书以定向取心钻进为研究对象，基于复杂地层多元冲击-旋切定向取心破岩机理理论，从轨迹控制、曲线连续取心等方面入手，系统研究了千米级深孔定向钻进与曲线连续取心技术；在此基础上，归纳总结了极端地质环境下存在的钻进问题，利用样机(具)试制、室内试验、现场试验，研究了极端地质环境复杂地层钻进工艺、钻探器具、材料；在钻进实施过程中，基于岩性智能识别、钻进参数-岩体力学特性-岩石可钻性评价、高清成像-应力测试-地温量测-放射性测试等综合测井，提出了随钻地质信息智能感知与深孔综合测井技术；最后，基于动力、结构、自动化，提出了千米级长行程-大扭矩-全液压-定向取心钻机。

1. 研发了千米级深孔定向钻进与曲线连续取心技术

(1)揭示了复杂地层多元冲击-旋切定向取心破岩机理。千米级定向钻探常穿越断层破碎带、软硬岩交替带等复杂地层，取心钻探过程面临难以适应复杂地层导致钻进效率低下的问题。本书围绕复杂地层水力轴向力取心钻具的破岩过程，分析了复合冲击作用下取心钻的钻齿动态侵入破岩规律，建立了考虑钻柱系统简化的钻头运动模型，形成了破岩效果-参数映射体系。分析了冲击螺杆钻具在破岩过程中的能量分布特点，揭示了复杂地层千米级深孔多元冲击-旋切定向取心破岩机理，形成了复杂地层快速破岩取心技术，钻进速度有效提升23%。建立并求解了考虑钻柱系统简化的取心钻钻头运动模型，确定了钻具发生黏滑振动的临界条件，为解决钻进过程中的卡钻、托压等问题，以及提高钻进效率提供了理论指导。

(2)研发了定向钻孔随钻大角度轨迹控制技术。针对大角度定向孔绳索取心钻杆定向仪器随钻测量难题，研发了小直径(Φ96/76mm)水平绳索随钻定向输送机构，攻克了水平孔或小角度孔定向仪器的推送、固定和随钻测量技术，创新形成了一套大角度定向孔绳索钻杆定向钻进钻具组合工艺。

(3)研发了复杂地层定向强造斜和绳索取心钻进同步技术。针对大角度精准定向与绳索取心同步难题，研发了导向取心钻头、滑动稳定器与柔性造斜取心钻具组合，突破了坚硬地层定向强造斜和绳索取心同步，岩心呈弯曲状，国内外首次实现大角度曲线定向绳索连续取心钻进，构建了一种大角度穿越深切河谷的曲线定向连续取心勘探方法。同时，开展了薄壁螺杆马达取心钻具研发，创新了平直螺杆马达内部通孔方案，基于直螺杆滑块定向技术，研发了强造斜定向滑块伸缩定向系统。

2. 创建了极端地质环境复杂地层钻进工艺

(1)构建了高地应力-高地温-高水压等深部极端地质环境钻探成孔工艺。提出了千米级定向钻孔同步跟管技术，有效解决了因高地应力、高地温地质条件发生的缩径、垮孔、漏失等不良情况导致钻孔钻进困难的难题。研发了高强度绳索取心钻杆及配套钻具，有效解决了钻遇高地应力时钻孔缩径的难题；研发了双级单动绳索取心钻具，有效保证了高能环境复杂地层取心质量。研发了强涌水孔内阻隔、孔口导流器具及装置，提出了强涌水地层钻进综合处置及监测技术，有效解决了强涌水地层钻进困难及后期涌水长期监测问题。研发了水平绳索取心孔内涌水阻隔器具和孔口隔离分流装置，实现了高承压水地层快速钻进。

(2)研发了超硬岩体快速钻进工艺。针对以石英岩为主要对象的超硬岩体钻进效率低、钻头寿命短的技术瓶颈，研发了复合基孕镶金刚石钻头，采用预合金粉末配方体系和非破岩能力的硬质磨料，提高胎体材料的摩擦系数和钻头唇面粗糙度，改善金刚石的出刃能力，提高了钻进效率。针对常规绳索取心在坚硬地层中钻进效率低的特点，构建了该区域打滑地层液动冲击回转钻进技术，充分利用高频、低冲的动载，改善金刚石钻头在孔底的工作状况，提高坚硬岩层和“打滑”地层的钻进速度。

(3)研发了严重垮塌漏失地层的冲洗-护壁-堵漏工艺。针对钻遇深厚覆盖层、滑坡堆积体、高地温地层面临的钻孔冲洗技术问题，创新研发了新型植物胶、改性聚合醇、累脱土高温泥浆、微生物冲洗液等特种泥浆技术，所研发的新型泥浆材料流变性能好、防塌能力强、护心效果好、耐高温、绿色环保。针对普通水泥凝结时间长、早期强度低、抗动水冲刷能力弱、抗高温性能差等缺陷，创新研发了快硬早强型、动水型、高温型等特种复合水泥基钻孔护壁技术。所研发的系列新型水泥基材料具有凝结时间可控、早期强度高、抗动水冲刷、耐高温等优良性能，配方简单、使用方便、价格适中。针对普通堵漏材料在严重漏失地层堵漏效果不好、浆液漏失严重、易滋生孔内事故等问题，充分发挥智能凝胶具有良好黏弹性、凝固时间可调、快速堵塞的优点，联合惰性材料具有原料广泛、价格低廉以及架桥效应的特点，研发了惰性材料-智能凝胶复合堵漏技术，有效解决了复杂地层浆液严重漏失问题。基于微生物胶结的原理，提出了微生物护壁技术，利用微生物生成碳酸钙胶结碎块与部分裂隙，从而达到保护孔壁的目的。同时因为碳酸钙本身就大量存在于自然界中，因此并不会对环境造成破坏与污染。

3. 构建了随钻地质信息智能感知与深孔综合测井技术

(1)提出了基于钻进过程声振特征信号的岩性智能识别方法。基于钻探试验平台，系统获取了典型七类岩石声振信号的特征信息，从时域、频域、时频域角度对声振特征信号进行了分析。基于卷积神经网络，分别构建了基于声音和振动特征信号的岩性识别模型，并对模型的决策进行了解释。基于多个模型共同决策的思想，构建了集成学习下的EM-AlexNet-RCBAM 岩性智能识别模型。以集成模型预测在新钻进条件下二次试验时的钻孔岩性，准确率为92%，表现出良好的识别准确率和泛化性。

(2)建立了基于复杂岩体随钻响应特征的钻进参数-岩体力学特性-岩石可钻性评价方

法。研发了适用于小直径(89mm)钻杆的近钻头端地层感知装备，实现了对方位角(精度±0.5°)、钻井斜角(精度：静态±0.1°，动态±0.25°)等轨迹参数、钻头扭矩、接触压力、钻头转速等随钻参数的测量，建立了不同岩体特性与主要钻进参数的响应特征及其变化规律，实现了岩体抗压强度和抗剪强度等力学特性参数的快速预测，数据响应时间≤16s。开展了随钻感知模型试验，结合现场钻进试验过程得到的相关参数(钻速、转速、扭矩、推进力、环空压力等)，通过神经网络、支持向量机、数学模型等工具，反演了岩石力学参数，实时感知了钻头处的地质环境与岩体结构。揭示了地层岩体强度-结构数据与钻进参数的非线性关系，建立了钻进参数与地层数据匹配机制，提出了一种基于遗传算法优化的神经网络岩石可钻性评价模型，实现了卡钻高风险区域圈定与卡钻风险预测。

(3)研发了深孔高清成像-应力测试-地温量测-放射性测试等综合测井技术。研发了小直径综合测井系统，攻克了水平孔内结构面成像计算和存储方法，国内首次一次性完成全景成像/声波测试/水压力测试/地温测试/井斜方位测试/岩性综合测试，实现钻孔精细勘察。全景成像可实现拼图、展布和结构面计算，声波测试可进行地层分类和断层鉴定。

4. 研发了千米级长行程-大扭矩-全液压-定向取心钻机

(1)研制了 GXD-5S 千米级长行程、大扭矩全液压动力头式小倾角钻探装备。创新设计自动升降平台和变幅机构，创新性地把钻塔、变幅机构及绞车集成在一个可升降的平台上，解决了钻探装备水平钻进稳定性难题，钻机质量减轻 1/3，实现了远程控制无级变速，最大水平钻进深度达 1800m(NQ)，填补了国内千米级以上水平高转速绳索取心钻机的空白，关键技术指标达到国内领先水平，可满足高山峡谷区工程勘察水平钻探需求。

(2)取得了很好的应用效果。西藏某水电工程 zkx411 千米级大角度曲线定向取心钻孔，2024 年 1 月 3 日开钻，2024 年 6 月 3 日完钻，钻进周期 3655.5h，折合 152.31d，完钻井深 1004m。钻进期间钻机实际使用时长约 3246h，折合 135.25d，维修保养 16 次，时间为 42.83h，折合 1.78d，维修时间占比为 1.3%。该钻机在运行过程中整体比较平稳，能够满足曲线定向取心深钻孔的钻探施工需要。

本书研究形成的工程勘察定向取心钻探取心技术与装备，为我国极端地质环境千米级工程勘察定向取心钻探提供了关键技术，推动了深部地下工程复杂地质条件勘察技术进步。

党的十八大以来，以习近平同志为核心的党中央，统筹推进“五位一体”总体布局，协调推进“四个全面”战略布局，坚持“创新、协调、绿色、开放、共享”的新发展理念，坚持“绿水青山就是金山银山”的核心理念，形成了习近平新时代经济思想和习近平生态文明思想；部署实施国家重大发展战略，如川藏铁路建设、西藏某重大水电工程等，统筹高质量发展与安全保障，确保生态环境安全。与定向钻探技术相关的创新发展与绿色发展，创新突破了高山峡谷地区定向钻探技术装备瓶颈，绿色钻探支撑重大工程建设勘察。

5. 定向钻探技术面临的机遇

一是西部高原山区重大工程建设加速推进。中央第七次西藏工作座谈会，习近平总书记强调，要围绕川藏铁路建设等项目，推动建设一批重大基础设施、公共服务设施，建设更多团结线、幸福路；要统筹谋划好西部边疆铁路网建设，充分论证、科学规划，更好服务边疆地区高质量发展和广大人民群众高品质生活。高寒高海拔高山峡谷地区铁路、公路及水电工程的长大深埋隧道工程其勘察难度巨大，需要开展定向钻探技术与装备创新应用。

二是清洁能源勘探开发与地球深地探测工程。推动水电、干热岩等清洁资源开发利用，是党和国家推进能源革命，保障国家能源安全，构建清洁低碳安全高效的能源体系，实现碳达峰、碳中和目标，构建新发展格局，实现高质量发展的战略需求。2016 年 5 月 30 日，习近平总书记在全国科技创新大会上指出“向地球深部进军是我们必须解决的战略科技问题”。2021 年 5 月 28 日，习近平总书记在中国科学院第二十次院士大会、中国工程院第十五次院士大会、中国科协第十次全国代表大会上的讲话，多次提到与经济发展息息相关的深地、深海和极地探测等，并提出了具体要求。

6. 定向钻探技术的发展方向

一是水平定向勘探技术与装备。随着西部高原山区重大工程建设的不断开展，如滇藏铁路、新藏铁路、中尼铁路、西藏某重大水电工程和粤港澳大湾区重大引水工程等，钻探装备搬迁和生态环境保护矛盾日益突出，钻进效率低；城市地下空间综合利用勘察需要穿越障碍物；常规钻探装备难以满足高原艰险山区和城市地下空间工程勘察需要，亟须开展定向钻探技术与装备研发和应用。

近年来，本书研究团队开展了千米级水平钻探装备和水平随钻定向钻进技术研发，完成了川藏铁路水平定向试验孔示范工程；完成了粤港澳大湾区引水工程水平定向勘察任务；开展了千米级级水平钻机和水平孔内综合测试装备研发，完成重大引调水工程水平定向勘探与测试技术研究项目。随着西部高原山区重大工程建设的不断开展，我们应抓住机遇，继续推进水平定向技术与装备研发与应用。

二是深孔复杂地层钻探技术与装备。清洁能源钻探均面临着诸多难题，如孔壁稳定、泥浆护壁、取心质量与效率、孔斜与轨迹控制、漏失与堵漏、事故预防与处理等问题，导致施工效率低下或钻孔报废。多年来本书研究团队一直开展深孔复杂地层钻探技术装备研发，取得了一些成果，还需要不断攻关和突破。

参 考 文 献

白彬珍，曾义金，葛洪魁，2022. 顺北 56X 特深水平井钻井关键技术[J]. 石油钻探技术，50(6)：49-55.

蔡隽，吕敬尊，王杰，等，2021. 硬脆碎地层取心工具研究及改进[J]. 资源信息与工程，36(4)：89-92.

蔡正银，吴诗阳，武颖利，等，2020. 高地震烈度区深厚覆盖砂层液化研究[J]. 岩土工程学报，42(3)：405-412.

陈廷方，2009. 西部山区道路工程与环境的相互影响机制及其评价：以西-攀高速公路工程为例[D]. 成都：西南交通大学.

陈伟志，陶兰初，李静婷，等，2024. 高原湿地纳帕海流域地表水水化学特征及控制因素[J/OL]. 地学前缘：1-19[2024-07-08].

段建利，2019. 绳索取心定向钻进技术在宋楼矿区某钻孔中的应用[J]. 地质装备，20(4)：34-38，28.

付代光，周黎明，肖国强，等，2016. 综合地球物理测井技术在滇中引水隧洞工程勘察中的应用[J]. 长江科学院院报，33(4)：67-70，77.

付文，2018. 江西东乡铜矿勘探硬脆碎矿层泥浆技术应用与研究[J]. 世界有色金属(21)：120，122.

高泽永，牛富俊，王一博，等，2022. 青藏高原多年冻土区热喀斯特湖水文特征及环境效应[J]. 水科学进展，33(2)：174-184.

葛肖虹，任收麦，刘永江，等，2001. 中国西部的大陆构造格架[J]. 石油学报，22(5)：1-5，7.

龚恩德，邓祖保，张正，2022. 涌水地层绳索取心钻进泥浆处理方法与应用[J]. 安徽地质，32(4)：331-333.

郭柄麟，2019. 轴向冲击载荷对 PDC 切削破岩影响机理研究[D]. 东营：中国石油大学(华东).

郭摇，2018. 青藏高原东南缘地应力评估方法探讨[D]. 成都：西南交通大学.

国土资源部，2010. 地质岩心钻探规程(DZ/T 0227—2010)[S]. 北京：中国标准出版社.

韩明耀，柳硕林，王朝晖，等，2019. 河南省板厂矿区小直径螺杆钻定向纠斜技术[J]. 探矿工程(岩土钻掘工程)，46(3)：36-41.

何健，2017. 西南地区地应力特征及工程区域地应力反演研究[D]. 重庆：重庆大学.

何鑫，王胜，何烨，等，2023. 富水砂卵石层堵漏凝胶的研制及其机理[J]. 钻探工程，50(1)：142-149.

侯福金，张丽，蒋庆，等，2021. 基于 CDEM 的层状节理隔水岩柱水压致裂特性研究[J]. 隧道与地下工程灾害防治，3(3)：76-84.

胡永鹏，张森，路伟，2022. 水平定向钻在地质勘察中的应用[J]. 科技创新与应用，12(19)：183-187.

黄华，余嫦娥，张士万，等，2016. 基于地球物理测井参数的深层卤水矿化度方法研究[J]. 矿床地质，35(6)：1293-1299.

黄威，孙云，张建平，等，2023. 深埋隧洞高外水压力研究进展[J]. 三峡大学学报(自然科学版)，45(5)：1-11.

姜光政，高堋，饶松，等，2016. 中国大陆地区大地热流数据汇编(第四版)[J]. 地球物理学报，59(8)：2892-2910.

金鑫，段会军，崔岩波，等，2018. 桑树坪矿煤层底板注浆加固定向钻孔钻进技术[J]. 煤炭工程，50(1)：45-47，51.

金鑫，彭冬，胡振阳，等，2022. 无线随钻测量系统在定向长钻孔中的应用[J]. 煤炭技术，41(5)：156-159.

康红普，伊丙鼎，高富强，等，2019. 中国煤矿井下地应力数据库及地应力分布规律[J]. 煤炭学报，44(1)：23-33.

李冰乐，王胜，袁长金，等，2023. 复杂山区水平绳索取心定向钻进聚合醇绿色防塌冲洗液研究[J]. 钻探工程，50(6)：85-91.

李成龙，2020. 固体润滑剂对孕镶金刚石钻头复合材料性能的影响研究[D]. 武汉：中国地质大学(武汉).

李军，李勇，谢小国，等，2022. 狮子洋主航道水平勘察孔测井评价方法研究与应用[J]. 钻探工程，49(6)：21-29.

李军勤，张耀选，2002. 涌水地层钻进工艺[J]. 西部探矿工程，14(3)：89.

李泉新，姚克，方俊，等，2023. 煤矿井下瓦斯高效精准抽采定向钻进技术与装备[J]. 煤炭科学技术，51(S1)：65-72.

李术才，李利平，孙子正，等，2023. 超长定向钻注装备关键技术分析及发展趋势[J]. 岩土力学，44(1)：1-30.

李思琪，毕福庆，李玮，等，2019. 扭转冲击钻井稳态钻进动力学特性及现场应用[J]. 中国石油大学学报(自然科学版)，43(2)：97-104.

李松，2023. 矿山地质探矿工程中新技术的应用研究[J]. 世界有色金属(3)：109-111.

李之军，朱茂，智晶子，等，2023. 微生物无固相钻井液体系构建及其固壁作用机理研究[J]. 煤田地质与勘探，51(4)：187-194.

林春义，王禹，杨春柳，2014. SYZX75 型绳索取芯液动锤在硬、脆、碎地层的应用[J]. 西部探矿工程，26(2)：69-70，75.

林昕，苑仁国，韩雪银，等，2021. 地质导向钻井轨迹控制技术研究[J]. 钻采工艺，44(2)：5-8.

刘高，韩文峰，聂德新，2001. 青藏高原东北部新构造运动效应[J]. 中国地质灾害与防治学报，12(1)：30-34.

刘涵宇，夏强，张世殊，等，2017. 基于水文地质参数敏感度分析的水库渗漏量不确定性评价[J]. 科学技术与工程，17(14)：32-38.

刘焕文，黄卫，倪煌俊，等，2011. 合肥地区非开挖技术适应性研究[J]. 安徽建筑工业学院学报(自然科学版)，19(2)：20-23.

刘莎，杨建思，郑钰，2023. 南迦巴瓦地区近震剪切波分裂研究[J]. 地球物理学报，66(9)：3692-3703.

刘书斌，2021. 轴向与扭转复合冲击破岩机理研究[D]. 东营：中国石油大学(华东).

刘新明，冯春，林钦栋，2022. 基于连续-非连续单元法的三维脆性颗粒冲击破碎特性分析[J]. 计算力学学报，39(3)：299-306.

刘修善，2017. 导向钻具定向造斜方程及井眼轨迹控制机制[J]. 石油勘探与开发，44(5)：788-793.

刘秀美，李小洋，孙建华，2017. 地质钻探液动冲击回转钻进技术再(新)认识[J]. 探矿工程(岩土钻掘工程)，44(4)：31-35.

刘学港，2023. 基于连续-非连续分析方法的定向钻复合冲击破岩机理及工程应用[D]. 济南：山东大学.

卢金梁，2023. 探讨大倾角固体矿产深孔有缆随钻定向钻进[J]. 世界有色金属(7)：145-147.

陆志明，2022. 高地温隧道隔热衬砌传热特性及其选型研究[D]. 成都：西南交通大学.

罗显粱，徐正宣，吴金生，等，2022. 川藏铁路千米级水平孔绳索取心钻进技术与应用[J]. 地质与勘探，58(3)：665-675.

马保松，程勇，刘继国，等，2021. 超长距离水平定向钻进技术在隧道精准地质勘察的研究及应用[J]. 隧道建设(中英文)，41(6)：972-978.

马秀春，2019. LZ 连续造斜器在多宝山铜矿定向钻孔施工中的应用[J]. 地质装备，20(5)：31-34.

任子翔，1959. 十年来我国的探矿工程工作[J]. 探矿工程(10)：2-5.

桑向阳，王海军，吴敏杰，等，2023. 智能开采工作面煤岩层地球物理测井对比技术[J]. 煤炭技术，42(8)：108-112.

石春娟，翟慧明，2020. 数字全景钻孔摄像技术在文物遗址保护工程中的应用[J]. 物探与化探，44(6)：1490-1494.

石绍云，李杰，罗显粱，等，2021. 超深涌水水平孔绳索取心钻具投送和打捞技术[J]. 钻探工程，48(11)：1-7.

石智军，许超，李泉新，等，2014. 随钻测量定向钻进技术在煤矿井下地质勘探中的应用[J]. 煤矿安全，45(12)：137-140.

石智军，李泉新，姚克，2020. 煤矿井下智能化定向钻探发展路径与关键技术分析[J]. 煤炭学报，45(6)：2217-2224.

宋琨，孙驰，安冬，等，2020. 数字钻孔全景影像中结构面特征智能识别方法[J]. 地质科技通报，39(5)：17-22.

孙庆文，董成钧，徐飞，2019. 浅谈小口径金刚石钻进效率[J]. 吉林地质，38(3)：104-106.

田四明，王伟，李国良，等，2021. 川藏铁路隧道设计理念与主要原则[J]. 隧道建设(中英文)，41(4)：519-530.

童华真，1958. 钻探操作规程[J]. 探矿工程(12)：9.

万道含，谢学光，2006. 可取出式偏心楔在地热井纠斜中的应用[J]. 西部探矿工程，18(5)：150-151.

王达，赵国隆，左汝强，等，2019. 地质钻探工程的发展历程与展望：回顾探矿工程事业 70 年[J]. 探矿工程(岩土钻掘工程)，46(9)：1-31.

王东，郭富宁，贾兰，等，2021. 基于 CDEM 露天煤矿顺倾软岩边坡三维稳定性分析[J]. 安全与环境学报，21(1)：195-200.

王汇明，李军，李勇，等，2022. 狮子洋主航道特大水垂比大位移科学钻孔施工实践[J]. 钻探工程，49(1)：135-141.

王少勇，2016. 我国“三深” 战略蓝图绘就[J]. 地质装备，17(6)：5-6.

王胜，吴丽钰，蒋贵，等，2021. 深孔纳米复合水泥基护壁堵漏材料研究[J]. 钻探工程，48(12)：7-13.

王胜，赖昆，张拯，等，2023a. 基于随钻振动信号与深度学习的岩性智能预测方法[J]. 煤田地质与勘探，51(9)：51-63.

王胜，张拯，谌强，等，2023b. 基于振动与声音信号深度学习的岩性识别方法[J]. 科学技术与工程，23(7)：2759-2767.

王树勇，2022. 定向长距离钻探对地质构造的精准分析[J]. 能源与节能(12)：123-125.

王亚茹，蔺文静，朱传庆，等，2024. 基于地质年代与热流关系的中国陆区热流分布[J/OL]. 地球科学：1-23[2024-07-08].

王云起，2019. 石油钻井工程定向井技术的现状与发展[J]. 中国石油和化工标准与质量，39(6)：227-228.

卫佳，许怀奥，方帅，等，2023. 非开挖修复技术用于大口径截污管道改造工程[J]. 中国给水排水，39(10)：126-132.

魏欢欢，2019. 坑道高强度绳索取心钻杆研制及应用[J]. 煤炭技术，38(8)：181-183.

魏恺泓，张世殊，裴向军，等，2017. 风积细粒防渗土料掺砾比研究[J]. 地下空间与工程学报，13(6)：1493-1498.

魏恺泓，裴向军，张世殊，等，2018. 基于 IBIS-L 的某黄土高填方边坡支护结构变形特征[J]. 吉林大学学报(地球科学版)，48(5)：1556-1565.

吴纪修，尹浩，张恒春，等，2021. 水平定向勘察技术在长大隧道勘察中的应用现状与展望[J]. 钻探工程，48(5)：1-8.

吴建川，张世殊，邹国庆，等，2018. 具有复杂变形特征的倾倒变形岩体分带及稳定性[J]. 人民长江，49(16)：53-59.

吴金生，罗显粱，2023. 深孔复杂地层钻探技术研究与应用[M]. 北京：地质出版社.

吴金生，李子章，李政昭，等，2016a. 绿色勘查中减少探矿工程对环境影响的技术方法[J]. 探矿工程(岩土钻掘工程)，43(10)：112-116.

吴金生，张统得，刘卫东，等，2016b. 高原生态脆弱区钻探技术体系综合研究与示范[J]. 探矿工程(岩土钻掘工程)，43(10)：117-121.

吴金生，张统得，赵远刚，等，2017. 新能源地质调查钻井中的难题对策研究与实施[J]. 探矿工程(岩土钻掘工程)，44(S1)：160-165.

吴金生，黄晓林，蒋炳，等，2021. 水平绳索随钻定向钻进技术研究与应用[J]. 煤田地质与勘探，49(5)：260-264，271.

伍涛，田宏杰，马宇，2024. 复合电镀强化金刚石颗粒对钻头性能的影响[J]. 材料保护，57(1)：156-162.

谢书豪，龚旭，李兴义，等，2022. 油田水平井钻井技术现状与发展趋势探究[J]. 中国石油和化工标准与质量，42(4)：196-198.

谢毅，徐正宣，陈明浩，等，2022. 山区铁路隧道超长定向钻探关键技术研究[J]. 铁道工程学报，39(8)：1-5，11.

谢宗亮，2018. 环槽式金刚石钻头破岩机理研究[D]. 成都：西南石油大学.

徐光黎，李志鹏，宋胜武，等，2017. 地下洞室围岩 EDZ 判别方法及标准[J]. 中南大学学报(自然科学版)，48(2)：418-426.

徐世毅，王胜，舒智宏，等，2023. 全地层自适应绳索取心钻具割心机构优化[J]. 钻探工程，50(S1)：392-398.

徐正宣，刘建国，吴金生，等，2022. 超深定向钻探技术在川藏铁路隧道勘察中的应用[J]. 工程科学与技术，54(2)：21-29.

徐正宣，谢毅，王胜，等，2024. 复杂艰险山区隧道工程超长定向钻探技术[M]. 北京：科学出版社.

许爱，2006. PDC 钻头切削齿破岩载荷规律的分析[J]. 探矿工程(岩土钻掘工程)，33(7)：59-61.

杨光学，2019. 固体矿产大倾角深孔有缆随钻定向钻进技术应用与示范[J]. 世界有色金属(8)：180-181.

杨海，2015. 中国陆域居里面特征研究[D]. 成都：成都理工大学.

杨洪彬，徐德生，易亚东，2020. 环保型钻井液体系在松地 7#地质调查井中的应用[J]. 地质装备，21(2)：31-32，30.

杨会军，韩文峰，谌文武，等，2003. 基岩裂隙水渗流特性探讨与工程实例[J]. 岩石力学与工程学报，22(S2)：2582-2587.

杨进，曹式敬，2008. 深水石油钻井技术现状及发展趋势[J]. 石油钻采工艺，30(2)：10-13.

杨联锋，彭志平，宋振杰，等，2023. 深厚覆盖层绳索取心钻探工艺实践[J]. 钻探工程，50(S1)：274-280.

杨鹏，2020. 喜马拉雅地震带温度场时空特征研究[D]. 赣州：江西理工大学.

杨耀，周晓成，官致君，等，2019. 川西地下流体观测井水文地球化学特征[J]. 矿物岩石地球化学通报，38(5)：966-976.

杨展，谭松成，杨凯华，等，2023. 基于有限元分析的组合式金刚石钻头磨损规律与设计研究[J]. 煤田地质与勘探，51(9)：164-170.

姚林林，张世殊，崔中涛，等，2019. 双护盾 TBM 施工综合超前地质预报技术探讨[J]. 地下空间与工程学报，15(5)：1549-1556.

佚名，1983. 一、青函隧道水平钻探实例[J]. 隧道建设，3(3)：98-99.

尹生阳，曾维，王胜，等，2022. 基于声波信号的岩性智能分类方法[J]. 吉林大学学报(地球科学版)，52(6)：2060-2070.

张朝锋，史强林，张玲娟，2018. 青藏高原新生代岩浆活动与地热关系探讨[J]. 中国地质调查，5(2)：18-24.

张德新，孙鑫，王迪，2022. 硬脆碎地层专用金刚石钻头的研制[J]. 吉林地质，41(2)：85-88.

张杰，姚宁平，李乔乔，2013. 煤矿井下定向钻进技术在矿井地质勘探中的应用[J]. 煤矿安全，44(10)：131-134.

张丽红，魏月，姜玉敏，等，2023. 地下水补径排条件改变对地下构筑物安全影响分析[J]. 地下水，45(3)：81-82，104.

张世殊，杨建，田雄，等，2011. 大渡河双江口水电站区域构造稳定性评价[C]//中国地质学会工程地质专业委员会，中国地质调查局，青海省国土厅. 2011 年全国工程地质学术年会论文集，西宁：367-374.

张世殊，裴向军，王仁坤，等，2014. 狮子坪水电站二古溪倾倒边坡成因机制分析[J]. 长江科学院院报，31(11)：60-65.

张世殊，裴向军，张雄，等，2016. 强震区泥石流坡面物源发育规律与侵蚀坡度效应研究[J]. 岩石力学与工程学报，35(S2)：4139-4147.

张世殊，冉从彦，郑博文，等，2017. 川西地区水电站环境边坡危险源发育特征及分布规律[J]. 工程地质学报，25(2)：541-546.

张世殊，刘希，施裕兵，等，2021. 四川省自一里水电站厂址区地下水来源识别[J]. 人民长江，52(6)：71-76.

张伟，王鹏，1998. 现代非开挖地下管线施工方法及适用范围[J]. 地质与勘探，34(1)：61-64.

张训华，王忠蕾，侯方辉，等，2014. 印支运动以来中国海陆地势演化及阶梯地貌特征[J]. 地球物理学报，57(12)：3968-3980.

赵宝峰，胥海东，2022. 长距离定向钻探技术在掘进巷道水害防治中的应用[J]. 煤炭工程，54(1)：57-62.

赵瑞，2016. 四川盆地南缘地形梯度带区域岩溶水系统研究[D]. 成都：成都理工大学.

赵小军，2022. 热压孕镶钻头胎体对金刚石把持力的研究[D]. 武汉：中国地质大学.

赵小平，张世殊，冉从彦，等，2020. 聚类分析在川西建设场地稳定性评价中的应用[J]. 地下空间与工程学报，16(S2)：1005-1010.

赵长亮，王勇军，陈师逊，2022. 大同地区高温超深地热孔钻探难点分析与施工方案设计[J]. 地质装备，23(4)：32-39.

周金林，王迎春，范宇和，等，2024. 西藏南北地堑系典型地热田水化学特征与热储温度空间分布规律[J/OL]. 成都理工大学学报(自然科学版)：1-18[2024-07-08].

周梦迪，刘欢，韩丽丽，等，2023. 用于工程勘察的水平定向钻探技术探讨[J]. 钻探工程，50(2)：135-142.

《钻探工程》编辑部，2023. 2022 年探矿工程十大新闻[J]. 钻探工程，50(1)：1-4.

邹先坚，王川婴，宋欢，2022. 全景钻孔图像自动识别技术在工程实践中的应用研究[J]. 应用基础与工程科学学报，30(1)：246-256.

Dammyr Ø，Nilsen B，Gollegger J，2017. Feasibility of tunnel boring through weakness zones in deep Norwegian subsea tunnels[J]. Tunnelling and Underground Space Technology，69：133-146.

Feng C，Liu X M，Zhu X G，et al.，2021. Numerical study on crushing law of iron ore under different impact velocity using CDEM [J]. IOP Conference Series：Earth and Environmental Science，861(4)：042069.

Tang H，Ji X，Zhang H Y，et al.，2022. Numerical simulation of large compression deformation disaster and supporting behavior of deep buried soft rock tunnel with high *in situ* stress based on CDEM[J]. Advances in Civil Engineering，2022(1)：5985165.

Wang H Z，Yu A F，Feng C，et al.，2022. An Efficient CDEM-based method to calculate full time-space natural fragment field of shell-bearing explosives[J]. International Journal of Impact Engineering，161：104099.